中等职业教育机械类规划教材

钳工工艺项目实训

张　弘　编

机 械 工 业 出 版 社

本书以任务式的组织形式，内容包括正方体的加工、凸凹件的加工、六角螺母的加工、外卡钳的加工、刀口形直尺刀口面的研磨、一级减速器的装配和综合训练，共七个任务。本书根据中等职业学校学生的认知特点，用简明、生动的语言进行叙述，从职业学校学生基础能力出发，遵循专业理论学习规律和技能的形成规律，由浅入深、先易后难，以理论指导实践，实现项目式学习。

本书可作为中等职业学校机械类专业的教学用书，也可作为相关技术人员的培训用书。

图书在版编目（CIP）数据

钳工工艺项目实训/张弘编. —北京：机械工业出版社，2015.9

中等职业教育机械类规划教材

ISBN 978-7-111-51219-6

Ⅰ.①钳… Ⅱ.①张… Ⅲ.①钳工-工艺学-中等专业学校-教材 Ⅳ.①TG9

中国版本图书馆 CIP 数据核字（2015）第 189358 号

机械工业出版社（北京市百万庄大街 22 号 邮政编码 100037）

策划编辑：王佳玮 责任编辑：黎 艳 封面设计：张 静

责任校对：刘志文 责任印制：李 洋

三河市国英印务有限公司印刷

2015 年 10 月第 1 版第 1 次印刷

184mm×260mm · 11 印张 · 268 千字

0001— 2000 册

标准书号：ISBN 978-7-111-51219-6

定价：28.00 元

凡购本书，如有缺页、倒页、脱页，由本社发行部调换

电话服务	网络服务
服务咨询热线：010-88379833	机 工 官 网：www.cmpbook.com
读者购书热线：010-88379649	机 工 官 博：weibo.com/cmp1952
	教育服务网：www.cmpedu.com
封面无防伪标均为盗版	金 书 网：www.golden-book.com

前 言

为更好地适应中等职业技术学校机械类专业及相关专业的教学要求，本着提高教学质量、促进学生全面发展的宗旨，根据《教育部关于进一步深化中等职业教育教学改革的若干意见》，结合多所学校的教学经验编写了本书，旨在进一步适应新的职业教育改革，践行理实一体的教育理念，开发学生的学习兴趣，满足培养技能型人才的需要。

本书将传统教材的理论与实践两部分科学融合，以任务为引领，突出实践内容，强调理论知识的实际应用，实现“教、学、做”合一，形成项目体系。

本书的主要内容有：

第一部分（任务一～任务五）：钳工的基本操作，包括划线、锉削、锯削、錾削、孔的加工、螺纹的加工、矫正、弯曲、连接、刮削和研磨，以及钳工基本操作过程中应掌握的金属切削的基础知识、钳工常用的设备及用具等。

第二部分（任务六）：钳工的装配，包括固定连接的装配、传动机构的装配、轴承和轴组的装配以及装配过程中应掌握的装配的基础知识及机械装配的润滑与密封等。

第三部分（任务七）：技能操作综合训练。

本书建议学时144学时，建议学时分配见下表。

学习内容	建议学时		学习内容	建议学时	
	理论	实践		理论	实践
任务一	6	10	任务五	3	6
任务二	8	12	任务六	18	18
任务三	14	20	任务七	5	(任选)8
任务四	6	10	合计	60	84

本书由张弘编写。范梅梅审阅了本书，并结合企业用人标准提出了许多宝贵的意见，同时本书的编写也得到了一线实训教师的大力支持与帮助，在此表示衷心的感谢。

由于编者水平有限，书中错误之处在所难免，敬请广大读者批评指正。

编 者

目　　录

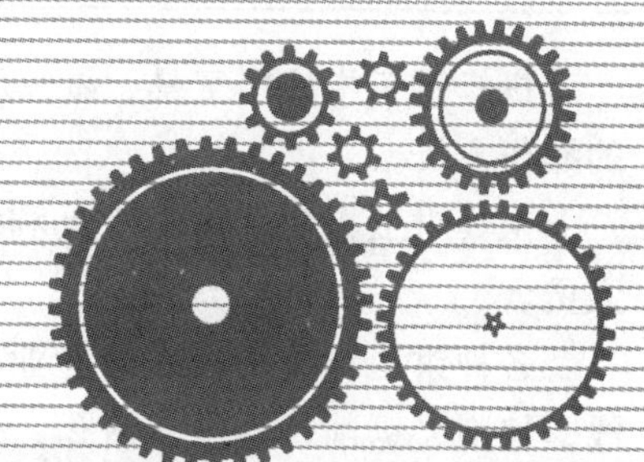

绪论

在日常生活和生产中，离不开各种各样的机器与设备，如电冰箱、洗衣机、汽车、火车、飞机、轮船、起重设备和各种机床等。这些机器与设备都是由若干零件组成的，而大部分的零件又是由金属材料通过切削加工制成的——通常先通过锻造、铸造、焊接等加工方法进行毛坯件的制造，然后通过车削、刨削、铣削、磨削、钻削、热处理以及钳工加工等方法进行零件制造，最后进行装配。因此，机器设备的生产，需要诸多加工方法才能实现，需要多个工种参与，而钳工即是其中技术含量较高并且不可缺少的重要工种。

一、钳工概述

1. 钳工的概念

钳工是使用钳工工具或设备，按技术要求对工件进行划线与加工、装配与调试、安装与维修以及工具的制造与修整的操作工种。钳工操作以手工操作为主，主要用于不太适宜或难以进行机械加工的场合。钳工操作灵活、所用工具简单、工作范围较广、技术要求较高、劳动强度大，操作者的技能水平直接影响产品的质量。随着生产技术的发展以及各种新材料、新工艺、新技术、新设备的出现，钳工操作的范围日益广泛，需要掌握的技术知识及技能也逐步增多。

2. 钳工的主要工作任务

（1）加工零件　对不适宜或不能采用机械加工的零件，都可以由钳工完成加工，如对毛坯件的清理和划线，装配前的钻孔、扩孔、铰孔、攻螺纹和套螺纹，刮削和研磨等精密加工，以及检验和修配等。

（2）装配　将零件按技术要求进行组件、部件装配和总装配，并经过调整、检验和试车等，使之成为合格的机械设备。

（3）设备维修　当机械设备在使用过程中出现故障、损坏或长期使用后因精度降低而影响使用时，都需要钳工进行维护和修整。

（4）工具制造和维修　制造和维修各种工具、量具、夹具、模具以及各种专业设备。

3. 钳工的分类

按我国《国家职业标准》，将钳工分为装配钳工、机修钳工和工具钳工三类。

装配钳工指用钳工常用工具和设备，按技术要求对工件进行成形加工，对机械设备进行装配、调整和检验的操作人员。

机修钳工指使用工具、量具和辅助设备，按技术要求对机械设备进行安装、调试和维修的操作人员。

工具钳工指使用钳工工具和设备，对工具、量具、夹具、模具进行制造和修理的操作人员。

各种钳工都具有较强的专业性，要完成好钳工工作，需要掌握各项基本技能，包括划线、锉削、锯削、錾削、钻孔、扩孔、铰孔、攻螺纹、套螺纹、弯形、矫正、刮削、研磨，以及装配与测量等，同时还要掌握与其相应的基础理论知识。

二、钳工的工作场地及安全规则

1. 钳工的工作场地

钳工的工作场地指钳工的固定工作地点。合理组织和布置钳工的工作场地是保证安全生产和产品质量的前提。

首先要合理布置主要设备。钳工工作台应安排在光线适宜、操作方便的地方，工作台与工作台之间距离要适当，必要时要安装防护网；砂轮机与钻床应放置在独立的工作间内或在场地的边缘位置。其次要合理摆放毛坯件、工件以及工具、量具、夹具。材料、毛坯件和工件要分别摆放整齐，放在指定的区域，尤其是工件，应尽量放在架子上或专用搁架上，以防磕碰；常用的工具、量具和夹具应放在工作位置附近的指定位置，以方便使用，且用后应放回原处，摆放整齐，并及时进行清理及定期的维护、保养和校验。最后要保证工作场地的清洁和通畅，工作后要把场地打扫干净，保证物品按位摆放，按要求对设备和用具进行清理和润滑。

2. 钳工的安全规则

在工作中养成良好的文明生产习惯，遵守劳动纪律，严格遵守安全文明生产的操作规程，是保证人身安全、财产安全、产品质量及顺利完成工作的前提和保障。因此，钳工在工作中必须遵守以下安全规则。

1）进入钳工的工作场地时必须穿戴好防护用品，严禁穿拖鞋或凉鞋，女工在操作机床时必须戴工作帽，并将头发塞进帽子里，严禁戴手套操作机床。

2）不得擅自使用不熟悉的工具、量具和设备，严守操作规程，严禁动用与本操作无关的设备。

3）在钳工工作台上工作时，禁止将工具、量具及工件混放在一起，各种量具也不要互相叠放，应按指定位置摆放各种物品及用具，遵循安全、合理、方便的原则。

4）清除切屑要使用毛刷等工具，不得用手清除或用嘴吹。

5）易滚易翻的工件应放置牢靠，搬动工件或取用工具均要轻拿轻放。

6）高空作业时，必须戴好安全帽，系好安全带，严禁上下投递工件或工具。

7）多人作业时，要有指定人员进行组织调度，做到密切配合。

8）使用电动工具时，要有绝缘防护和安全接地措施。

9）使用的机床和工具、量具、夹具要经常检查，发现问题或故障要及时报修，在修复之前不得使用，禁止使用有缺陷的用具。

10）钳工工作台上使用的照明电压不得超过36V，在钳工工作台上摆放工具时，不得将工具伸出钳工工作台边缘，以免其被碰落伤及人身或工件。

11）在台虎钳上夹持工件时，应将工件尽量夹持在台虎钳钳口的中部，且应稳固可靠，便于加工，避免产生变形；不得在活动钳身和光滑平面上进行敲击作业；强力作业时，应尽量使施力方向朝向固定钳身，防止螺杆和螺母因受力过大而损坏；对螺杆、螺母等活动表面要经常进行清洁和润滑，防止生锈。

12）使用钻床时，要对其进行全面检查，确认无误后才可使用；钻床运转时，严禁在旋转的刀具下夹紧、拆卸和测量工件，不得触摸旋转的刀具；工件及刀具的装夹必须牢固可靠，工作中严禁戴手套；钻头上有缠绕的较长铁屑时，要等停下钻床后，用刷子或铁钩进行清除，严禁在钻头运转时用棉纱或毛巾擦拭钻床及清除铁屑；不得在设备上堆放物件；工作结束后，要切断电源，认真清理场地。

13）使用砂轮机时，应保证其运转平稳，不得有明显的跳动，要保证砂轮表面平整，否则要进行修整；砂轮的旋转方向要正确，以保证铁屑向下飞离砂轮；磨削时，操作者要站在砂轮的侧面或斜侧面，不要站在砂轮的正面，且磨削时用力不要太大；砂轮机托架和砂轮之间的距离应在3mm以内，防止磨削件扎入而造成事故。

三、钳工常用的设备及用具

1. 钳工常用的设备

（1）钳工工作台　钳工工作台也称钳台，有多种形式，用来安装台虎钳，放置工具、量具和工件等。钳工工作台的高度一般为800～900mm，应以安装台虎钳后钳口高度刚好与操作者的肘部平齐为宜，如图0-1所示。钳工工作台的形状与尺寸大小随场地和工作需要而定。

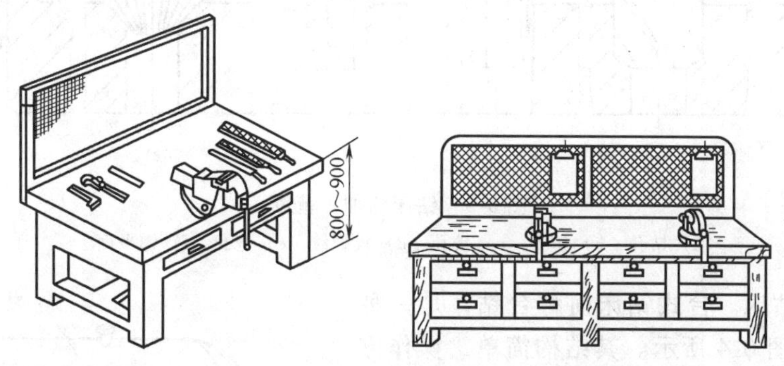

图0-1　钳工工作台

（2）台虎钳　普通台虎钳（以下简称台虎钳）是钳工加工用的主要设备，是用来夹持各种工件的通用夹具，分为固定式和回转式两种，如图0-2所示。其主要结构和工作原理基本相同，不同的是固定式台虎钳的固定钳身上有一个砧板，回转式台虎钳的整个钳身可以回转，能满足不同工位的需求，使用起来比固定式更方便，应用也比较广泛。台虎钳的规格是用钳口的宽度表示的，常用的有100mm、125mm和150mm几种。

（3）钻床　钻床是钳工常用的孔加工设备，在钻床上可以完成钻孔、扩孔、锪孔、铰孔和攻螺纹等各种方法的孔加工，如图0-3所示。常用的钻床有台式钻床、立式钻床和摇臂钻床，可以根据加工对象及加工要求的不同进行选择。

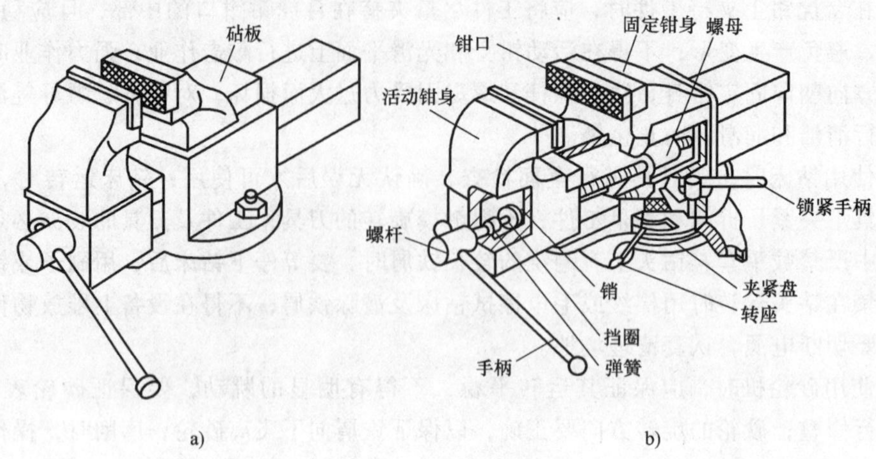

图 0-2 台虎钳

a）固定式台虎钳 b）回转式台虎钳

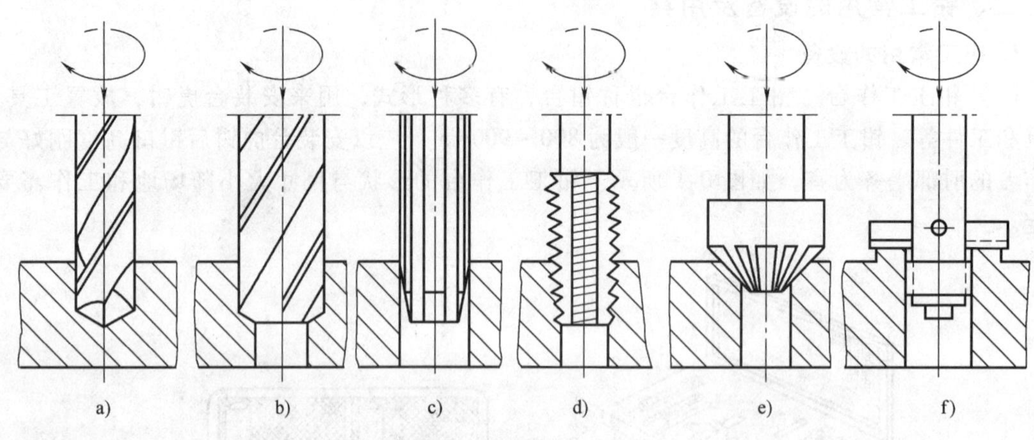

图 0-3 钻床的加工范围

a）钻孔 b）扩孔 c）铰孔 d）攻螺纹 e）锪孔 f）锪平面

1）台式钻床。台式钻床简称台钻，是一种小型钻床，如图 0-4 所示。其结构简单，操作方便，适用于小型工件上孔的加工，可进行钻孔、扩孔和攻螺纹等加工，一般加工孔径在 12mm 以下。

2）立式钻床。立式钻床是一种中型钻床，如图 0-5 所示。其结构比较完善，适用于中型工件上孔的加工，可进行钻孔、扩孔、铰孔和攻螺纹等加工。立式钻床功率较大，可以获得较高的加工精度和生产率。

3）摇臂钻床。摇臂钻床是一种大型钻床，如图 0-6 所示，适用于大型和复杂工件上孔的加工，可进行单孔或多孔加工。

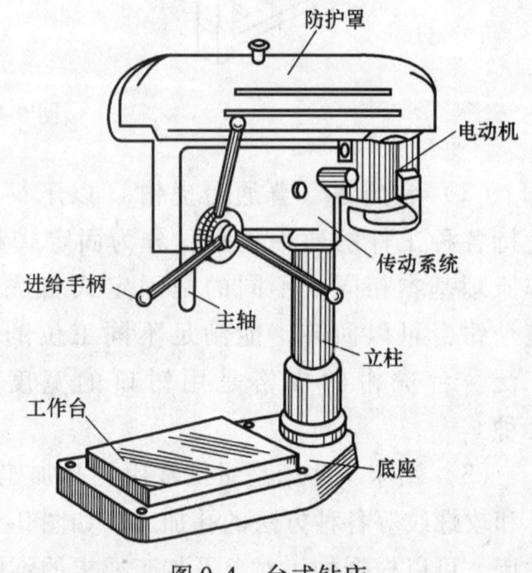

图 0-4 台式钻床

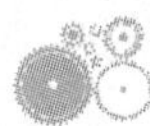

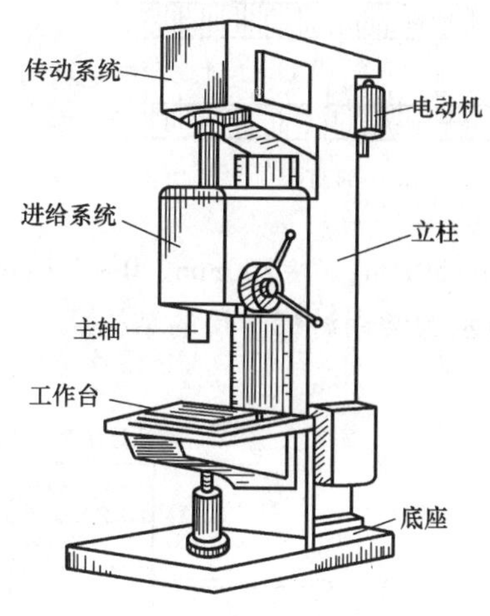

图 0-5　立式钻床

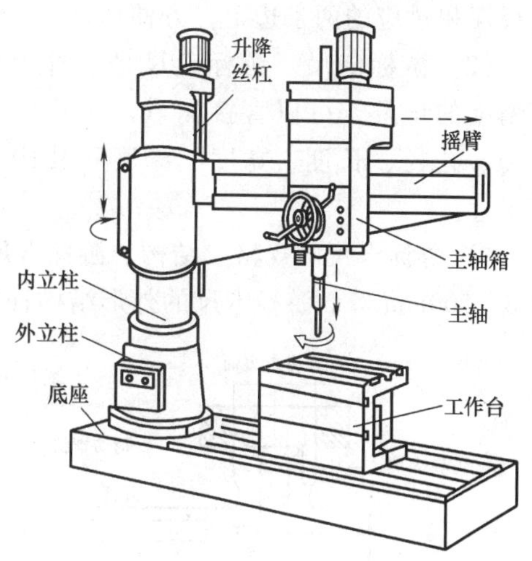

图 0-6　摇臂钻床

（4）砂轮机　砂轮机是用来进行磨削加工的设备，可以磨削各种刀具，如錾子、钻头、丝锥、车刀、铣刀等；也可以磨削各种工具，如划针和样冲等；还可以磨削工件或材料上的毛刺、锐边及余量等。砂轮机主要由电动机、砂轮和防护罩等组成，如图 0-7 所示。

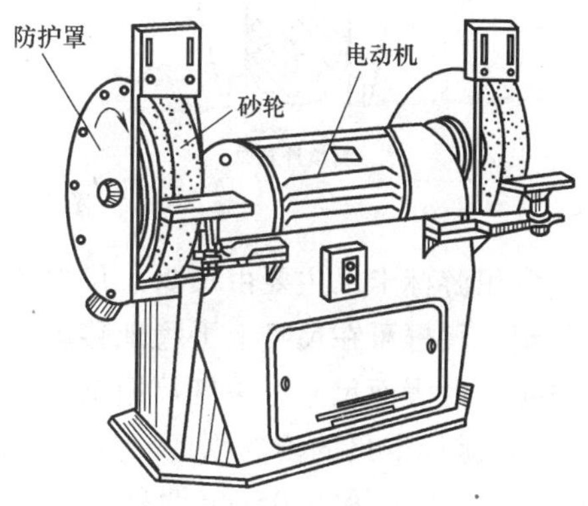

图 0-7　砂轮机

2. 钳工常用的工具

钳工常用的工具主要有手工工具和电动工具。

（1）手工工具　钳工用手工工具指以手动来操作使用的工具。如：划线用的划针、划规、样冲和锤子等，锉削用的各种钳工锉，锯削用的锯弓和锯条，錾削用的錾子，以及丝锥、板牙等用于螺纹加工的工具等。

（2）电动工具　钳工用电动工具指以电动机或电磁铁为动力源，如电钻、手持式砂轮机等。

3. 钳工常用的量具

为确保零件和产品的质量，必须使用量具对工件进行测量。量具的种类很多，分为万能量具、专用量具和标准量具三种类型。

万能量具一般都有标尺（即刻度），可以测量零件和产品形状及尺寸的具体数值，如游标卡尺、千分尺、百分表和游标万能角度尺等。专用量具不能测出实际尺寸，只能测量零件和产品的形状及尺寸是否合格，如卡规、塞规和塞尺等。标准量具只能制成某一固定尺寸，通常用来校对和调整其他量具，也可以作为标准与被测量工件进行比较，如量块等。

（1）钢直尺　钢直尺一般由不锈钢制成，可以用来测量工件的长度、宽度、高度和深度。钢直尺的标称长度有 150mm、300mm、500mm 和 1000mm 等，尺面上的标尺间隔一般为 1mm。有的标称长度为 150mm 的钢直尺，在 0～50mm 长度段内标尺间隔为 0.5mm，如图 0-8 所示。钢直尺测量出的数值误差比较大，1mm 以下的小数值只能靠估计得出，因此不能用于精确的测量。有的钢直尺背面还刻有米—英制换算表或将米制与英制的尺寸标记分别刻在尺面相对应的两条边上，方便使用。

(2) 游标卡尺　游标卡尺是一种中等精度的量具，可以直接测量出工件的外径、孔径、长度、宽度、深度和孔距等尺寸。

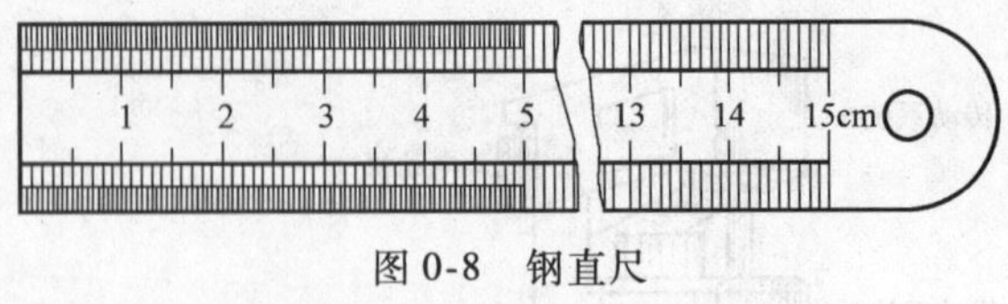

图 0-8　钢直尺

1) 游标卡尺的规格、结构。游标卡尺的测量范围为 0～150mm、0～200mm、0～300mm 和 0～500mm 等。游标卡尺的外形结构种类较多，图 0-9 所示为常用游标卡尺的结构。

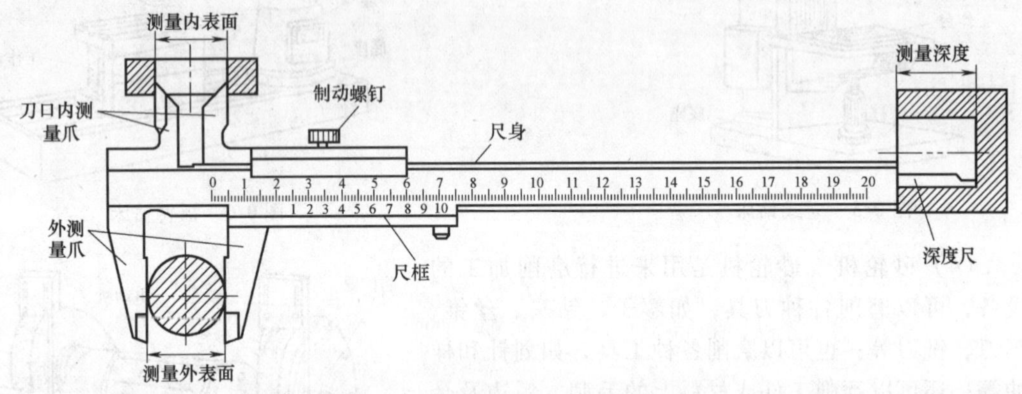

图 0-9　常用游标卡尺的结构

常用游标卡尺主要由尺身、尺框和深度尺组成。尺身的主标尺上刻有间隔为 1mm 的标尺标记，尺框可在尺身上平稳地移动。外测量爪用来测量零件外表面尺寸，加内测量爪用来测量零件内表面尺寸，深度尺用来测量零件的深度尺寸。

2) 游标卡尺的读数原理。常用游标卡尺的分度值是按游标尺与主标尺的标尺间隔确定的，有 0.02mm 和 0.05mm 两种。

① 分度值为 0.02mm 的游标卡尺，其主标尺的标尺间隔为 1mm。两测量爪合并时，游标尺上 50 个标尺分度的长度刚好等于主标尺上的 49mm。主标尺与游标尺的每个标尺分度的长度之差为：1mm－49mm/50＝0.02mm。

② 分度值为 0.05mm 的游标卡尺，其主标尺的标尺间隔为 1mm。两测量爪合并时，游标上 20 个标尺分度的长度刚好等于主标尺上的 19mm，主标尺与游标尺的每个标尺分度的长度之差为：1mm－19mm/20＝0.05mm。

3) 游标卡尺的读数。以分度值为 0.02mm 的游标卡尺为例，如图 0-10 所示，其读取数据的过程一般分为 3 步：先读主标尺，根据游标尺零线以左最近的标尺标记读出整数为 27mm；再读游标尺，找到游标尺与主标尺的标尺标记的对齐处，读出 0.96mm；最后将所读的两个数加起来，即为总尺寸 27mm＋0.96mm＝27.96mm。

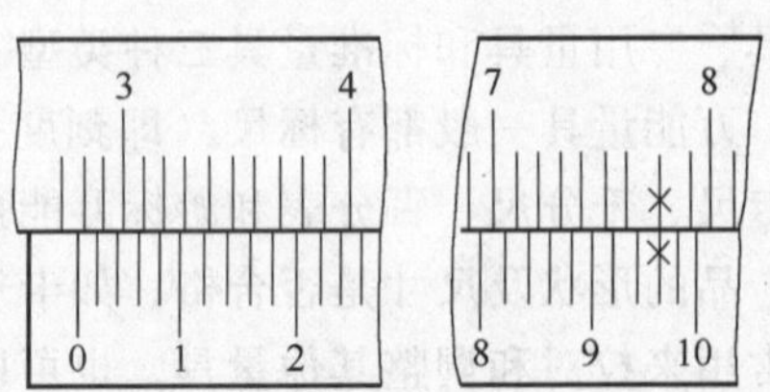

图 0-10　0.02mm 游标卡尺的读数

4) 使用游标卡尺进行测量时的注意事项。

① 测量前，将游标卡尺擦净并检查其测量面及刀口是否平直，再校对游标卡尺的零位。校对零位时先用干净棉丝或软质白细布将两外测量爪的测量面擦净，右手大拇指慢慢推

 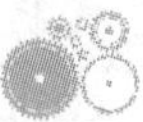

动尺框，使两测量面接触后，看游标尺的0线与主标尺的0线、游标尺上的最后一条标尺标记与主标尺上的相应标尺标记是否对正。若对正，则说明该游标卡尺的零位正确；若不对正，则需要检修。

② 测量外表面尺寸（如长度和外圆直径等）时，先将尺框向右拉，使两外测量爪测量面间的距离比被测尺寸稍大，然后把被测部位放入游标卡尺的两测量面之间，使被测部位贴靠固定测量爪的测量面，然后右手缓慢地推动尺框，用轻微的压力使活动测量爪接触零件，即可进行读数。

③ 测量内表面尺寸（如孔径、沟槽宽度等）时，先使两刀口内测量爪测量面间的距离比被测尺寸稍小，然后将测量爪伸入被测部位，缓慢地将尺框向右拉。当两测量爪的刀口都与被测表面轻微接触时，稍微摆动卡尺使所量尺寸最大，即可读数。

④ 常用游标卡尺的深度尺可以用来测量零件的深度尺寸，测量时要使尺身尾端端面与被测深度部位的端面接触。测量深度尺寸时，游标卡尺要垂直于被测深度部位放置，不得歪斜，然后右手握住卡尺，并用大拇指拉动尺框向下移动，感到深度尺与槽底接触后，即可进行读数。

⑤ 测量时，一般不要取出卡尺，应在测量处读数。若要取出卡尺读数，测量到位后应把制动螺钉拧紧，并顺着工件滑出，不得歪斜，避免出现测量误差。

⑥ 读数时，双眼要垂直于标记面的方向读数，以减少读数误差。

（3）千分尺　千分尺是生产中常用的一种精密量具，常用千分尺的分度值为0.01mm。

1）千分尺的规格、种类。千分尺的制造受到测微螺杆长度的限制，其移动量通常为25mm。所以千分尺的测量范围分别为0～25mm、25～50m、50～75mm和75～100mm等，使用时按被测工件的尺寸选用。

常用的千分尺有：外径千分尺，用来测量外径及长度等尺寸；内径千分尺，用来测量内径及槽宽等尺寸；深度千分尺，用来测量工件台阶高度或孔的深度。下面主要介绍外径千分尺。

2）外径千分尺的结构。外径千分尺的结构如图0-11所示。它由尺架、测砧、测微螺杆、锁紧装置、螺纹轴套、固定套管、微分筒和测力装置等部分组成。在尺架的右端是固定套管，左端是测砧，固定套管里装有带内螺纹的螺纹轴套，测微螺杆上的螺纹可沿此内螺纹回转，并用螺纹轴套定心。在固定套管的外面是有标尺的微分筒，它用锥孔与测微螺杆右端锥体相连。测微螺杆转动时的松紧程度可用螺纹轴套上的螺母来调节。当测微螺杆需要固定不动时，可转动锁紧装置手柄通过偏心机构锁紧。

用外径千分尺测量前首先要调整两测量面的位置。当测砧和测微螺杆快要接触时，手要握住测力装置手柄，当两测量面接触好会发出“咔咔”的响声，这时检查微分筒的0线与固定套管的基准线是否对齐。如果没有对齐，要进行调整或在测量结果中加以修正。

用外径千分尺测量尺寸时，一般应双手操作，将零件夹牢或放稳后，左手拿住千分尺的弓形尺架，右手拇指和食指缓慢地旋转微分筒。当外径千分尺的两测量面与被测面快接触时，再旋转测力装置，待发出“咔咔”声时则表示测砧已与被测工件接触好，而且测量力合适，即可读数。

3）外径千分尺的读数原理。外径千分尺的固定套管上刻有一条轴向基准线（作为微分筒读数的基准线），在基准线两侧均匀地刻出两排标尺，每排标尺间距均为1mm，上下两相

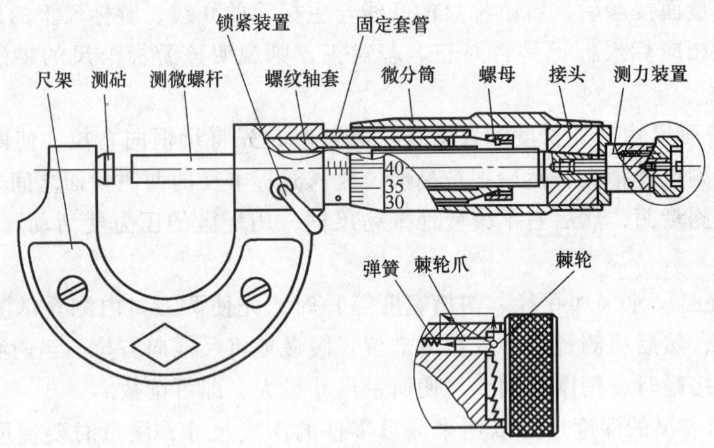

图 0-11　外径千分尺的结构

邻的标尺间距为 0.5 mm。若测微螺杆螺纹的螺距为 0.5mm，当微分筒转一周时，测微螺杆就移动 0.5mm；微分筒圆锥面上共有 50 个标尺分度，因此微分筒转一个分度，测微螺杆就移动 0.01mm。

4）千分尺的读数方法。在实际测量时，千分尺的读数方法有三步：首先读出固定套管上的数字，即读出微分筒锥体端面左边固定套管上的数字（应为 0.5 的整数倍）；其次读出微分筒上的数字，乘以 0.01；最后将前面读出的两数相加，即为被测零件的尺寸。图 0-12a所示的读数为 8.16mm，图 0-12b 所示的读数为 34.715mm。

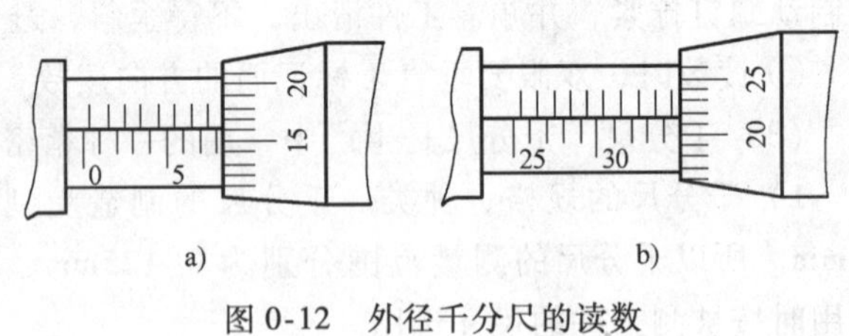

图 0-12　外径千分尺的读数

a）读数为 8.16mm　b）读数为 34.715mm

5）千分尺的使用及注意事项。

① 测量前要根据尺寸的大小选用合适的千分尺。

② 使用前要用干净棉丝将千分尺测量面擦干净，并检查微分筒的零位是否对准。若未对准，则需调准后方可使用。

③为保证测量精度和延长千分尺的使用寿命，不允许测量正在旋转的工件及粗糙的表面。

④ 测量时，先旋转微分筒，当测量面接近被测表面时再旋转测力装置，直至发出“咔咔”声为止。取下千分尺时，要旋转微分筒而不允许旋转测力装置。

⑤ 读数时，最好不取下千分尺，如需取下，为防止尺寸变动，应先锁紧测微螺杆，然后轻轻取下千分尺。读数要细心，看清标尺标数，要特别注意 0.5mm 刻线有无露出。

⑥ 测量时，应使整个测量面与被测表面相接触，对同一表面应多测几次取平均值。

（4）百分表　百分表是一种指示式测量仪，主要用于测量工件的形状和位置精度，测量内孔尺寸以及找正工件在机床上的安装位置。其分度值为 0.01mm，测量范围有 0～3mm、0～5mm 和 0～10mm 三种规格。

1）百分表的结构。如图 0-13 所示，百分表由测量杆、内部的齿轮传动系统和表盘等组成。测量杆的微小直线位移可由传动系统放大，转变为指针的转动，并在表盘上指示出相应

的示值。

百分表的表盘上有大、小两个指针，测量杆每移动1mm，大指针转1周，小指针转过1格。大指针每转过1格，表示测量的尺寸变化0.01mm；小指针每转过1格，表示测量的尺寸变化1mm。

2）百分表的使用。百分表一般用磁性表座固定。如图0-14所示，磁性表座由表座、支架杆和连接件等组成。百分表的使用步骤如下。

① 先将表座置于导轨或工作台上，旋转旋钮，使其磁性发挥作用而吸牢。

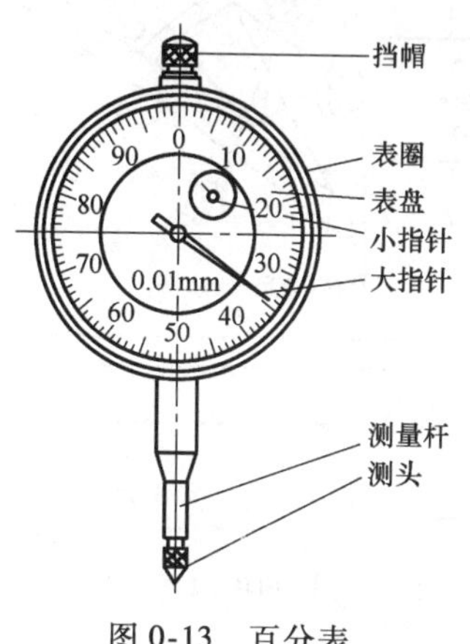

图0-13　百分表

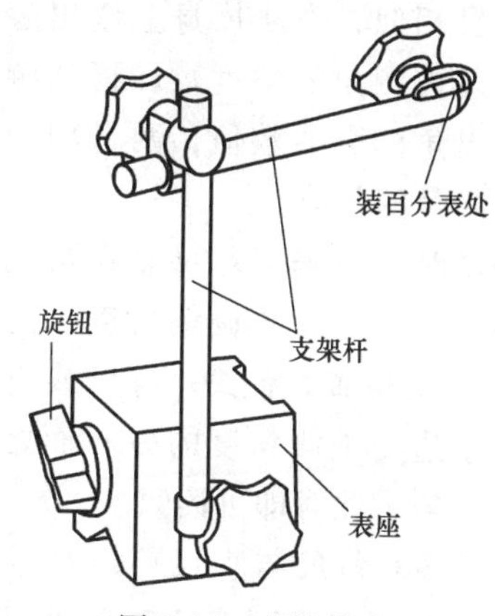

图0-14　磁性表座

② 利用连接件将支架杆调整到合适的位置和角度，并固定好。

③ 装上百分表并旋紧，夹紧力要合适。如夹紧力过小，测量时百分表会动，引起测量误差；夹紧力过大，会使百分表装夹处变形，使测量杆移动不灵活。

④ 测量时，应使百分表的测量杆垂直零件被测表面，测头与工件表面接触时，测量杆应预压缩0.3～1mm，以保持一定的初始测量力。

3）使用百分表的注意事项。

① 使用时，不可对测量杆侧向用力，否则极易造成百分表损坏。

② 提压测量杆的次数不要过多，距离不要过大，以免造成其内部结构的损坏。

③ 测量时，测量杆的行程不可超出百分表的示值范围。

④ 应避免剧烈的振动和碰撞，不要使测头突然撞击到被测表面，不能敲击百分表的任何部位。

⑤ 严防水、油、灰尘等进入百分表内，不要随意拆卸表的后盖。

⑥ 百分表使用完毕后，要擦拭干净后放回盒内，使测量杆处于自由状态，以免表内弹簧失效。

（5）游标万能角度尺　游标万能角度尺是用来测量工件内、外角度的量具，常用游标万能角度尺的分度值为2′，形状为扇形。

1）游标万能角度尺的结构。如图0-15所示，游标万能角度尺由尺身、90°角尺、游标、制动器、扇形板基尺、直尺和卡块等组成。根据所测角度的需要，90°角尺和直尺可采用不同的方式进行组合，制动器可将扇形板和尺身锁紧，便于读数。

2）游标万能角度尺的刻线原理。尺身刻线每格1°，游标刻线是将尺身上29°所对应的

弧长等分为30格，即每格所对应的角度为29°/30，因此游标上1格与尺身上1格相差：1° - 29°/30 = 1°/30 = 2′，即游标万能角度尺的分度值为2′。

3）游标万能角度尺的读数方法。游标万能角度尺的读数方法与游标卡尺相似，先从尺身上读出游标零线前被测角的整度数，再从游标上读出角的分的数值，两者相加就是被测角的数值。

测量时，应先把基尺靠在被测角度的一个面上，边调整角度尺的角度边对光检查，使90°角尺或直尺的一条边与被测角度的另一面之间透光均匀，此时即可读数。

由于90°角尺与直尺可以移动和拆换，因而游标万能角度尺可以测量0°～320°范围内任意大小的角度。

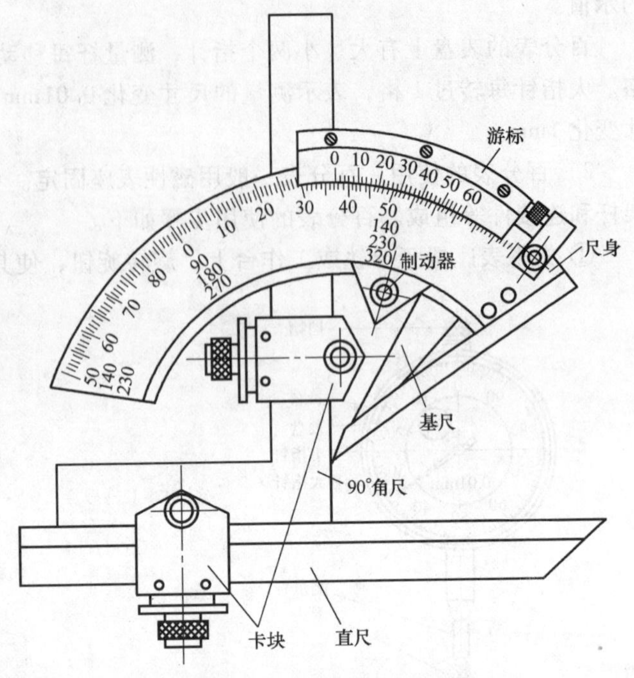

图0-15　游标万能角度尺

（6）量块　量块是机械制造业中长度尺寸的标准，用于对量具和量仪的检验和校正、精密划线和精密机床的调整。量块与附件并用时，可以测量某些精度要求较高的工件尺寸。通常不允许用量块直接测量工件，以保持量块的精度，延长其使用寿命。

量块是用铬锰钢等特殊合金钢或线膨胀系数小、性质稳定、耐磨且不易变形的材料制成的长方体。量块有两个工作面，其余为非工作面，工作面即是测量面，是一对相互平行而且平面度误差和表面粗糙度值极小的平面，如图0-16所示。

量块一般做成一套，按套使用，每一套装在特制的木盒中。表0-1所示为46块一套和83块一套的量块的公称尺寸和块数。把不同公称尺寸的量块组合在一起就可以得到所需要的尺寸。选用量块时应尽量选用最少的量块数，以减少累积误差，一般情况下块数不超过五块。如所要尺寸为27.435mm，则可以在83块一套中选用1.005mm一块、1.43mm一块、5.0mm一块、20mm一块，共计四块量块即可。

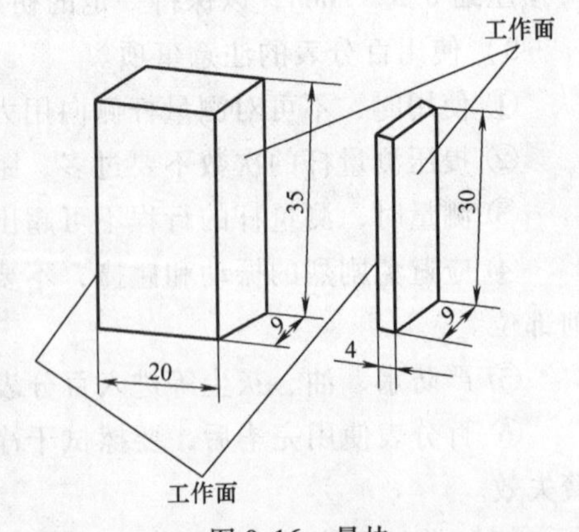

图0-16　量块

（7）塞尺　塞尺是用来检验两个相结合面之间间隙大小的片状定值量规，是一种常用的标准量具。塞尺有两个平行的测量平面，每套塞尺由若干片组成，叠合在夹板里，每把塞尺尺面上标记有该尺的规格，如图0-17所示。

测量时，轻轻地将塞尺塞入间隙，可根据间隙的大小，可一片或数片重叠在一起使用，则一片或数片塞尺的厚度即为两结合面之间的间隙值。例如用0.05mm的塞尺可以插入工件的缝隙，而0.06mm的塞尺插不进去，说明该零件的间隙为0.05～0.06mm。

表0-1　成套量块的公称尺寸和块数

每套块数	量块的公称尺寸/mm	尺寸间隔/mm	块数
83	0.5	—	1
	1	—	1
	1.005	—	1
	1.01,1.02,…,1.49	0.01	49
	1.5,1.6,…,1.9	0.1	5
	2.0,2.5,…,9.5	0.5	10
	10,20,…,100	10	10
46	1	—	1
	1.001,1.002,…,1.009	0.001	9
	1.01,1.02,…,1.09	0.01	9
	1.1,1.2,…,1.9	0.1	9
	2,3,…,9	1	8
	10,20,…100	10	10

(8) 水平仪　水平仪是用来测量小角度的精密量具，主要用来测量平面对水平面或垂直面的位置误差，也可以在设备安装和调试时检验机床相互平行的表面之间的平行度误差、相互垂直的表面之间的垂直度误差以及微小的倾角等。图0-18所示为常用的框式水平仪，由框架、主水准器和调整水准器组成，框架的测量面上制有V形槽，以方便测量圆柱形的表面。

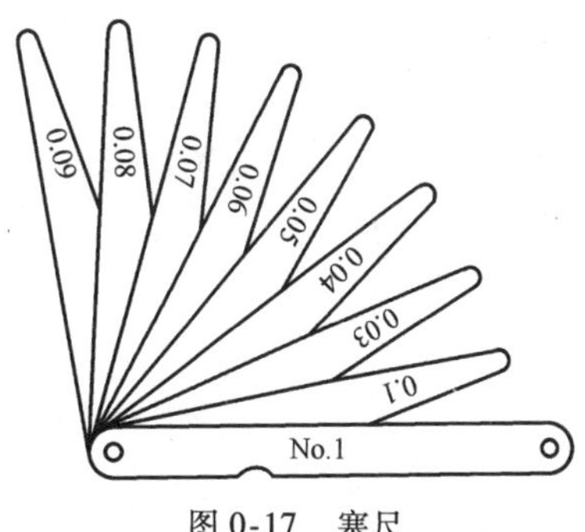

图0-17　塞尺

加工中选择量具时，应该遵守既保证测量精度又符合经济性的原则，应按照被测零件的尺寸与精度选择量具、量仪的测量范围，严格地控制被测零件的实际尺寸在极限尺寸范围内，要尽可能地减少测量工具和检验工作的成本。

为了保持量具的精度，延长其使用寿命，要对量具进行及时的维护和保养。测量前应将量具的测量面和工件被测量面擦净，以免脏物影响测量精度，加快量具的磨损。在使用过程中，不要将量具和工具、刀具放在一起，以免碰坏。机床开动时，不要用量具测量工件，否则会加快量具的磨损，而且容易发生事故。量具不应放在热源（电炉、暖气片等）附近，以免受热变形。量具用完后，应及时擦净、涂油，放在专用盒中，保存在干燥处，以免生锈。精密量具应进行定期检查和保养，发现有不正常现象时，应及时送交计量部门进行检修。

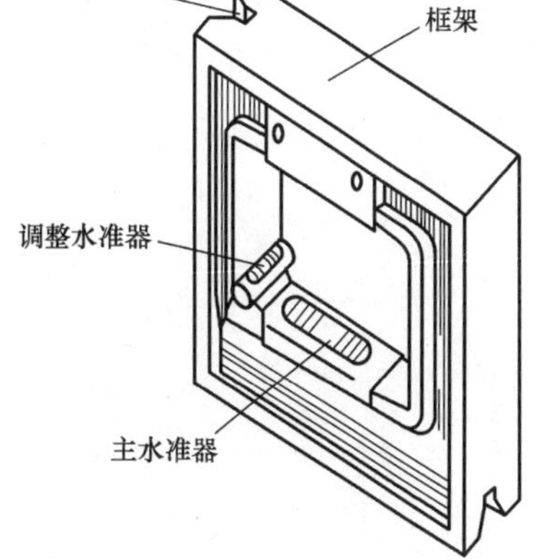

图0-18　框式水平仪

四、本课程的学习要求及方法

钳工工艺项目实训是一门研究钳工操作所需的工艺理论知识的专业课程，学习完本课程后：应掌握钳工所需要的技术基础理论知识，具有分析和解决一般工艺问题的能力；具备各项基本操作的技能和零件加工技术综合运用的能力，能正确选择零件的加工和检测方法；掌握零件加工、机器装配与调试以及精度检验的工艺要点，能进行简单的工艺计算；具有查阅、收集和使用各种技术资料的能力，并且能在实践中进行创新。

钳工工艺项目实训与生产实践密切相关，其基本操作项目较多，各项技能的学习和掌握又具有一定的相互依赖关系，因此要求我们必须循序渐进、由易到难、由简单到复杂，每项操作都要按要求一步一步地练习和掌握。学习本课程应坚持理论联系实际，注重实践教学，合理选用实践教学的课题，并严格按照课题的要求进行操作，加强实训教学环节，不断培养和提高学生分析和解决生产实际问题的能力。

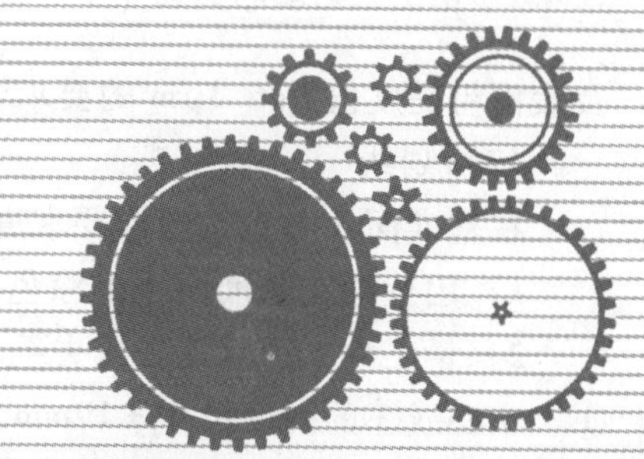

任务一

正方体的加工

能力目标

1. 掌握划线工具的种类和使用方法。
2. 能正确使用划线工具完成一般的划线操作。
3. 掌握正确的锉削方法，完成对平面的锉削。
4. 通过本任务的学习和训练，完成对正方体的加工。

任务内容

按图 1-1 所示要求加工正方体，毛坯尺寸为 $\phi55\text{mm} \times 42\text{mm}$，材料为 45 钢。

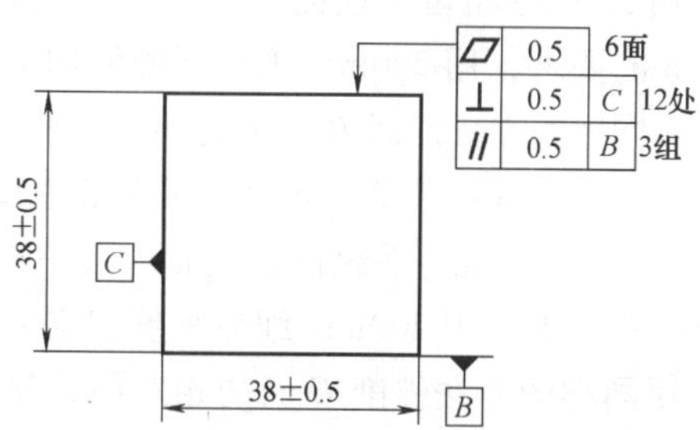

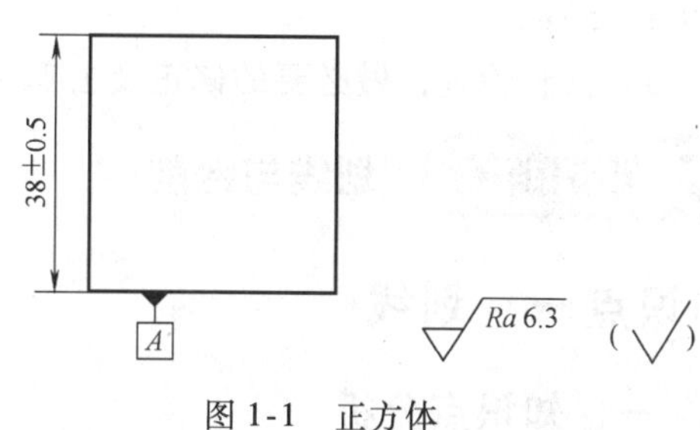

图 1-1　正方体

任务实施

1. 操作要求

1）在毛坯件上按图样要求划线。

2）按所划的线进行锉削，完成正方体的加工。

2. 工具、量具及刃具

方箱、软钳口、游标高度尺、样冲、350mm 粗齿平锉、200mm 细齿平锉、90°角尺、刀口形直尺、钢直尺、游标卡尺、粗糙度样块、蓝油。

3. 实施步骤

（1）锉削基准面

1）用 350mm 粗齿平锉锉削基准面 *A*，如图 1-2a 所示，使其达到平面度 0.5mm、对圆柱表面的垂直度 0.5mm 的要求，用 200mm 细齿平锉锉削 *A* 面，使其表面粗糙度值达到 *Ra*6.3μm 的要求。

2）用同样的方法锉削 *A* 面的相对面，使其达到平面度 0.5mm、对 *A* 面的平行度 0.5mm

及表面粗糙度值 $Ra6.3\mu m$ 的要求，并保证尺寸（38 ± 0.5）mm。

（2）划线

在基准面 *A* 上，按图样要求进行正方形划线，如图 1-2 所示，划线操作如下。

1）用蓝油在基准面 *A* 上涂色，并将工件夹紧在方箱的 V 形槽内。

2）量工件上边缘总高减去毛坯件半径（27.5mm），用游标高度尺调出数值，划中心线①，中心线①的高度尺寸 ±19mm，分别划尺寸线②、③，如图 1-2b 所示。

3）使方箱转 90°，量工件上边缘总高减去工件半径（27.5mm），用游标高度尺调出数值，划中心线④，中心线④的高度尺寸 ±19mm，分别划尺寸线⑤、⑥，如图 1-2c 所示。

4）按图样复核检查，打样冲眼。

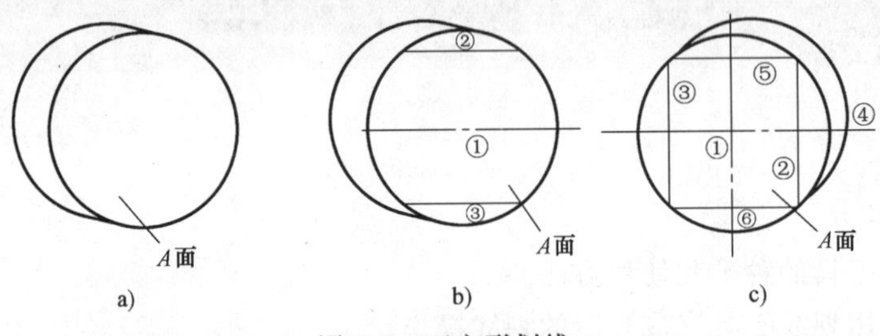

图 1-2　正方形划线

（3）锉削平面

1）用 350mm 粗齿平锉锉削 *B* 面，使其达到平面度 0.5mm、对 *A* 面及其相对面的垂直度 0.5mm 的要求，用 200mm 细齿平锉锉削 *B* 面，使其表面粗糙度值达到 $Ra6.3\mu m$ 的要求。

2）用同样的方法锉削 *B* 面的相对面，使其达到平面度 0.5mm、对 *A* 面及其对面的垂直度 0.5mm、对 *B* 面的平行度 0.5mm 及表面粗糙度值 $Ra6.3\mu m$ 的要求，并保证尺寸（38 ± 0.5）mm。

3）用 350mm 粗齿平锉锉削 *C* 面，使其达到平面度 0.5mm、对 *A* 面及其相对面的垂直度 0.5mm 的要求，用 200mm 细齿平锉锉削 *C* 面，使其表面粗糙度值达到 $Ra6.3\mu m$ 的要求。

4）用同样的方法锉削 *C* 面的相对面，使其达到平面度 0.5mm、对 *A*、*B* 面及其相对面的垂直度 0.5mm、对 *C* 面的平行度 0.5mm 及表面粗糙度值 $Ra6.3\mu m$ 的要求，并保证尺寸（38 ± 0.5）mm。

5）修整检查，做必要的修正及去毛刺。

知识链接　划线与锉削

知识点一　划线

一、知识点分析

划线指根据图样在零件表面即毛坯面或已加工表面上，用划线工具划出待加工部位的轮廓线或作为基准的点和线的操作。划线是零件成形加工前的一道重要工序，是钳工应该掌握的一项基本操作。

划线有平面划线和立体划线两种。

（1）平面划线　只需要在工件的一个表面上划线即能明确表示加工界线的，称为平面划线，如图 1-3 所示。

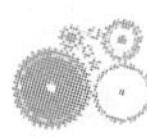

（2）立体划线　需要在工件的几个互成不同角度（通常是互相垂直）的表面上划线，才能明确表示加工界线的，称为立体划线，如图 1-4 所示。

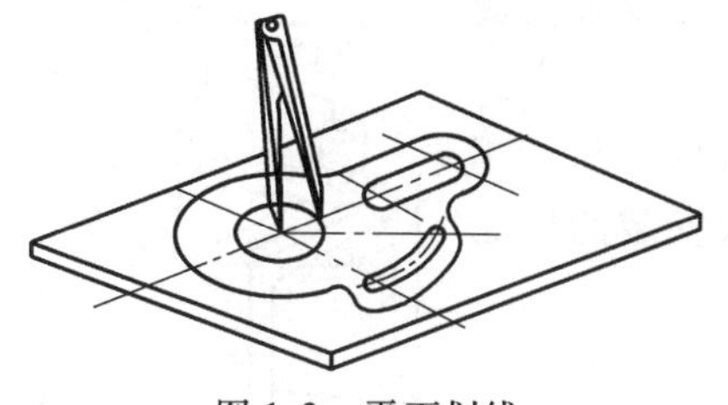
图 1-3　平面划线

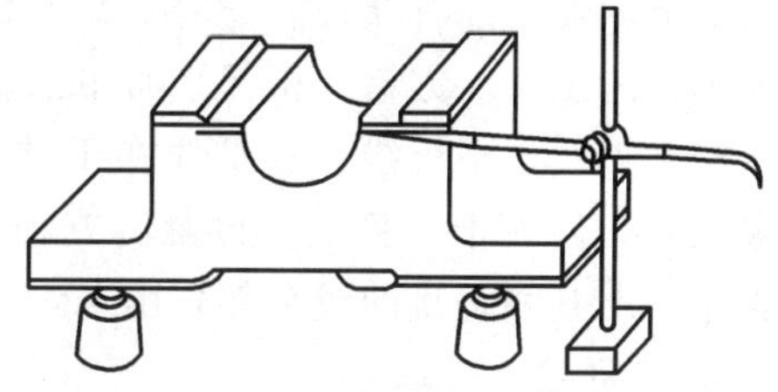
图 1-4　立体划线

在进行粗、精加工时，需要以划出的基准线和加工界线作为校正和加工的依据。划线的具体作用如下。

1）确定工件的加工余量，使机械加工有明确的尺寸界线。

2）按划线找正定位，便于复杂工件在机床上的装夹。

3）能够及时发现和处理不合格的毛坯，避免加工后造成损失。

4）采用借料划线可使误差不大的毛坯得到补救，提高毛坯的利用率。

划线是一项复杂、细致而重要的工作，它直接关系到产品质量的好坏。在划线前先要看清楚图样，了解零件的作用，分析零件的加工程序和加工方法，从而确定要加工的余量和在工件表面上需划出哪些线。划线时不但要划出清晰均匀的线条，还要保证尺寸正确，一般精度要求控制在 0.1 ～ 0.25mm。划线完成之后要认真核对尺寸和划线位置，以保证划线准确。划线准确与否，将直接影响产品的质量和生产率。

二、工具的认识和使用

1. 划线平台

划线平台是用来安放工件和划线工具，并在其工作面上完成划线及检测过程的工具。常用的划线平台如图 1-5 所示。由于划线平台的上平面和侧平面往往作为划线中的基准面，所以对上平面和侧平面的平面度和直线度的等级要求很高，一般都经过精刨削或刮削加工。为了防止或减少变形，划线平台一般用铸铁制造。

图 1-5a 所示的平台适用于一般尺寸工件的划线，较大尺寸工件划线时，可使用图 1-5b 所示的划线平台。

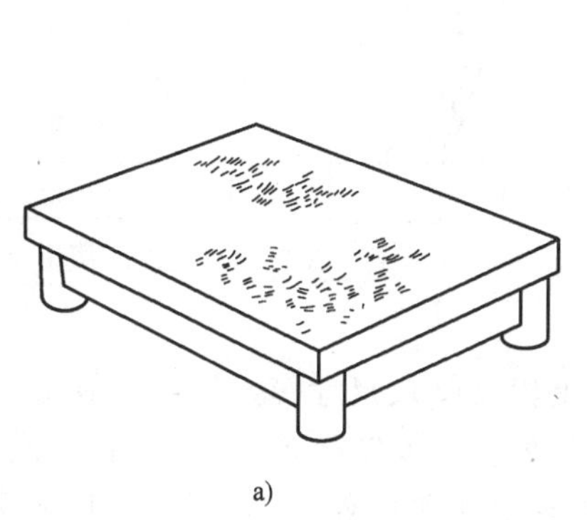
a)

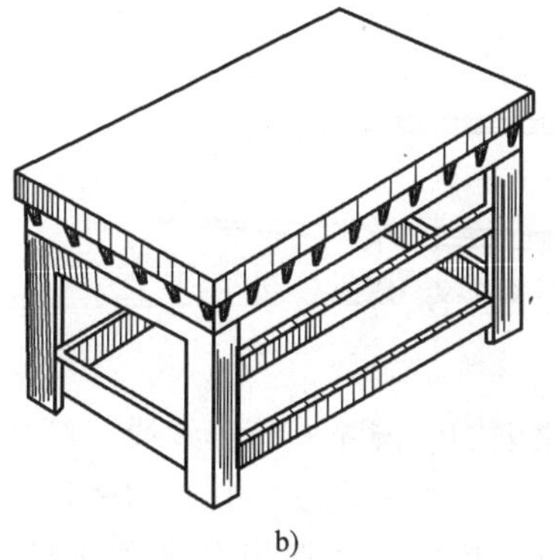
b)

图 1-5　划线平台

2. 划线方箱

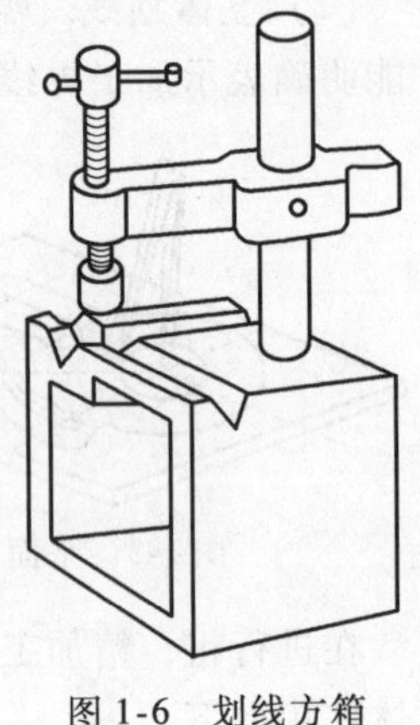
图 1-6　划线方箱

划线方箱是用灰铸铁制成的空心立方体或长方体，如图 1-6 所示，其上面通常配有立柱和螺杆，结合纵横 V 形槽用于夹持轴类或其他形状的工件。方箱的相邻平面相互垂直，相对平面又互相平行，便于将垂直线、平行线、水平线在工件上划出来。划线时，可用 C 形夹头将工件夹于方箱上，再翻转方箱，便可以在一次安装的情况下将工件上互相垂直的线全部划出来。

3. V 形铁

V 形铁通常两个一起使用，其夹角为 90°或 120°，如图 1-7 所示，在划线中用以支撑轴套类或圆盘类工件，以划出中线和找出中心等。

4. 垫铁

垫铁是用来支撑、垫平或升高毛坯工件的工具，常用的有平垫铁和斜垫铁两种，如图 1-8 所示。垫铁能对工件的高低做少量调节。

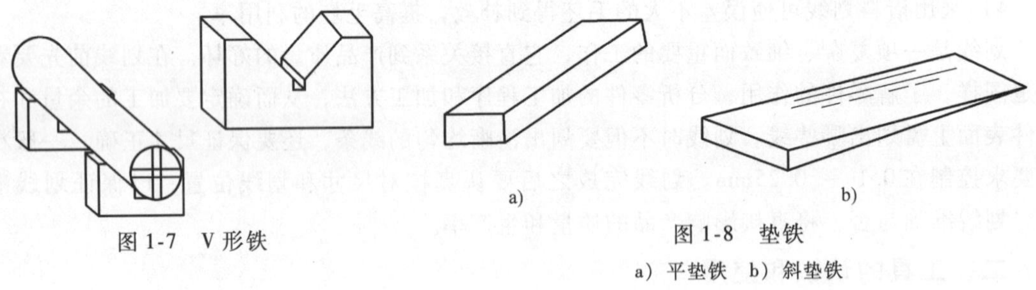

图 1-7　V 形铁

图 1-8　垫铁
a）平垫铁　b）斜垫铁

5. 划针

划针是用来划线的基本工具，如图 1-9 所示。划针常与钢直尺和 90°角尺等导向工具一起使用。常用的划针一般用工具钢或弹簧钢丝制成，还可焊接硬质合金后磨锐，其尖端磨成 10°～20°的锥角，并需进行热处理以提高其硬度和耐磨性。

划线时尖端要贴紧导向工具移动，上端向外侧倾斜 15°～20°，向划线方向倾斜 45°～75°，如图 1-10 所示，要做到一次划成，不要重复。

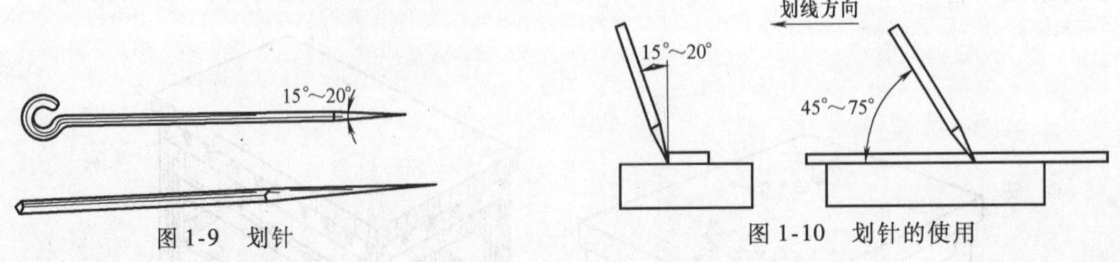

图 1-9　划针

图 1-10　划针的使用

6. 划规

划规用来划圆和圆弧、等分线段、等分角度以及量取尺寸等。划规一般用工具钢制成，脚尖需经热处理以提高硬度，且必须坚硬，有的划规两脚尖端部焊接了一段硬质合金以提高硬度和耐磨性。钳工用的划规有普通划规、弹簧划规和长划规等。图 1-11a 所示为普通划规，其结构简单。图 1-11b 所示为弹簧划规，使用时，通过旋转调节螺母来调节尺寸，适用

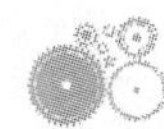

于在光滑面上划线。图 1-11c 所示为长划规，用来划大尺寸的圆，使用时在滑杆上滑动划规脚可以得到所需要的尺寸。

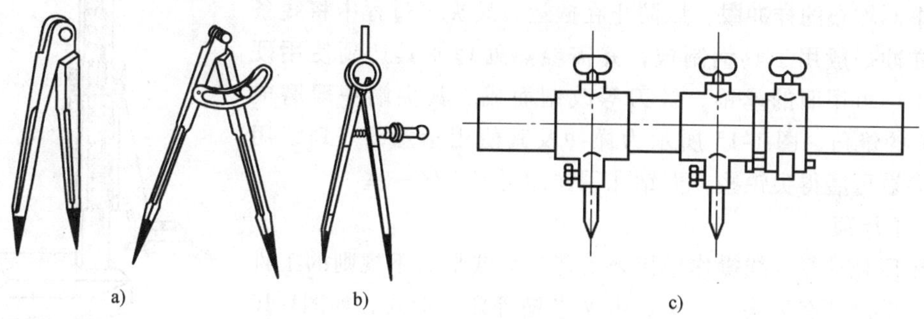

图 1-11　划规

a）普通划规　b）弹簧划规　c）长划规

7. 划针盘

划针盘一般用于直接在工件表面上划线或用来找正工件的位置。如图 1-12 所示，划针盘由底座、立柱、划针和夹紧螺母等组成，划针的直头端用来划线，弯头端用来找正工件的位置。划针盘使用完后，应将划针的直头端向下，处于垂直状态。

8. 90°角尺

90°角尺是钳工常用的测量工具，划线时可作为划垂直线和平行线的导向工具，同时可用来找正工件在划线平台上的垂直位置，如图 1-13 所示。

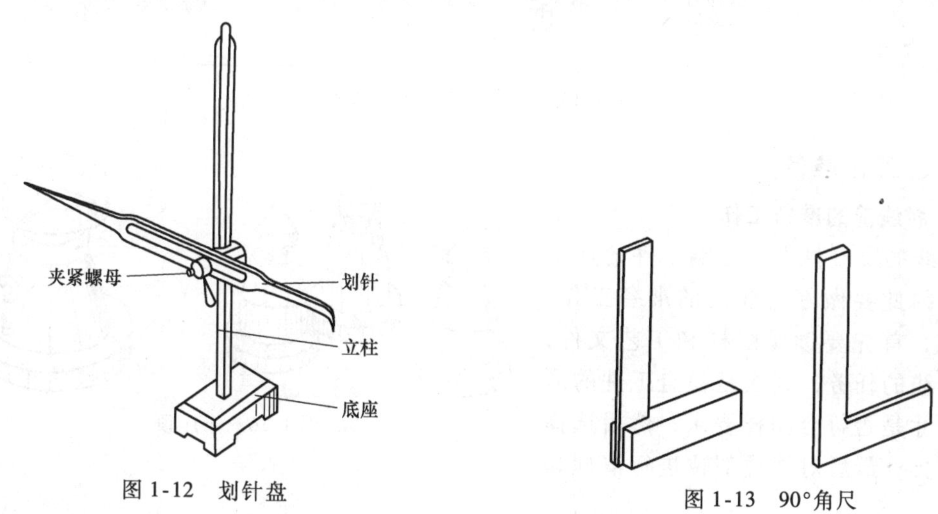

图 1-12　划针盘

图 1-13　90°角尺

9. 游标高度尺

游标高度尺是高度尺和划针盘功能的组合，是一种比较精密的量具和划线工具，既可以用来测量高度，又可以用量爪直接划线，但不允许在毛坯上划线，如图 1-14 所示。其规格有 0 ~ 200mm、0 ~ 300mm、0 ~ 500mm 和 0 ~ 1000mm，分度值一般为 0. 02mm、0. 05mm 和 0. 10mm。

使用游标高度尺划线时，应保持划针水平，拖动时要注意使其与划线台紧密接触，避免晃动，同时不能用手提着尺身，要拿住尺座，避免因尺身变形而影响精度。

10. 样冲

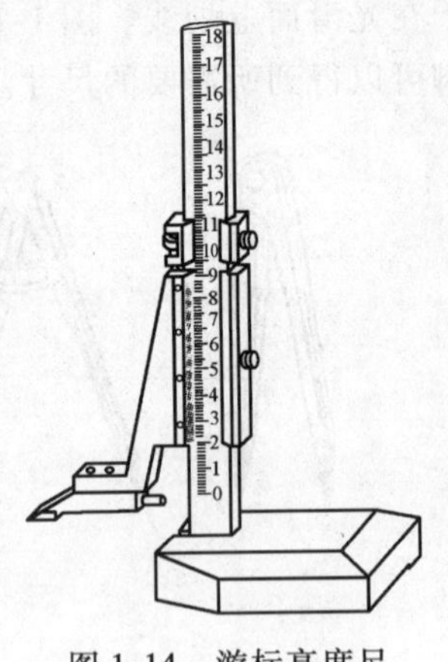

图 1-14　游标高度尺

工件划线后，为保持划线标记，通常要用样冲在已划好的线上打上小而均布的样冲眼，以防止在搬运、装夹等过程中将线条磨掉。样冲一般用工具钢制成，并需经热处理使其达到使用硬度，在工厂可用旧的丝锥、铰刀等改制而成。其尖端一般磨成45°~60°的锥角，图 1-15 所示为样冲及其使用示意图。划线用样冲的尖端可磨得尖锐些，而钻孔用样冲可磨得钝一些。

11. 千斤顶

千斤顶是进行划线操作中用来支持毛坯或形状不规则的工件的工具。千斤顶有尖头、平头、带 V 形槽等几种形式，如图1-16 所示。划线时使用千斤顶，一般 3 个为一组，将其放在工件下面作为支撑，调整其高低，可将工件调成水平或倾斜位置，直至达到划线要求。

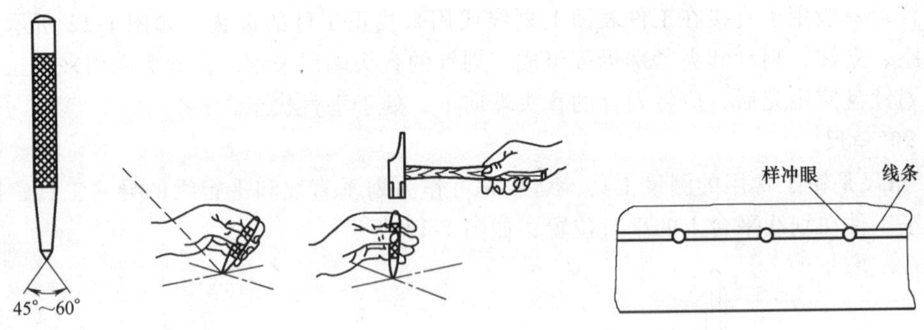

图 1-15　样冲及其使用示意图

三、工作准备

1. 划线前的准备工作

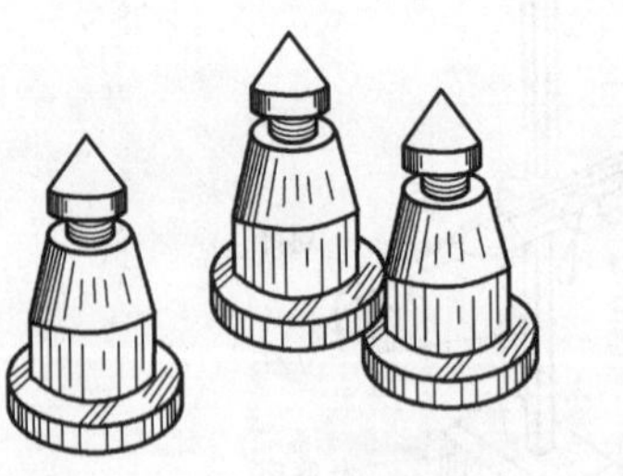

图 1-16　千斤顶

划线的质量将直接影响工件的加工质量，因此要做好划线前的准备工作。划线前，首先要读懂图样和工艺文件，明确划线的任务；其次是检查工件的形状和尺寸是否符合图样要求；然后选择划线工具；最后对划线部位进行清理和涂色。

（1）分析图样　了解工件的加工部位和要求，选择好划线基准。

（2）清理工件、擦净划线平台　清除毛坯件上的氧化铁皮、毛刺、残留的泥沙污垢，对已生锈的半成品，将浮锈刷掉，清除已加工工件上的毛刺、铁屑等。如不进行工件的清理，将会影响划线的精度，损伤较精密的划线工具。

（3）在工件的划线部位涂色　工件的涂色指划线时，在工件的划线部位涂上一层涂料，使划出的线条清晰可见。涂料要尽可能涂抹得薄而均匀，以保证划线清楚。划线常用的涂料有两种。

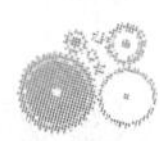

1）石灰水：可加入适量的牛皮胶，一般用于铸造或锻造的毛坯件的表面涂色。

2）蓝油：由2%～4%龙胆紫、3%～5%虫胶漆和91%～95%酒精配制而成，一般用于已加工表面涂色。

（4）在有孔工件的孔中安装中心塞块　在有孔的工件上划圆或等分圆周时，必须先找出孔的中心。为此，一般要在孔中装上中心塞块。一般小孔通常用铅块，较大的孔则用木料或可调节的塞块。

2. 选择划线基准

划线时，选择工件上的某个点、线或面作为依据，用它来确定工件的各部分尺寸、几何形状及工件上各要素的相对位置，称为划线基准。

划线应从划线基准开始。选择划线基准的基本原则是应尽可能使划线基准与设计基准相一致。合理地选择划线基准是做好划线工作的关键。只有划线基准选择得好，才能提高划线的质量和效率，相应提高工件合格率。划线基准一般有以下三种。

1）以两个互相垂直的平面（或线）为基准。如图1-17a所示，由零件上互相垂直的两个方向的尺寸可以看出，每一方向的尺寸都是参照相互垂直的两个平面来确定的，它们分别是这两个方向的划线基准。

2）以两条中心线为基准。如图1-17b所示，零件上两个方向的尺寸与其中心线具有对称性，并且其他尺寸也从中心线起始标注，这两条中心线就分别是这两个方向的划线基准。

3）以一个平面和一条中心线为基准。如图1-17c所示，该工件高度方向的尺寸是以底面为参照的，此底面就是高度方向的划线基准，而宽度方向的尺寸对称于中心线，所以中心线就是宽度方向的划线基准。

划线时在零件的每一个方向都需要选择一个基准，因此平面划线时一般要选择两个划线基准，而立体划线时一般要选择三个划线基准。

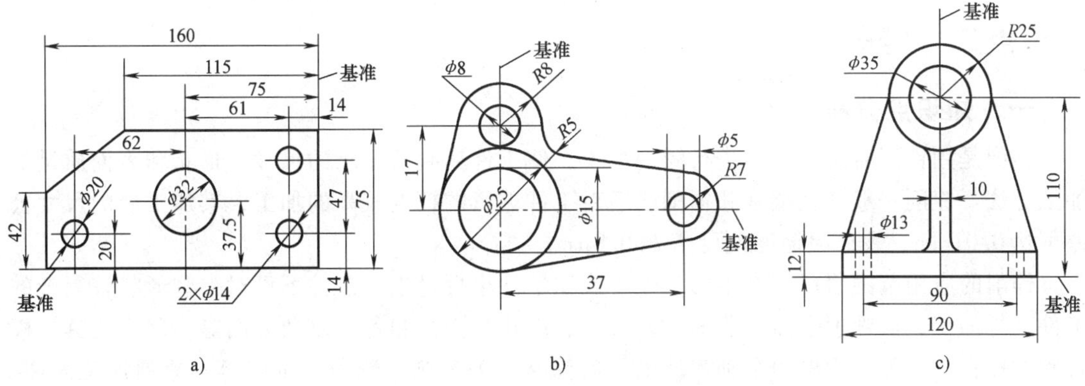

图1-17　划线基准的类型

四、能力掌握

划线的基本操作步骤如下。

1）分析图样，了解工件上需要划线的部位。

2）确定划线基准。

3）检查毛坯的误差情况，对需要划线的表面进行涂色。

4）正确安放工件，选用合理的划线工具。

5）按图样要求划线。

6）按图样检查划线的准确性。

7）在划线线条上打样冲眼。

五、能力应用

1. 找正

找正就是利用划线工具使工件上有关的毛坯表面与基准之间处于合适的位置。

当毛坯工件上有不加工表面时，应按不加工表面找正后再划线，这样可使加工表面与不加工表面之间的尺寸均匀；当工件上有两个以上不加工表面时，应选择重要的或较大的不加工表面作为找正依据，并兼顾其他不加工表面，使划线后的各主要不加工表面之间的尺寸（如壁厚、凸台的高低等）都尽量均匀且符合要求，而把难以弥补的误差反映到次要和不明显的部位上去；当工件上没有不加工表面时，可找正各待加工表面自身位置后再进行划线，这样可以使各待加工表面的加工余量得到合理和均匀的分布。

2. 借料

当毛坯的尺寸误差、形状或位置误差和缺陷难以用找正、划线的方法得以补救时，就需要利用借料的方法来解决。借料就是通过试划和调整，使各待加工表面的加工余量合理分配，互相借用，从而保证各待加工表面都有足够的加工余量，使误差和缺陷可以在加工后去除。

借料时，首先应确定毛坯工件的误差情况，找出偏移部位并测出偏移量，再决定借料的大小和方向；合理分配各部位的加工余量，划出基准线；然后，从基准开始按图样要求依次划出其余各线。若发现某一待加工表面的余量不足时，应再次借料，重新划线，直至各待加工表面都有允许的最小加工余量。通过借料后，可使有误差的毛坯仍可以使用，但误差太大则无法补救，应进行报废处理。

知识点二　锉削

一、知识点分析

锉削是用锉刀对工件表面进行锉削加工，使工件达到所要求的尺寸、形状和表面质量的加工方法。锉削一般是在錾削和锯削之后对工件进行的精度较高的加工，其加工后的尺寸公差可达0.01mm，表面粗糙度值可达$Ra0.8\mu m$。

锉削的应用范围很广，在维修工作中或在单件小批量生产条件下可对一些形状较复杂的工件进行加工，如锉削平面、曲面、外表面、内孔、沟槽和各种复杂表面等；制作工具、模具和样板；对装配过程中的个别零件做最后修整，去毛刺、倒角、倒圆等。锉削加工简便、经济，可以加工一些不适宜用机械加工方法来加工的表面。

二、工具的认识和使用

钳工锉削加工用的刀具为锉刀。

1. 锉刀的组成

锉刀是用高碳工具钢 T12、T13 或 T12A 等制成的，经热处理后达到使用硬度要求。锉刀的结构如图

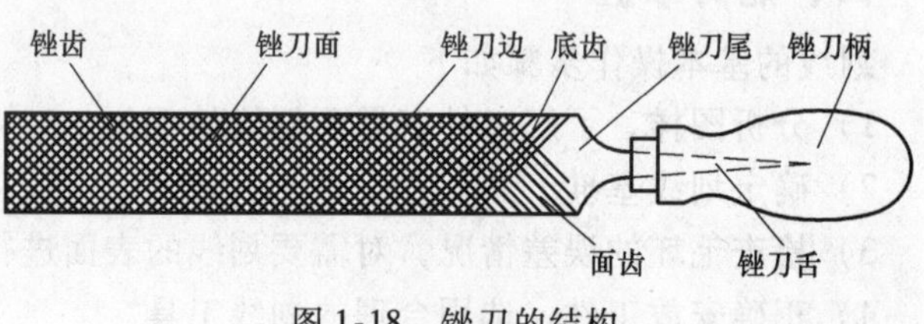

图 1-18　锉刀的结构

1-18所示。

（1）锉刀面　锉刀面是锉刀的主要工作面，在纵长方向上呈凸弧形，前端较薄，中间较厚，上下两面都制有锉齿，便于进行锉削。

（2）锉刀边　锉刀边是锉刀的两个侧面窄边，有的边没有齿，有的边有齿，没有齿的一边称为光边，在锉削内直角的一个面时，不会碰伤另一相邻的面。

（3）锉刀舌　锉刀舌是锉刀的尾部，用来装木质的锉刀柄，并在安装孔的外部套上铁箍。

（4）锉刀尾　锉刀尾是锉刀上没有齿的一端，它和锉刀舌相连。

（5）锉刀柄　锉刀柄是装在锉刀舌上的木质手柄，便于锉削时用力，它的一端装有铁箍，防止锉刀柄劈裂。

锉刀面上有无数个锉齿，锉削时每个锉齿都相当于一把刀具在对材料进行切削加工。根据锉齿图案的排列方式，锉刀有单齿纹和双齿纹两种，如图 1-19 所示。单齿纹指锉刀上只有一个方向上的齿纹，锉削时全齿宽同时参与切削，切削力大，常用于锉削较软的材料。双齿纹指锉刀上有两个方向排列的齿纹，齿纹浅的称为底齿纹，主要起分屑作用，齿纹深的称为面齿纹，主要起切削作用，底齿纹和面齿纹的方向和角度不一样，锉削时能使每一个齿的锉痕交错而不重叠，使锉削表面粗糙度值小。采用双齿纹锉刀锉削时，锉屑是碎断的，切削力小，锉削强度高，常用于锉削较硬的材料。

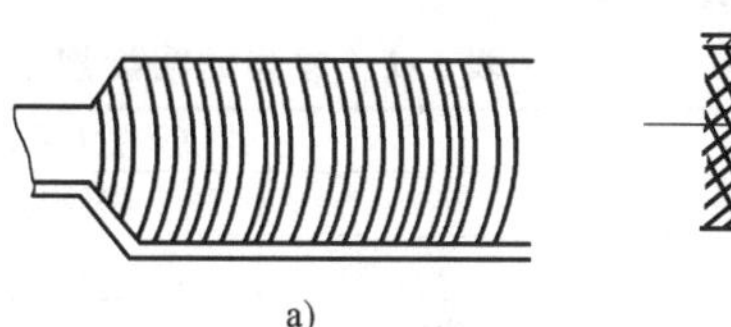

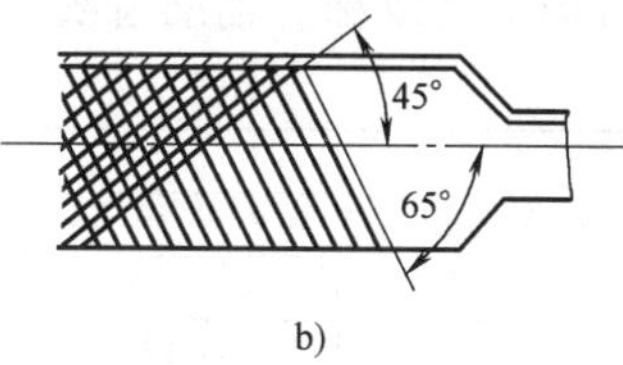

a)　　b)

图 1-19　锉刀的齿纹

a）单齿纹　b）双齿纹

2. 锉刀的种类和规格

（1）锉刀的种类　钳工所用的锉刀按用途不同可分为钳工锉、异形锉和整形锉三类。

1）钳工锉。钳工锉按其断面形状不同，分为平锉、方锉、三角锉、半圆锉和圆锉，如图 1-20 所示。它用于加工金属零件的各种表面，加工范围广。

2）异形锉。异形锉有弯的和直的两种，按断面形状分为刀口锉、菱形锉、扁三角锉、椭圆锉和圆肚锉等，如图 1-21 所示。它用于锉削工件上的特殊表面。

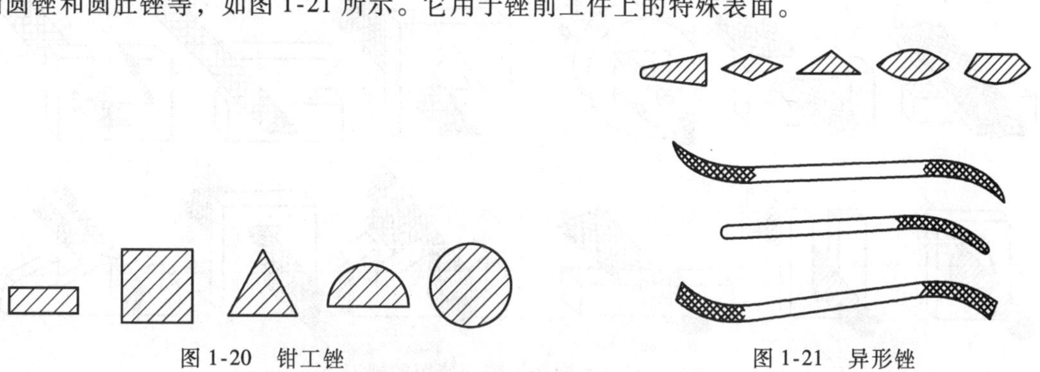

图 1-20　钳工锉

图 1-21　异形锉

3）整形锉。整形锉通常以多把不同断面形状的锉刀组成一组，一般以 5 把、6 把、8 把、10 把、12 把为一组，主要用于修整工件上的细小部分，如图 1-22 所示。

(2) 锉刀的规格　锉刀的规格分为尺寸规格和锉齿的粗细规格。

不同锉刀的尺寸规格用不同的参数表示。圆锉刀的尺寸规格用直径表示；方锉刀的尺寸规格用方形尺寸表示；其他锉刀的尺寸规格则用锉身长度表示。钳工常用的锉刀，其锉身长度有100mm、125mm、150mm、200mm、250mm、300mm、350mm和400mm等几种。

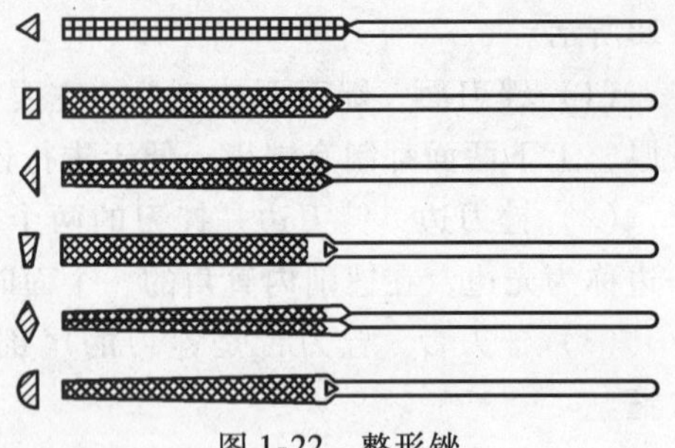

图1-22　整形锉

锉齿的粗细规格是以锉刀每10mm轴向长度内的主锉纹条数来表示的，见表1-1。主锉纹指锉刀上两个方向排列的深浅不同的齿纹中，起主要锉削作用的齿纹。起分屑作用的另一个方向的齿纹称为辅助齿纹。

表1-1　锉齿的粗细规格

规格/mm	主锉纹条数(10mm以内)				
	锉纹号				
	1	2	3	4	5
100	14	20	28	40	56
125	12	18	25	36	50
150	11	16	22	32	45
200	10	14	20	28	40
250	9	12	18	25	36
300	8	11	16	22	32
350	7	10	14	20	
400	6	9	12		
450	5.5	8	11		

3. 锉刀的选择

每种锉刀都有一定的用途。锉刀选用得是否合理，对工件加工质量、工作效率和锉刀的使用寿命等都有很大的影响。通常应根据被锉削工件的表面形状、尺寸大小和精度、材料性质、加工余量以及表面质量等要求来选用锉刀的形状和规格。

锉刀断面形状及尺寸应与工件被加工表面的形状和大小相适应，如图1-23所示。

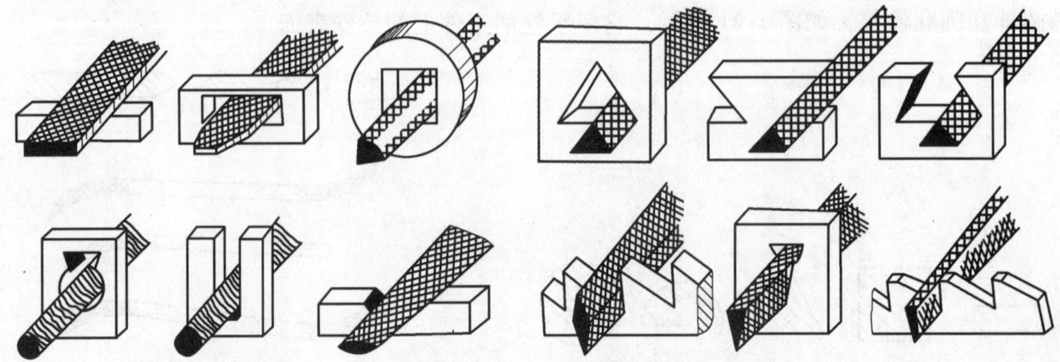

图1-23　不同加工表面使用的锉刀

锉刀的粗细规格决定于工件材料的性质、加工余量的大小、加工精度和表面质量的高低。粗锉刀齿距较大不易堵塞，用于锉削铜、铝等软金属及加工余量大、精度低和表面粗糙

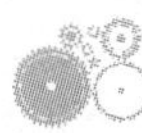

的工件；细锉刀用于锉削钢、铸铁以及加工余量小、精度要求高和表面质量较高的工件；油光锉则用于最后修光工件表面。锉刀粗细规格的选用见表1-2。

表1-2　锉刀粗细规格的选用

粗细规格	适用场合		
	锉削余量/mm	尺寸公差/mm	表面粗糙度值 $Ra/\mu m$
1号(粗齿锉刀)	0.5～1	0.2～0.5	100～25
2号(中齿锉刀)	0.2～0.5	0.05～0.2	25～6.3
3号(细齿锉刀)	0.1～0.3	0.02～0.05	12.5～3.2
4号(双细齿锉刀)	0.1～0.2	0.01～0.02	6.3～1.6
5号(油光锉)	0.1以下	0.01	1.6～0.8

三、能力掌握

1. 工件的装夹

工件应尽量夹持在台虎钳钳口宽度方向的中间；装夹要稳固，夹紧力适当，以防止工件变形；锉削面应靠近钳口，以防止锉削时产生振动；夹紧形状不规则的工件、已加工表面或精密工件时，要加适当的衬垫，常用铜皮或铝皮，防止损伤工件表面。

2. 锉削方法

锉削时要保持正确的操作姿势和锉削速度。锉削速度一般为40次/min左右。锉削时两手用力要平衡，回程时不要施加压力，以减少锉齿的磨损。

(1) 平面的锉削方法　平面的锉削方法有顺向锉法、交叉锉法和推锉法三种，如图1-24所示。

1) 顺向锉法。顺向锉法锉刀的运动方向与工件的夹持方向始终一致，在锉宽平面时，每次退回锉刀时应在横向做适当的移动。顺向锉法的锉纹整齐一致，比较美观，是一种基本的锉削方法，在一般不太大的平面或精锉时都用这种方法，如图1-24a所示。

2) 交叉锉法。交叉锉法锉刀的运动方向与工件的夹持方向成30°～40°，且锉纹交叉。由于锉刀与工件的接触面大，容易掌握锉刀的平稳性，同时从锉痕上可以判断出锉削面的高低情况，表面容易锉平，一般适用于粗锉，如图1-24b所示。

3) 推锉法。推锉法用两手对称横握锉刀，用大拇指推动锉刀，顺着工件长度方向进行锉削，一般用来锉削狭长平面，如图1-24c所示。

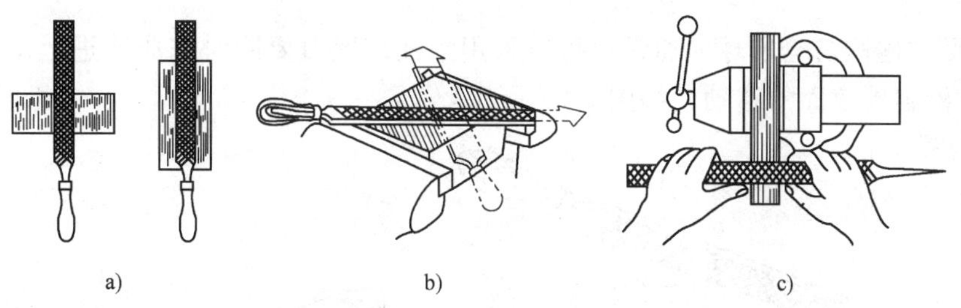

图1-24　平面的锉削方法

a) 顺向锉法　b) 交叉锉法　c) 推锉法

(2) 曲面的锉削方法　工件上的有些曲面用机械加工比较困难时，如凹凸曲面模具、曲面样板以及凸轮轮廓曲面等的加工，可以采用钳工锉削的方法。最基本的曲面是单一的外圆弧面和内圆弧面。下面介绍几种常见曲面的锉削方法。

1）外圆弧面的锉削。锉削外圆弧面通常采用平锉，一般可以采用顺向锉削或横向锉削，如图 1-25 所示。

顺向锉削指锉削时，锉刀要同时完成两个运动，一个是前进运动，一个是绕工件圆弧中心的转动，如图 1-25a 所示。顺向锉削一般用于加工余量不大的或要求精加工的圆弧面。

横向锉削指锉削时，锉刀做直线运动，并不断随圆弧面移动，如图 1-25b 所示。由于横向锉削加工时易在弧面产生多边形，所以一般用于加工余量较大的圆弧面的粗加工，精加工时再改为顺向锉削，以达到精度要求。

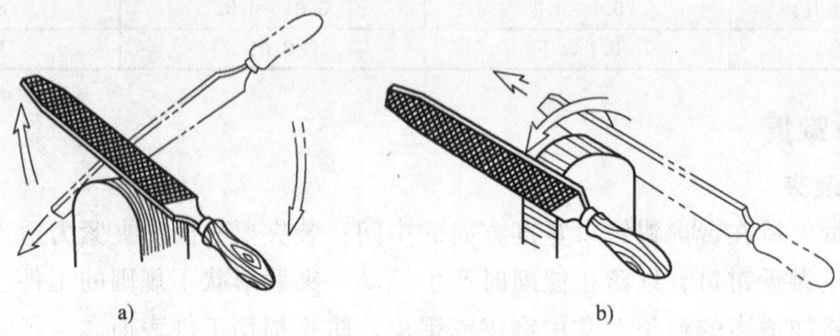

图 1-25　外圆弧面的锉削

a）顺向锉削　b）横向锉削

2）内圆弧面的锉削。锉削内圆弧面通常可采用圆锉或半圆锉，锉刀要同时完成前进运动、顺着圆弧面向左或向右的移动和绕锉刀中心线的转动（按顺时针或逆时针方向转动）。三种运动要同时进行完成复合运动，才能锉好内圆弧面，如图 1-26 所示。

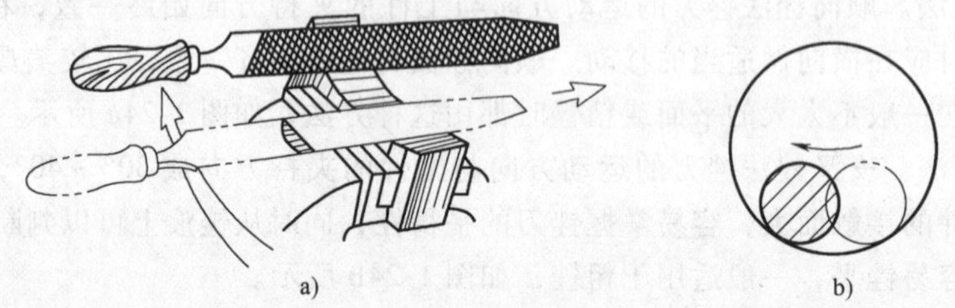

图 1-26　内圆弧面的锉削

a）用半圆锉锉削内圆弧面　b）用圆锉锉削内圆弧面

3）球面的锉削。锉削球面通常也可以采用平锉，锉刀要同时完成前进运动、绕球面球心的转动和沿圆周表面的移动，如图 1-27 所示。

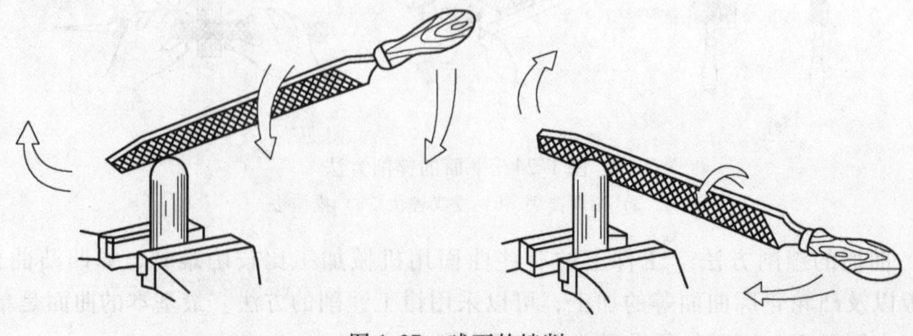

图 1-27　球面的锉削

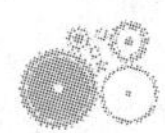

知识拓展

一、分度头的使用

分度头是用来等分圆周的机床附件，钳工常用分度头对工件进行分度和划线。在分度头主轴上装有自定心卡盘，划线时，把分度头放在划线平台上，将工件夹持住，配合划针盘或高度尺，即可进行分度划线。用分度头可在轴类零件端面上划十字线、角度线，也能将一个圆周很精确地分成所需要的等分。常用的分度头为万能分度头，图 1-28 所示为万能分度头的外形及传动系统。

分度头的主要规格是以主轴线到底面的高度（mm）表示的，常用的型号有 FW100、FW125 和 FW160 几种。

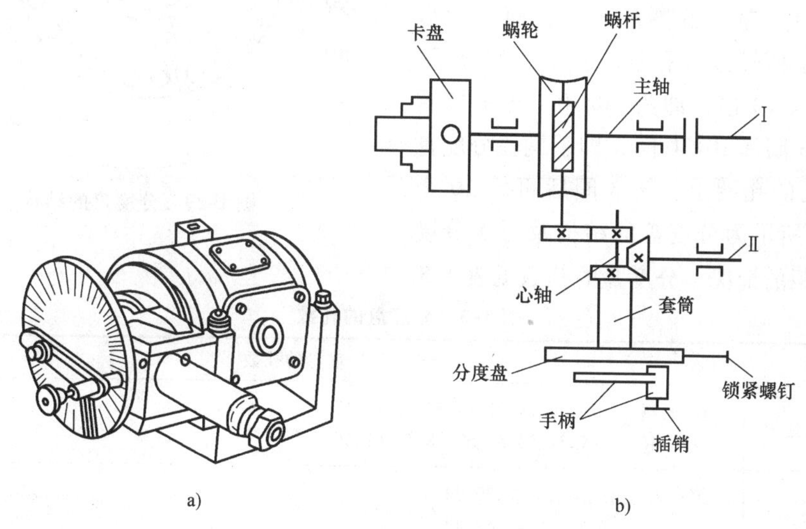

图 1-28　万能分度头
a）外形　b）传动系统

分度头的主要结构有卡盘、蜗轮、蜗杆、心轴、套筒、分度盘、锁紧螺钉、手柄和插销。分度前应先将分度盘固定（使之不能转动），再调整手柄插销，使它对准所选分度盘的孔圈；分度时先拔出手柄插销，转动分度手柄，带动主轴转至所需要分度的位置，然后将插销重新插入分度盘中。分度头的分度原理是：手柄转一周，单头蜗杆也转一周，与蜗杆啮合的 40 个齿的蜗轮转一个齿，即转 1/40 周，被自定心卡盘夹持的工件也转 1/40 周。如果工件做 z 等分，则每次分度头主轴应转 $1/z$ 周，分度手柄每次分度应转过的圈数为

$$n=\frac{40}{z}$$

式中　n——分度手柄的转数；

z——工件的等分数。

【例 1-1】　在工件某一圆周表面上划出均匀分布的 8 个孔，试求每划完一个孔的位置

后，再划第二个孔的位置时，分度手柄的回转圈数。

解：已知 $z=8$，代入公式，可得

$$n=\frac{40}{8}=5$$

即每划完一个孔的位置后，手柄应转 5 圈，再划另一个孔的位置。

有时，由工件等分数计算出来的手柄转数不是整圈数。例如，要把一个圆周等分成 12 等分，手柄转过的圈数 $n=\frac{40}{12}=3\times\frac{1}{3}$。这时就要利用分度盘，根据分度盘各孔圈的孔数，将 1/3 的分子和分母同时扩大相同的倍数，使分母等于某一孔圈的孔数，而扩大后的分子就是手柄转过的孔数。若 1/3 的分子、分母同时扩大 10 倍，即为 10/30，则手柄转过的圈数为 3 圈加 10/30 圈，即手柄在分度盘中有 30 个孔的孔圈上，转 3 圈后再转 10 个孔。图 1-29 所示为分度盘的结构及每次分度盘转 8 个孔距的情况。分度盘的孔数见表 1-3。

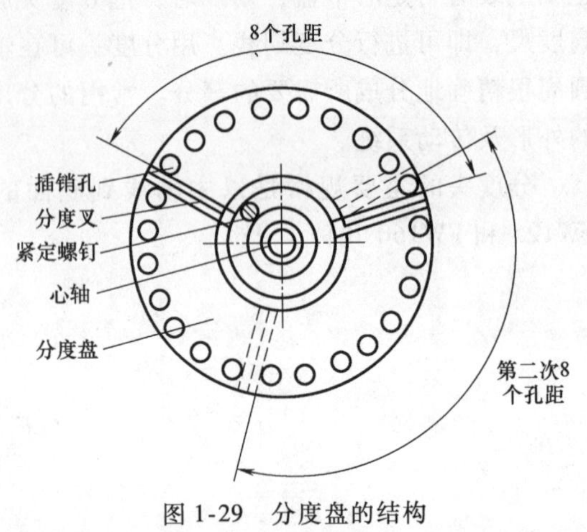

图 1-29　分度盘的结构

表 1-3　分度盘的孔数

分度头形式	分度盘的孔数
带一块分度盘	正面:24、25、28、30、34、37、38、39、41、42、43 反面:46、47、49、51、53、54、57、58、59、62、66
带两块分度盘	第一块:正面:24、25、28、30、34、37 反面:38、39、41、42、43 第二块:正面:46、47、49、51、53、54 反面:57、58、59、62、66

二、锉刀的使用和保养

合理地使用和保养锉刀可延长锉刀的使用寿命，否则将会使锉刀过早地损坏。锉刀的使用和保养规则如下。

1）不可用锉刀锉削有硬皮的铸造、锻造毛坯工件及经过淬硬的硬金属表面。

2）新锉刀先使用一面，当该面磨钝后，再用另一面。

3）锉削时，要经常用钢丝刷清除锉齿上的切屑，每次使用完毕后，应刷去锉纹中的残留切屑，以免加快锉刀锈蚀。

4）使用锉刀时不宜速度过快，否则容易使锉刀过早磨损。

5）细锉刀不允许锉软金属。

6）使用整形锉时用力不宜过大，以免折断。

7）锉刀应避免沾水、油和其他脏物，也不可重叠或者和其他工具堆放在一起。

8）不能把锉刀当作装拆、敲击或撬动的工具。

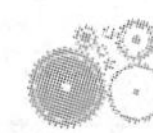

任务评价

见表 1-4。

表 1-4　正方体加工的检测与评价

序号	检测内容	配分	评分标准	教师评分
1	划线的准确性	12	一处不准确扣 3 分；两处不准确扣 6 分；三处不准确不得分	
2	(38 ±0.5) mm (3 处)	8 ×3	超差不得分	
3	平面度 0.5mm (6 处)	3 ×6	超差不得分	
4	垂直度 0.5mm (12 处)	2 ×12	超差不得分	
5	平行度 0.5mm (3 组)	2 ×3	超差不得分	
6	*Ra*6.3μm (6 处)	2 ×6	升高一级不得分	
7	去毛刺	4	有毛刺不得分	
8	文明生产		违纪一项扣 20 分，违纪两项不得分	
合计		100		

复习与思考

1. 什么是划线？划线有哪两种？
2. 划线有什么作用？对产品有什么影响？
3. 简述常用的划线工具及其作用。
4. 划线需要做哪些准备工作？
5. 如何选择划线基准？
6. 什么是借料？什么是找正？
7. 在什么情况下需要进行借料和找正划线？
8. 简述划线的基本步骤。
9. 什么是锉削？其加工范围有哪些？
10. 锉刀的结构如何？它有哪些种类？如何正确选择锉刀？
11. 简述锉削的正确操作方法。

任务二

凸凹件的加工

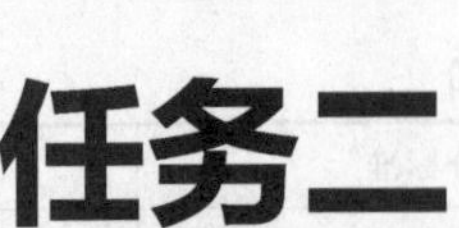

能力目标

1. 能够正确选择锯条并实现正确装夹。
2. 能掌握正确的锯削方法并达到一定的精度要求。
3. 掌握正确的錾削方法。
4. 进一步练习划线及锉削的操作方法。
5. 通过本任务的学习和训练，完成对凸凹件的加工。

任务内容

按图 2-1 所示要求加工凸凹件，并进行装配，要求配合间隙≤0.04mm。毛坯尺寸为 62mm×42mm×20mm，材料为 45 钢。

任务实施

1. 操作要求

1）在毛坯件上按图样要求划线。

2）按所划的线进行锯削、錾削及锉削，完成对凸凹件的加工。

2. 工具、量具及刃具

划线平台、台钻、ϕ3mm 钻头、台虎钳；游标高度尺、钢直尺、游标卡尺、刀口形直角尺；划针、样冲、锤子、锯弓、锯条、錾子、350mm 粗齿平锉、200mm 细齿平锉、粗糙度样块、蓝油。

3. 实施步骤

（1）锉削基准面　按图 2-1 的要求锉削好外轮廓基准面 A 和 B，达到尺寸 60mm±0.05mm、40mm±0.05mm 的要求。

（2）划线　按图 2-1 的要求划线，划出凸凹体加工线，打样冲眼，并钻 4×ϕ3mm 工艺孔。

（3）加工凸形件　按划线锯削凸件两侧的直角结构，保证不能歪斜，并留有 0.8～1.2mm 的锉削余量；粗、精锉其中一角的两垂直面，达到平面度 0.03mm、垂直度 0.03mm

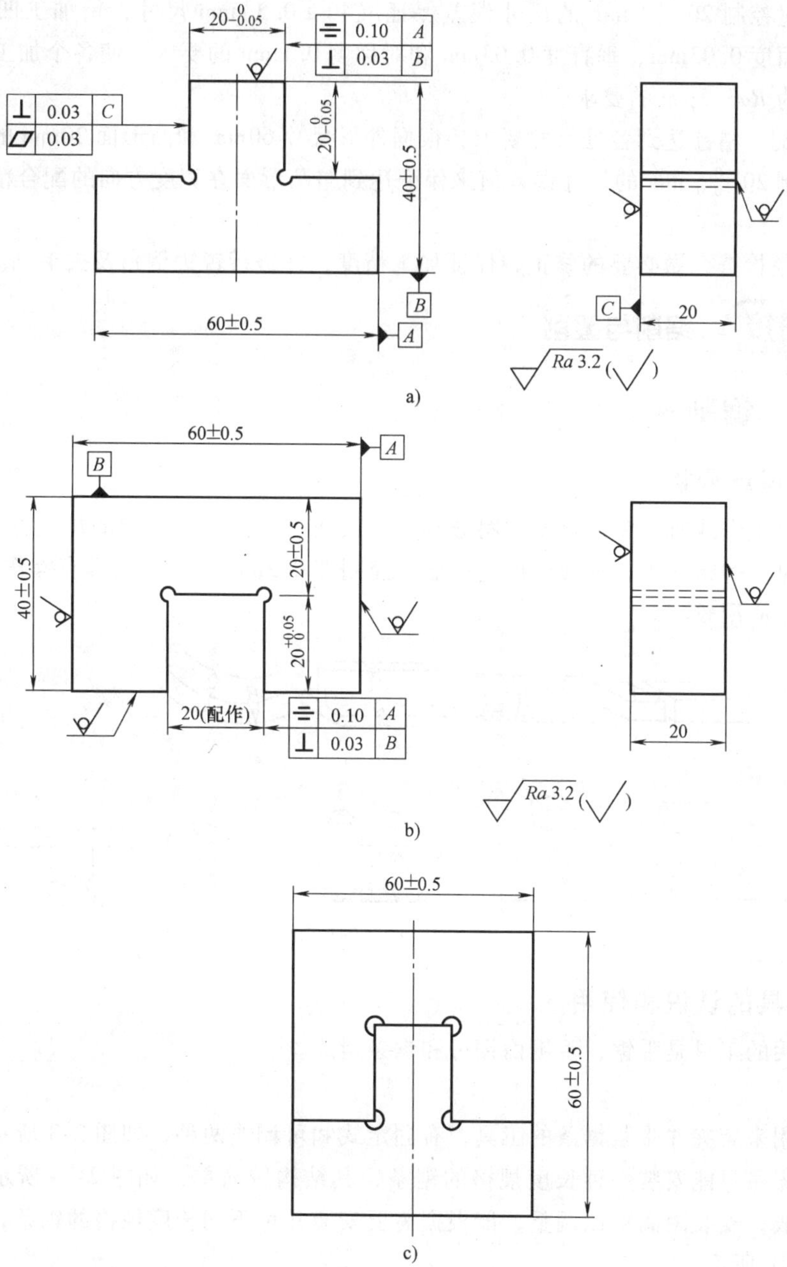

图 2-1　凸凹件及配合

a）凸件　b）凹件　c）凸凹件配合

的要求，根据 40mm 的实际尺寸，通过控制 $20_{-0.05}^{\ 0}$mm 的尺寸误差保证（40±0.5）mm 尺寸；粗、精锉另一角的两垂直面，达到平面度 0.03mm、垂直度 0.03mm 的要求，通过控制 $20_{-0.05}^{\ 0}$mm 的尺寸误差保证（60±0.5）mm 尺寸，并控制对称度 0.10mm，使其达到要求；使各个加工表面达到表面粗糙度值为 *Ra*3.2μm 的要求。

（4）加工凹形件　用钻头钻出排孔，锯削、錾削掉多余部分，保证不能歪斜，并留有 0.8～1.2mm 的锉削余量；粗锉至所划加工线；精锉凹形槽底面，达到槽口平面度 0.03mm

的要求，通过控制 $20^{+0.05}_{0}$mm 的尺寸误差保证（40 ±0.5）mm 尺寸；精加工凹形两侧垂直面，达到平面度 0.03mm、垂直度 0.03mm 和对称度 0.1mm 的要求，使各个加工表面达到表面粗糙度值为 $Ra3.2\mu m$ 的要求。

（5）锉配　精锉达到各处尺寸要求，根据外形尺寸 60mm 和凸形面 20mm 的实际尺寸要求，通过控制 $20^{\ 0}_{-0.05}$mm 的尺寸误差值来保证达到与凸形面在宽度方向的配合精度和对称度要求。

（6）修整检查　做必要的修正，保证加工精度，并进行锐边倒角及去毛刺。

知识链接　锯削与錾削

知识点一　锯削

一、知识点分析

锯削指用手锯或机械锯把金属材料分割开，或在工件上锯出沟槽的加工方法，如图 2-2 所示。锯削是一种粗加工，平面度误差一般可控制在 0.2mm 之内。它具有操作方便、简单、灵活的特点，应用较广。

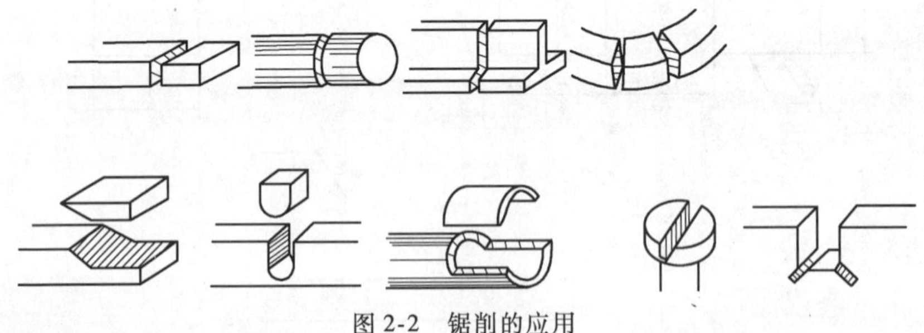

图 2-2　锯削的应用

二、工具的认识和使用

锯削常用的工具是手锯，手锯由锯弓和锯条组成。

1. 锯弓

锯弓是用来装夹并张紧锯条的工具，有固定式和可调式两种，如图 2-3 所示。

固定式锯弓只能安装一种长度规格的锯条，其结构较简单，如图 2-3a 所示。可调式锯弓由两段组成，安装距离可以调整，能根据需要安装几种不同长度规格的锯条，使用较为方便，如图 2-3b 所示。

锯弓两端都装有碟形螺母，一端是固定的，一端为活动的。当锯条装在两端碟形螺母的销上后，旋紧活动的碟形螺母，就可以把锯条拉紧。

2. 锯条

手用锯条一般用渗碳软钢冷轧而成，经热处理淬硬，锯削时起切削作用。

（1）锯条的种类

1）锯条的长度规格是以两端安装孔的中心距来表示的，按其长度分为 200mm、250mm 和 300mm 三种，常用的锯条长度为 300mm。

2）锯齿的粗细规格是以锯条每 25mm 长度内的齿数来表示的，一般分为粗、中、细三

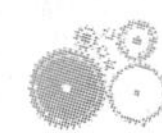

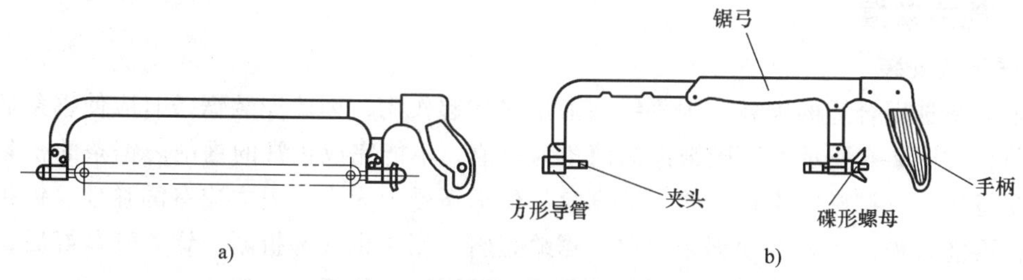

图 2-3　锯弓
a）固定式　b）可调式

种，其应用见表 2-1，锯削时可根据不同的材料选择不同齿距的锯条。

（2）锯齿的切削角度　锯条的切削部分由许多按齿距均匀分布的锯齿组成，每个齿都有切削作用。锯齿的切削角度如图 2-4 所示，一般前角 γ_o 为 0，后角 α_o 为 40°，楔角 β_o 为 50°。为了减少锯条的内应力，充分利用锯条材料，目前已出现双面有齿的锯条，其两边锯齿淬硬，中间保持较好的韧性，不易折断，可延长锯条的使用寿命。

表 2-1　锯齿的粗细规格及应用

锯齿类别	每 25mm 长度锯齿内的齿数	应　用
粗	14～18	锯削软钢、黄铜、铝、铸铁、纯铜、人造胶质材料
中	22～24	锯削中等硬度钢、厚壁的钢管、铜管
细	32	薄片金属、薄壁管子
细变中	32～20	一般工厂中用，易于起锯

（3）锯路　制造锯条时，为了减少锯缝两侧面对锯条的摩擦阻力，避免锯条被夹住或折断，使锯齿按一定的规律左右错开，排列成一定形状，称为锯路。锯路有交叉形和波浪形等，如图 2-5 所示。锯条有了锯路以后，使工件上的锯缝宽度大于锯条背部的厚度，从而防止了锯削过程中摩擦过热和因夹锯造成的锯条折断现象，延长了锯条的使用寿命。

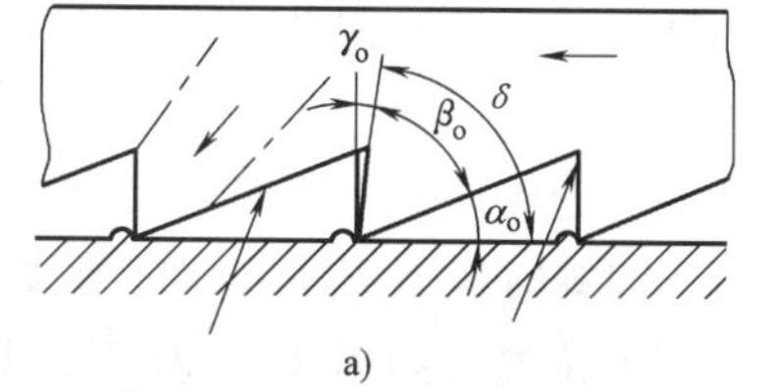

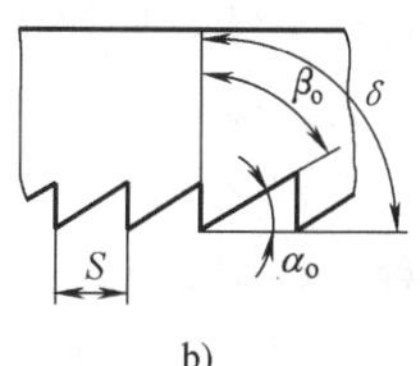

图 2-4　锯齿的切削角度

（4）锯条损坏的原因　锯条装得过紧或过松；工件装夹不正确，锯削部位距钳口太远，以致产生抖动或松动；锯缝歪斜后强行矫正；锯削时用力太大或锯削时突然加大压力；新锯条在旧锯缝中被卡住以及工件被锯断时没及时掌握好，使手锯与台虎钳相撞等原因，均会造成锯条的折断。而锯削速度太快，锯条发热过度，锯削较硬的材料时没有采取冷却或润滑措施，及锯削硬度太高的材料，都会使锯条磨损过快。

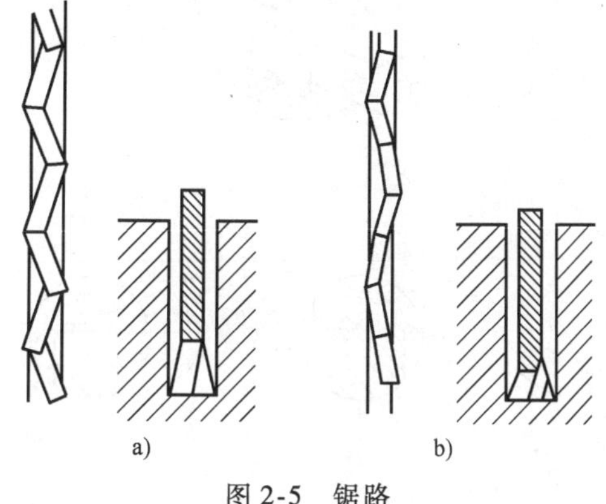

图 2-5　锯路
a）交叉形　b）波浪形

三、能力掌握

1. 锯条的安装

锯削前要选用合适的锯条，因手锯在前推时才起作用，因此安装锯条时应使锯条的齿尖方向朝前，如图2-6所示，否则锯齿的前角为负值，不能完成正常的锯削。锯条的松紧程度用碟形螺母调整，调整时不可太紧，否则容易使锯条受力太大，失去应有的弹性，锯条容易崩断；也不能太松，否则会使锯条扭曲，锯缝歪斜，锯条也容易折断。锯条安装好后，要保证锯条平面与锯弓中心平面平行，锯条松紧程度适当，不能歪斜和扭曲。

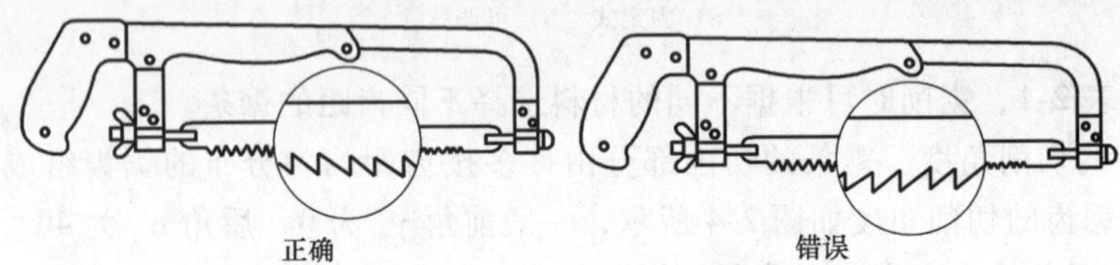

图2-6　锯条的安装

2. 工件的夹持

用台虎钳夹持工件时，工件不应伸出钳口过长，应使锯缝离开钳口侧面20mm左右，以防止工件在锯削时产生振动；锯缝线要与钳口侧面平行，以防止锯缝歪斜；工件要夹持牢固，同时防止工件装夹变形或夹坏已加工表面。

3. 锯削的方法

锯削的基本方法包括锯削时锯弓的运动方式和起锯方法。

锯弓的运动方式有直线往复运动式和摆动式。直线往复运动式锯削适用于锯缝底面要求平直的工件，如锯槽口和薄型工件等；摆动式锯削时，锯弓两端可自然上下摆动，以减小切削阻力，提高锯削效率。

起锯是锯削工作的开始，起锯质量的好坏直接影响锯削的质量。起锯有近起锯和远起锯两种，如图2-7a、b所示。起锯时压力要小，速度要快，行程要短。为使起锯平稳，位置准确，可用左手大拇指确定锯条位置，如图2-7c所示。无论采用哪一种起锯方法，起锯角度

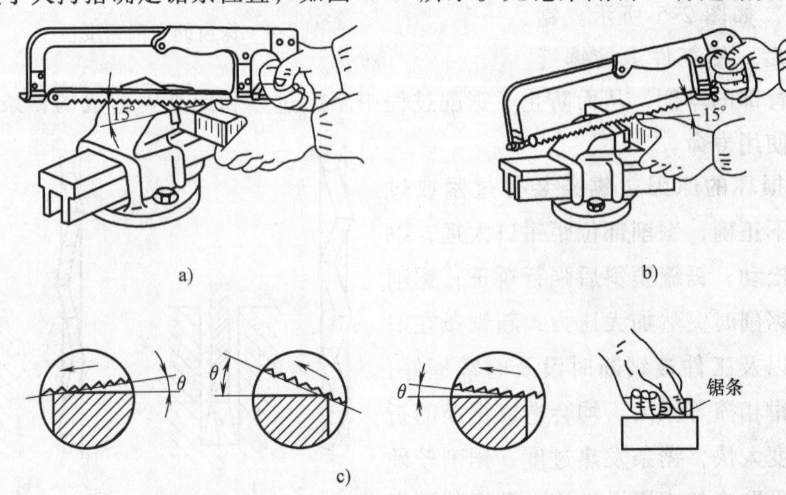

图2-7　起锯方法

a）近起锯　b）远起锯　c）起锯

θ都要小些，一般不大于15°。如果起锯角θ太大，则起锯不平稳，锯齿易被工件的棱边卡住；但起锯角θ太小，会由于同时与工件接触的齿数多而不易切入材料，锯条还可能打滑，使锯缝发生偏离，工件表面被拉出多道锯痕而影响表面质量。

知识点二　錾削

一、知识点分析

錾削指用锤子打击錾子对金属工件进行切削的加工方法，这是钳工基本技能中比较重要的基本操作。它主要用于不便于机械加工的场合，如清除毛坯上的多余金属、分割材料、錾削平面及沟槽等。錾削是一种粗加工，通常是按所划线进行加工的。

二、工具的认识和使用

錾削时所用的主要工具是錾子和锤子。

1. 錾子

（1）錾子的结构　錾子是錾削加工的刀具，一般用碳素工具钢 T7A 或 T8A 锻造成形，其形状是根据工件不同的錾削要求而设计的，一般由錾头、錾身和切削部分组成。錾头有一定的锥度，顶端通常略带有球形突起，可使锤击时的作用力容易通过錾子的中心线，受力集中，使錾子保持平稳，不易偏斜；錾身为多棱柱形，防止錾削时錾子转动；切削部分刃磨成楔形，经热处理后达到硬度要求，如图 2-8 所示。

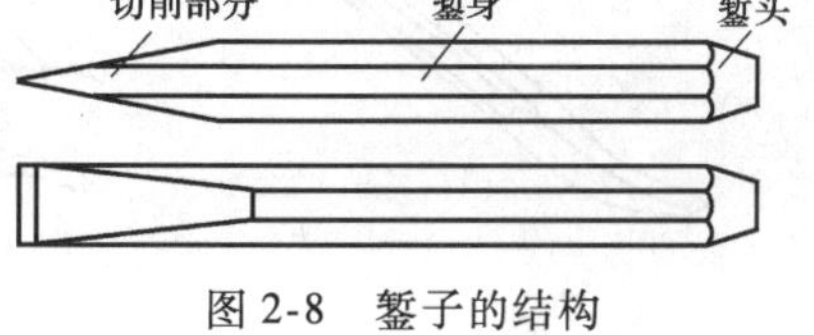

图 2-8　錾子的结构

（2）錾子的种类　钳工常用的錾子有扁錾、尖錾和油槽錾三种类型。

1）扁錾。扁錾切削部分扁平，刃口略带弧形，主要用于錾削平面、凸缘、毛刺和分割材料，应用最广泛，如图 2-9 所示。

2）尖錾。尖錾切削刃较短，切削刃两端侧面略带倒锥，防止在錾削沟槽时錾子被槽夹住，主要用于錾削沟槽和分割曲线形板料，如图 2-10 所示。

3）油槽錾。油槽錾切削刃很短，呈圆弧形，切削部分常做成弯曲形状，便于在工件表面上錾削沟槽，主要用于錾削润滑用的油槽，如图 2-11 所示。

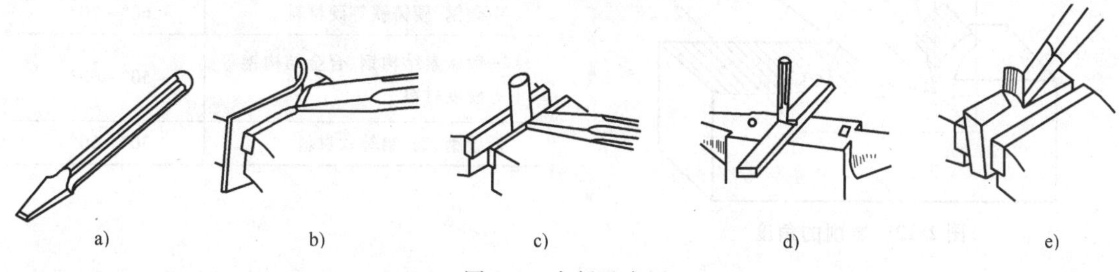

图 2-9　扁錾及应用

a）扁錾　b）錾削板料　c）錾削棒料　d）錾削条料　e）錾削窄平面

（3）錾削的角度　錾子切削部分要有合理的几何角度，主要是楔角。錾削时，錾子与工件之间应形成适当的切削角度，如图 2-12 所示。

1）楔角β_o。楔角β_o是錾子的前刀面与后刀面之间的夹角。楔角小时，錾子刃口锋利，錾削容易、省力，但楔角过小，会造成刃口薄弱，錾子强度差，刃口易崩裂；楔角大时，刀具强度好，錾削困难、费力，錾削表面不易平整。因此，錾子的楔角应在其强度允许的情况下，选择尽量小的数值。加工材料与楔角的选用范围见表2-2。

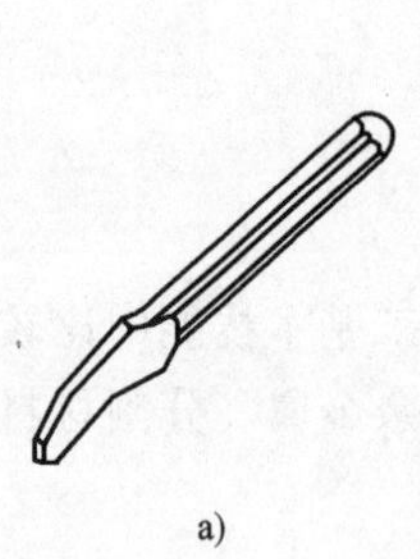
a)

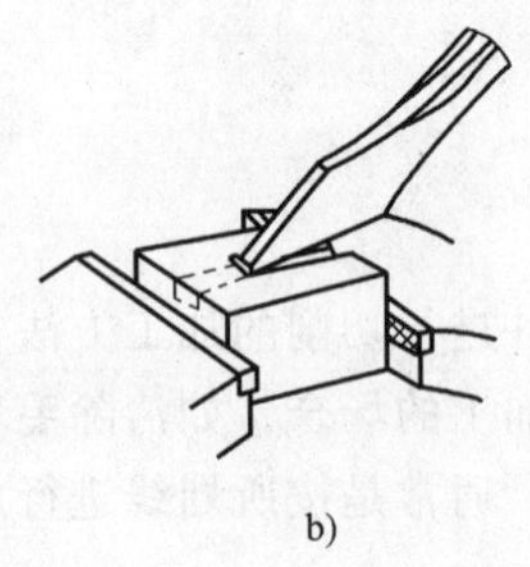
b)

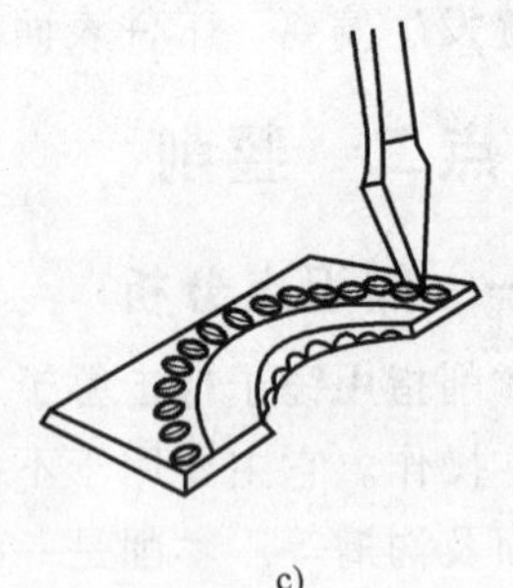
c)

图2-10　尖錾及应用

a）尖錾　b）錾槽　c）分割曲线形板料

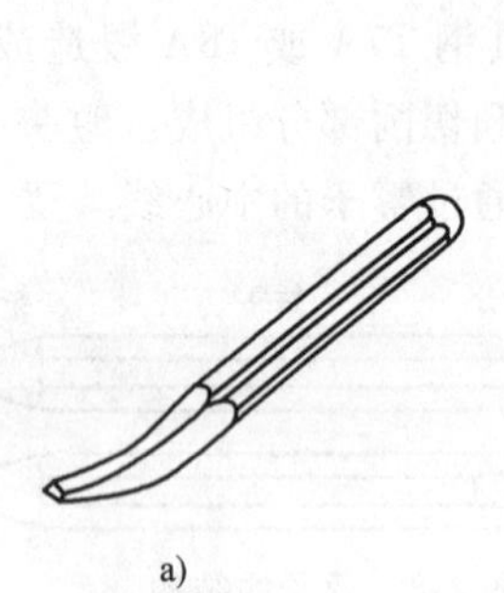
a)

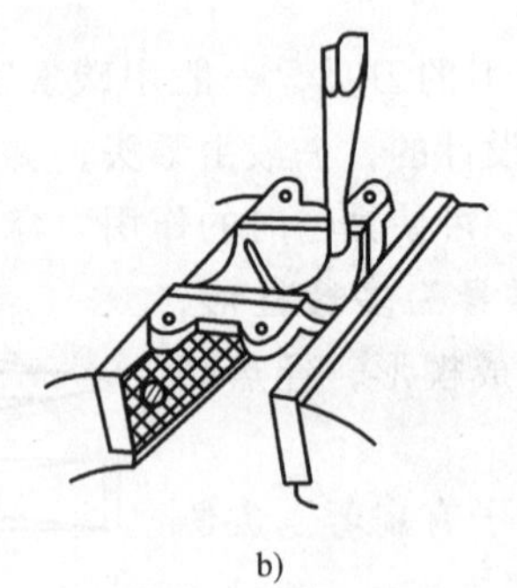
b)

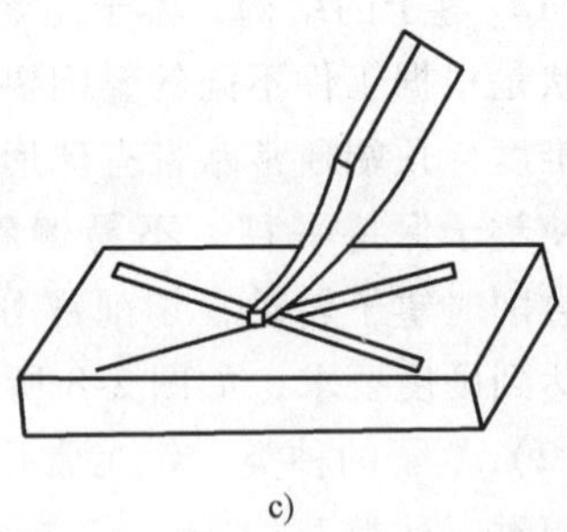
c)

图2-11　油槽錾及应用

a）油槽錾　b）錾削曲面油槽　c）錾削平面油槽

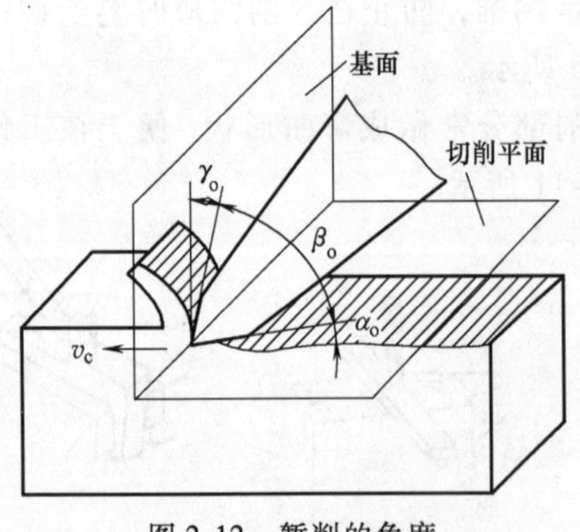

图2-12　錾削的角度

表2-2　加工材料与楔角选用范围

材　　料	楔角范围
中碳钢、硬铸铁等硬材料	60°~70°
一般碳素结构钢、合金结构钢等中等硬度材料	50°~60°
低碳钢、铜、铝等软材料	30°~50°

2）前角 γ_o。前角 γ_o 是錾子切削时前刀面与基面之间的夹角。前角大时，被切削金属的切屑变形小，切削省力。

3）后角 α_o。后角 α_o 是錾子切削时后刀面与切削平面之间的夹角，它可以减小錾子后刀面与切削表面之间的摩擦，其大小取决于錾子被掌握的方向。錾削时一般后角取5°~8°，后角太大会使錾子切入材料太深，錾不动，甚至损坏錾子刃口；若后角太小，錾子容易从材料表面滑出，不能切入，即使能錾削，由于切入很浅，效率也低，如图2-13所示。在錾削

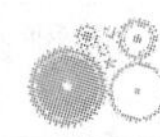

过程中应保持錾子的后角不变，防止表面錾得高低不平。

2. 锤子

锤子是钳工常用的敲击工具，在錾削时是借锤子的锤击力使錾子切入金属的，同时锤子也是钳工装、拆零件时的重要工具。锤子由锤头、木柄和楔子三部分组成，如图2-14所示。

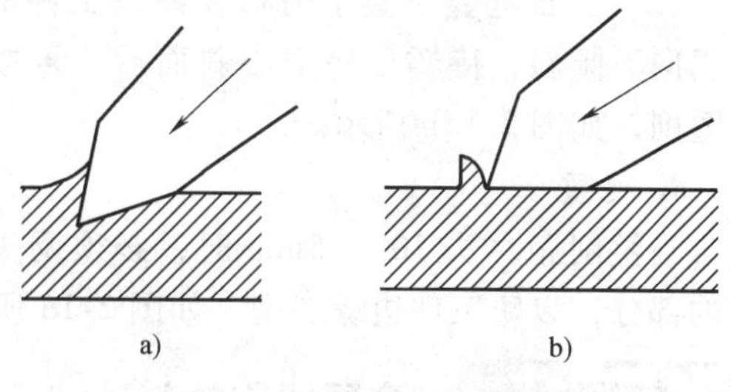

图 2-13　后角对錾削的影响

a）后角过大　b）后角过小

锤子的规格是用锤头的质量来表示的，钳工常用的锤子有 0.25kg、0.5kg、0.75kg、1kg（在英制中有 0.5 磅、1 磅、1.5 磅、2 磅）等几种。锤头由碳素工具钢（T7）制成，并经淬硬处理，锤柄的材料选用坚硬的木材，如檀木和胡桃木等，其长度应根据不同规格的锤头选用，如 0.5kg 的锤子，其柄长一般为 350mm。

锤子一般分为硬锤和软锤两种。软锤有铜锤、铝锤、木锤和硬橡皮锤等，一般用于装配、拆卸等操作中。硬锤由碳钢淬硬制成，钳工所用的硬锤有圆头和方头两种，圆头锤一般在錾削，装、拆零件时使用，方头锤一般在打样冲眼时使用。

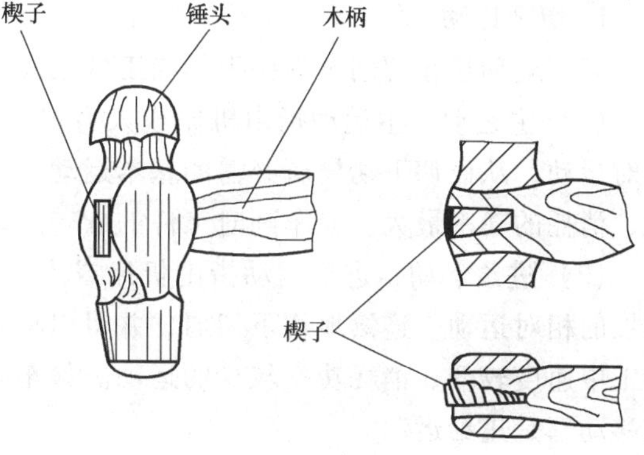

图 2-14　锤子

三、能力掌握

1. 工件的夹紧

正确使用台虎钳，夹紧时不应在台虎钳的手柄上加套管子或用锤子敲击台虎钳手柄，工件要夹紧在钳口中间。

2. 錾削的姿势

錾削时要保持正确的操作姿势，保持好重心，保证击锤的力度，做到“稳、准、狠”。

3. 起錾

（1）斜角起錾　从工件的边缘尖角处轻轻地起錾，将錾子向下倾斜，先錾出一个小斜面，然后开始正常的錾削，如图 2-15a 所示。

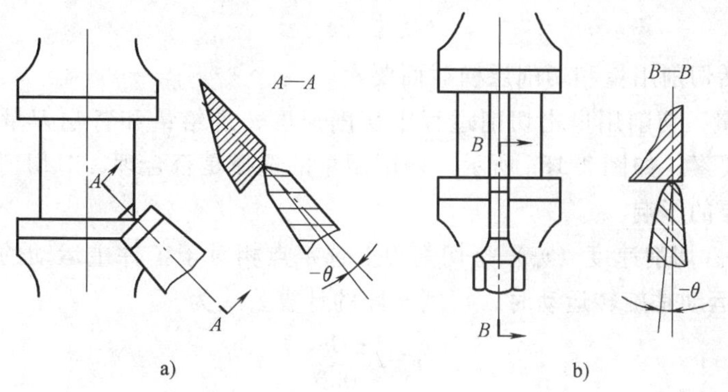

图 2-15　起錾

a）斜角起錾　b）正面起錾

(2) 正面起錾　錾子刃口要贴住工件端面，錾子仍向下倾斜，待錾出一个小斜面后，再按正常角度錾削，如图 2-15b 所示。

4. 终錾

当錾削距尽头 10 ~ 15mm 时，必须调头錾去余下的部分，以防工件边缘崩裂，如图 2-16 所示。

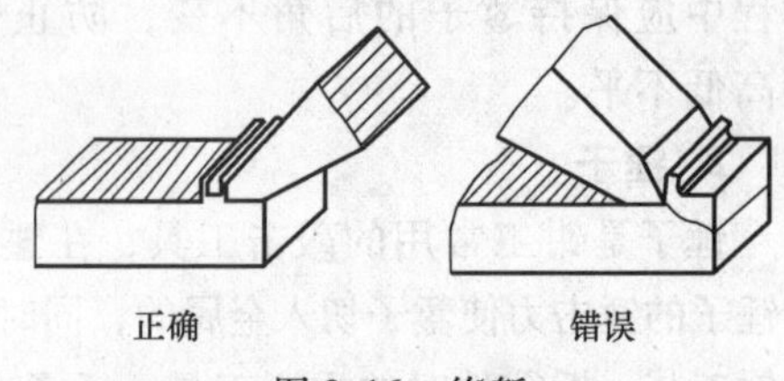

图 2-16　终錾

金属切削的基础知识

金属切削加工指用切削刀具从工件上切除多余金属材料，以获得符合要求的工件的加工方法。常见的金属切削方法有车削、铣削、刨削、钻削和磨削等，如图 2-17 所示。虽然切削加工的方式各不相同，但它们有很多共同的规律。

1. 切削运动

切削运动指在切削过程中刀具与工件之间的相对运动，包括主运动和进给运动。

(1) 主运动　主运动指由机床或人力提供的主要运动，是使切削工具和工件之间产生相对运动，从而切下切屑所必需的基本运动。主运动是提供切削可能性的运动，它的速度最高、消耗的功率最大。如车削时工件的旋转运动和钻削时钻头的旋转运动都是主运动。

(2) 进给运动　进给运动指由机床或人力提供的运动，它使切削工具与工件之间产生附加的相对运动，连续地切下切屑，并得出具有所需几何特性的加工表面。进给运动是切削加工中速度较低、消耗功率较少的运动。如车削时车刀的纵向或横向移动和钻削时钻头的轴向移动都是进给运动。

通常，切削加工中的主运动只有一个，而进给运动可能有一个或数个。主运动和进给运动可以由刀具和工件分别完成，也可以由刀具单独完成，这两种运动可以同时进行，也可以交替进行，如图 2-17 所示。

(3) 切削时的工件表面　在整个切削过程中，工件上有三个不断变化着的表面，如图 2-17 所示。

待加工表面：工件上待切除的表面。

已加工表面：工件上经刀具切削后产生的新表面。

过渡表面：工件上切削刃正在切削的且在切削过程中不断变化着的表面。

2. 切削要素

切削要素包括切削用量和切削层横截面要素。

(1) 切削用量　切削用量指切削过程中切削速度、进给量和背吃刀量三者的总称，也称为切削用量三要素，如图 2-18a 所示。切削用量的选择是否合理，对切削加工的生产率和加工质量有着重要的影响。

1) 切削速度。切削速度（v_c）指切削刃上选定点相对于工件主运动的瞬时速度，单位是 m/min 。当主运动是旋转运动时，切削速度的计算公式为

$$v_c = \frac{\pi D n}{1000}$$

式中　v_c——切削速度（m/min）；

n——工件或刀具的转速（r/min）；

 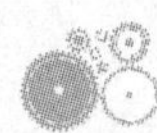

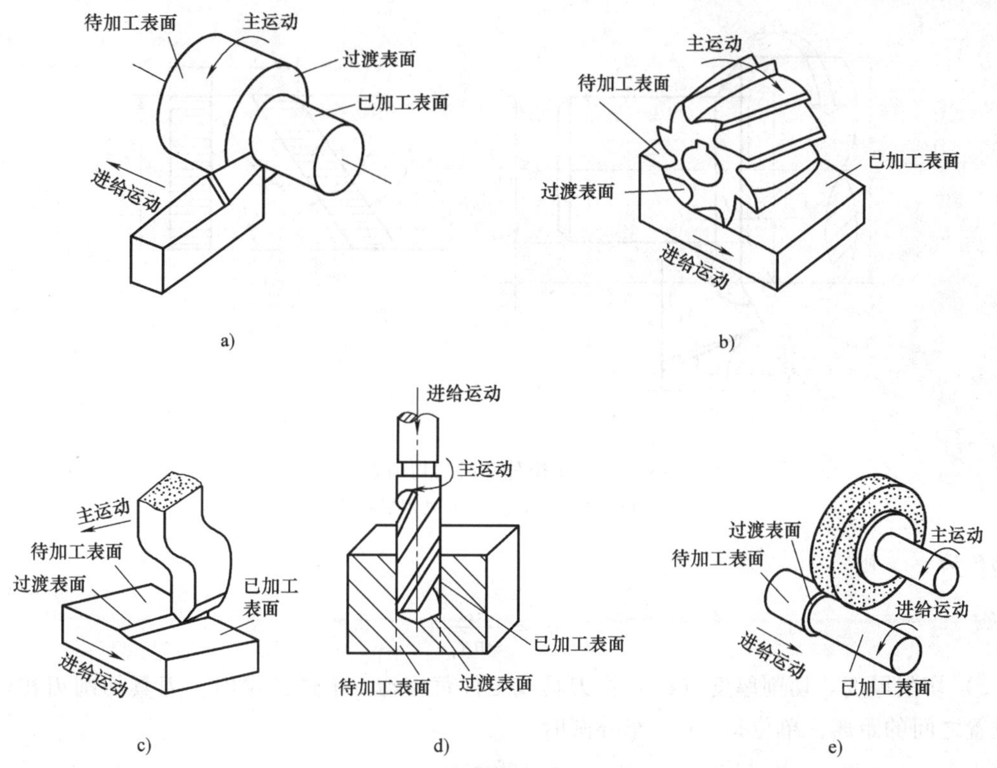

图 2-17 切削运动和加工表面

a）车削加工 b）铣削加工 c）刨削加工 d）钻削加工 e）磨削加工

D——工件待加工表面的直径或刀具的最大直径（mm）。

2）进给量。进给量（f）指在进给运动方向上刀具相对工件移动的距离，可以用刀具或工件每转或每行程的位移量来表述，单位是 mm/r 或 mm/每行程。切削刃上选定点相对工件的进给运动的瞬时速度，称为进给速度 v_f，单位是 mm/s。

3）背吃刀量。背吃刀量（a_P）指工件上已加工表面与待加工表面之间的垂直距离，单位是 mm。如车外圆、镗孔、扩孔、铰孔时，可按下式计算

$$a_p = \frac{d_w - d_m}{2}$$

钻削加工时

$$a_p = \frac{d_m}{2}$$

式中 d_w——工件待加工表面的直径（mm）；

d_m——工件已加工表面的直径（mm）。

选择切削用量的基本原则：首先，尽量选择较大的背吃刀量；其次，在工艺装备和技术条件允许的情况下选择最大的进给量；最后，根据刀具寿命确定合理的切削速度。

（2）切削层横截面要素 切削层指刀具与工件相对移动一个进给量时，相邻两个过渡表面之间的切削结构。切削层的轴向剖面称为切削层横截面，如图 2-18b 所示。切削层横截面要素包括切削宽度、切削厚度和切削面积三个要素。

1）切削宽度。切削宽度（a_w）指刀具切削刃与工件的接触长度，单位是 mm。若车刀

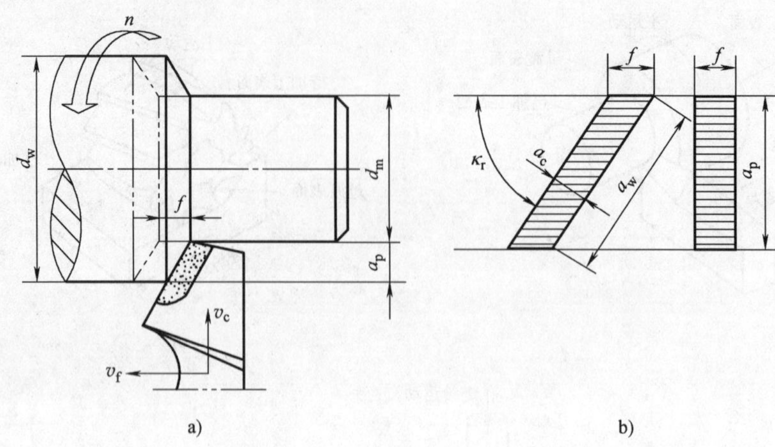

图 2-18　车削外圆时的切削要素

a）切削用量三要素　b）切削层要素

主偏角为 κ_r，则

$$a_w = \frac{a_p}{\sin\kappa_r}$$

2）切削厚度。切削厚度（a_c）指刀具或工件每移动一个进给量时，刀具切削刃相邻两个位置之间的距离，单位是 mm。车外圆时

$$a_c = f\sin\kappa_r$$

3）切削面积。切削面积（A_c）指切削层横截面的面积，单位是 mm^2，即

$$A = fa_p = a_c a_w$$

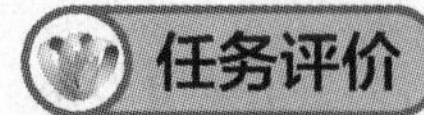

任务评价

见表 2-3。

表 2-3　凸凹件加工的检测与评价

序号	检测内容	配分	评分标准	教师评分
1	尺寸(60 ±0.5)mm、(40 ±0.5)mm	4 ×2	超差不得分	
2	划线准确性	6	一处不准确扣 2 分;两处不准确扣 4 分;三处不准确不得分	
3	凸件尺寸:$20_{-0.05}^{0}$ mm,(20 ±0.5)mm	5 ×2	超差不得分	
4	凹件尺寸:$20_{-0.05}^{0}$ mm,(20 ±0.5)mm	5 ×2	超差不得分	
5	平面度 0.03mm(6 处)	4 ×6	超差不得分	
6	垂直度 0.03mm(2 组)	4 ×2	超差不得分	
7	对称度 0.03mm(2 组)	4 ×2	超差不得分	
8	Ra3.2μm(11 处)	2 ×11	升高一级不得分	

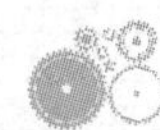

（续）

序号	检测内容	配分	评分标准	教师评分
9	倒角、去毛刺	4	有毛刺不得分	
10	文明生产		违纪一项扣 20 分，违纪两项不得分	
合计		100		

复习与思考

1. 什么是锯条的锯路？它有什么作用？
2. 如何正确地选择锯条？
3. 简述正确的锯削方法。
4. 什么是錾削加工？
5. 常用錾子的种类有哪些？各用于什么场合？
6. 简述錾削加工的正确操作方法。

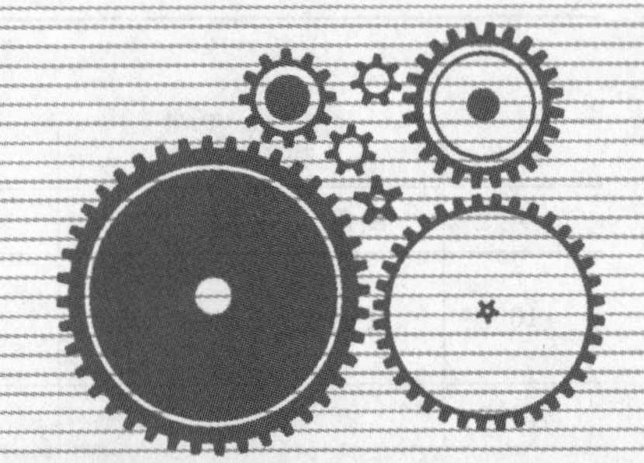

任务三

六角螺母的加工

能力目标

1. 会使用麻花钻，掌握划线钻孔的操作方法。
2. 掌握扩孔、铰孔和锪孔的基本方法。
3. 掌握确定攻螺纹底孔直径和套螺纹圆杆直径的方法。
4. 掌握攻螺纹和套螺纹的基本方法。
5. 通过本任务的学习完成对六角螺母的加工。

任务内容

按图3-1所示要求加工六角螺母，毛坯尺寸 ϕ60mm×20mm，材料为45钢。要求：六个内角相等，六个面垂直于基准面 A，倒角必须均匀，倒角后形成六边形内切圆，攻螺纹牙面光滑均匀，无崩裂。

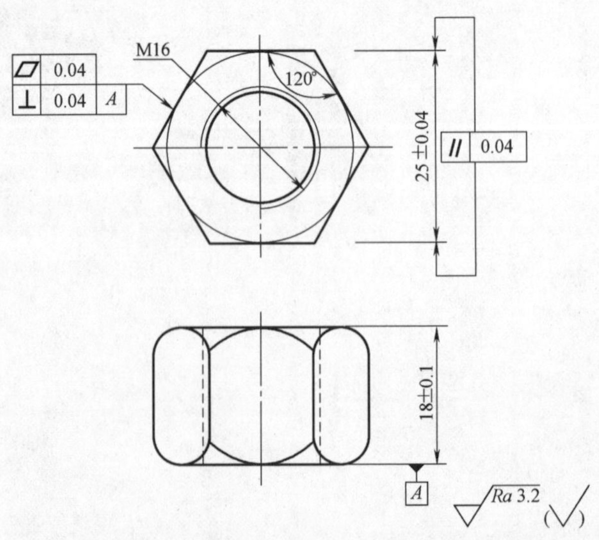

图3-1　六角螺母

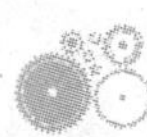

任务实施

1. 操作要求

1）在毛坯件上按图样要求划线。

2）按所划的线进行锉削加工、孔加工和螺纹加工。

2. 工具、量具及刃具

划线平台、台钻、台虎钳；游标高度尺、钢直尺、游标卡尺、游标万能角度尺、刀口形直角尺；划针、划规、样冲、锤子、350mm 粗齿平锉、200mm 细齿平锉、ϕ14mm 及 ϕ18mm 钻头、M16 丝锥及铰杠、粗糙度样块、蓝油。

3. 实施步骤

（1）锉削基准面及相对面

1）锉削基准面 A，达到对圆柱面的垂直度 0.04mm、平面度 0.04mm 及表面粗糙度值为 Ra3.2μm 的要求。

2）以基准面 A 为基准，划轴向 18mm 高的加工尺寸线，锉削基准面对面的表面，达到垂直度 0.04mm、平面度 0.04mm、平行度 0.04mm 及表面粗糙度值为 Ra3.2μm 的要求，并保证尺寸精度（18 ±0.1）mm。

（2）划线　按图样要求，在基准面 A 上划出正六边形。

（3）锉削正六棱柱体的侧面　锉削正六棱柱体的侧面，如图 3-2 所示。

1）锉削侧面 a，达到垂直度 0.04mm、平面度 0.04mm、表面粗糙度值为 Ra3.2μm 的要求，到对面外圆柱面尺寸 42.5mm 的要求，如图 3-2a 所示。

锉削 a 面的相对面，达到平面度 0.04mm、垂直度 0.04mm、平行度 0.04mm、表面粗糙度值为 Ra3.2μm 的要求，达到 a 面距离（25 ±0.04）mm 的尺寸要求，如图 3-2b 所示。

2）锉削侧面 b，达到垂直度 0.04mm、平面度 0.04mm、表面粗糙度值为 Ra3.2μm 的要求，达到与 a 面成 120°角、到对面外圆柱面尺寸 42.5mm 的要求，如图 3-2c 所示。

锉削 b 面的相对面，达到平面度 0.04mm、垂直度 0.04mm、平行度 0.04mm、表面粗糙度值 Ra3.2μm 的要求，达到与 a 面相对面成 120°角、到 b 面距离（25 ±0.04）mm 的尺寸要求，如图 3-2d 所示。

3）锉削侧面 c，达到垂直度 0.04mm、平面度 0.04mm、表面粗糙度值 Ra3.2μm 的要求，达到与 b 面成 120°角同时与 a 面的相对面成 120°角、到对面外圆柱面尺寸 42.5mm 的要求，如图 3-2e 所示。

锉削 c 面的相对面，达到平面度 0.04mm、垂直度 0.04mm、平行度 0.04mm、表面粗糙度值 Ra3.2μm 的要求，达到与 a 面成 120°角同时与 b 面的相对面成 120°角、到 c 面距离（25 ±0.04）mm 的尺寸要求，如图 3-2f 所示。

（4）倒圆角　在基准面 A 和其相对面上划正六边形中心线，在中心线交点上打样冲眼，在基准面和其相对面上划正六边形内切圆，在正六棱柱体的六个侧面划 3mm 倒角高度线，按加工线锉削倒角，达到表面粗糙度值 Ra3.2μm 的要求。

（5）钻孔　在台钻上钻 ϕ14mm 螺纹底孔，并用 ϕ18mm 钻头在孔口倒角。

（6）攻螺纹　用丝锥和铰杠攻 M16 螺纹，保证垂直，且螺纹牙面光滑均匀，无崩裂。

（7）修整检查　进行修整加工、锐边倒角及去毛刺，保证加工质量。

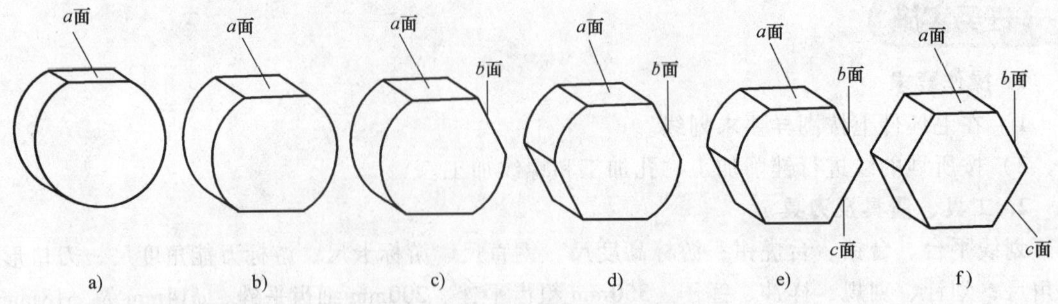

图 3-2　正六棱柱体侧面的加工

知识链接　孔加工与螺纹加工

知识点一　孔的加工

钳工加工孔的方法主要有钻孔、扩孔、锪孔和铰孔。钻孔是用钻头在实体材料上加工出孔的孔加工方法；扩孔、锪孔和铰孔是用扩孔钻、锪钻或铰刀等对工件上已有孔进行再加工的孔加工方法。

一、钻孔

1. 知识点分析

钻孔是将钻头装夹在钻床主轴上，依靠钻头与工件之间的相对运动来完成的切削加工。钻削加工的主运动和进给运动均由钻头完成，其中主运动指钻头绕主轴回转中心旋转，切下切屑的运动；进给运动指钻头对着工件沿主轴轴线方向所做的直线进给运动，完成孔深的加工。通常钻孔时工件固定不动。

钻削加工时，钻头是在半封闭的状态下进行切削加工的，一般钻头转速较高，切削量大，且不易排屑，切屑与已加工表面摩擦大，钻头容易抖动，加工质量较低，一般尺寸公差等级只达到 IT10 ~ IT11，表面粗糙度值只能达到 $Ra12.5 \sim 50\mu m$。

2. 刀具的认识和使用

钻孔用刀具为钻头，钻头的种类较多，常用的有麻花钻、扁钻、深孔钻和中心钻等，其中麻花钻是目前孔加工中最常用的一种刀具。

（1）麻花钻的组成　麻花钻一般用高速钢（W18Cr4V 或 W9Cr4V2）制成，淬火后达到使用硬度。它由柄部、颈部及工作部分组成，如图 3-3 所示。

1）柄部：麻花钻的柄部是钻头的夹持部分，钻孔时用来定心和传递动力。柄部分为直柄和锥柄两种形式，一般钻头直径小于 13mm 时为直柄，钻头直径大于 13mm 时为锥柄。锥柄的扁尾能避免钻头在主轴孔或钻套中打滑，并便于用楔铁把钻头从主轴锥孔中拆卸下来。

2）颈部：麻花钻的颈部为磨制钻头时供砂轮退刀用，一般也在此处打印钻头的规格、材料和商标等。

3）工作部分：麻花钻的工作部分由切削部分和导向部分组成。切削部分由两条主切削刃、两条副切削刃、一条横刃、两个前刀面、两个后刀面和两个副后刀面组成，其主要作用是切削工作，如图 3-4 所示。导向部分由两条螺旋槽和两条窄的螺旋形棱边与螺旋槽表面相

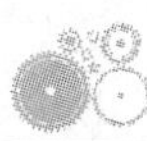

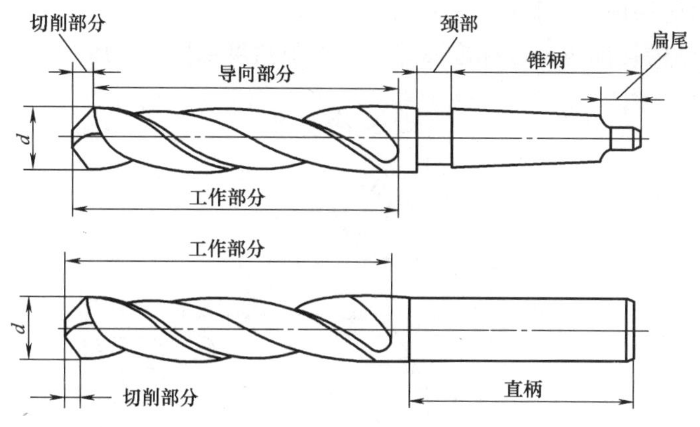

图 3-3　麻花钻的组成

交形成两条副切削刃。在切削过程中，导向部分使钻头保持正直的钻削方向并起修光孔壁的作用，重磨时还是切削部分的后备部分，螺旋槽可以形成切削刃，并可以容屑、排屑和输送切削液。

（2）标准麻花钻的切削角度

1）麻花钻的辅助平面。要确定麻花钻的切削角度，先要设定表示切削角度的辅助平面，有基面、切削平面、主截面和柱截面的位置，如图 3-5 所示。

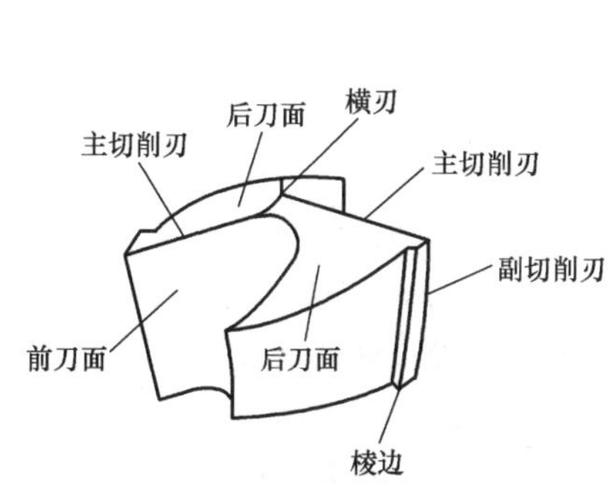

图 3-4　麻花钻切削部分的结构

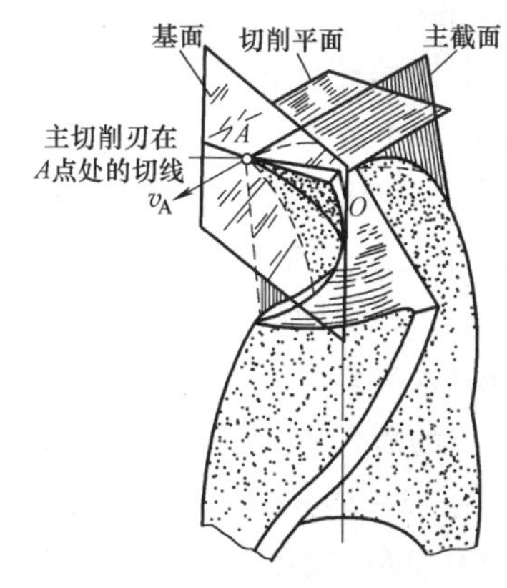

图 3-5　麻花钻的辅助平面

① 基面：切削刃上任意一点的基面是通过该点，而又与该点切削速度方向垂直的平面，即通过该点与钻心连线的径向平面。由于麻花钻两主切削刃不通过钻心，而是平行并错开一个钻心厚度的距离，因此钻头主切削刃上各点的基面是不同的。

② 切削平面：切削刃上任意一点的切削平面是由该点的切削速度方向和这点上切削刃的切线所构成的平面。麻花钻主切削刃上任意一点的切削速度方向是以该点到钻心的距离为半径、钻心为圆心所做圆周的切线方向，也就是该点与钻心连线的垂线方向。标准麻花钻主切削刃上任意一点的切线就是主切削刃本身，则切削平面就是该点切削速度与主切削刃构成的平面。

③ 主截面：通过主切削刃上任意一点并垂直于切削平面和基面的平面。

④ 柱截面：通过主切削刃上任意一点做与钻头轴线平行的直线，该直线绕钻头轴线旋

转所形成的圆柱面的切面。

2）标准麻花钻的切削角度。标准麻花钻的切削角度如图 3-6 所示。

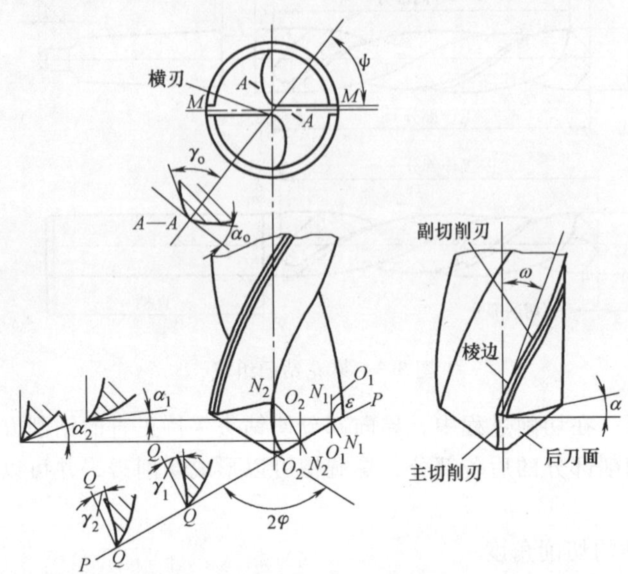

图 3-6　标准麻花钻的切削角度

① 前角 γ_o：主切削刃上任意一点的前角，指在主截面内前刀面与基面间的夹角。前角的大小决定切除材料的难易程度和切屑在前刀面上摩擦阻力的大小，前角越大，切削越省力。主切削刃上各点的前角大小是不相等的，自外向内逐渐减小，近外缘处前角最大，为 30°；在钻心 $D/3$ 范围内为负值，横刃处前角为 −60° ~ −54°；接近横刃处的前角为 −30°。

② 后角 α_o：后角是在柱截面内后刀面与切削平面之间的夹角。后角的大小影响着后面与工件切削表面之间的摩擦程度，后角越小，摩擦越严重，但切削刃强度越高。因此，钻削较硬材料时，后角可适当小些，以保证切削刃强度；钻削较软材料时，后角可稍大些。主切削刃上各点的后角大小是不相等的，自外向内逐渐增大，外缘处较小，接近钻心处较大。麻花钻直径为 15 ~ 30mm 时，外缘处的后角为 9° ~ 12°，钻心处后角为 20° ~ 26°。

③ 顶角 2ϕ：顶角是两条主切削刃在其平行平面 $M—M$ 上的投影之间的夹角。顶角的大小影响主切削刃上进给力的大小，顶角越小则进给力越小，外缘处刀尖角 ε 越大，有利于散热和提高钻头的使用寿命；但会使钻头所受的转矩增大，加剧切屑变形，排屑困难，不利于润滑。顶角的大小通常可根据加工条件来决定，标准麻花钻的顶角 $2\phi = 118° \pm 2°$。

④ 横刃斜角 ψ：横刃斜角是横刃与主切削刃在钻头端面内的投影之间的夹角。它是在刃磨钻头时自然形成的，其大小与后角和顶角的大小有关。当后角磨得偏大时，横刃斜角就会减小，而横刃的长度会增大。标准麻花钻的横刃斜角为 50° ~ 55°。

（3）麻花钻的刃磨　通常钻头磨损后就需要对其切削部分进行刃磨。刃磨钻头是使用砂轮机将钻头上的磨损处磨掉，恢复钻头原有的锋利和正确角度。一般是按钻孔的具体要求，有选择地对麻花钻进行修磨，见表 3-1。刃磨时，右手握住钻头的头部，左手握住钻头的柄部，保持钻头轴线与砂轮圆柱素线在水平面内的夹角等于钻头顶角的一半，被刃磨侧的主切削刃处于水平位置，两手的动作要协调，两后刀面要经常轮换，钻头刃磨压力不宜过

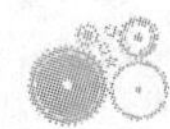

大，并要经常蘸水冷却，防止过热退火而降低其硬度，直至达到刃磨要求。

表 3-1 标准麻花钻的刃磨

刃磨项目	刃磨目的	图示
刃磨横刃并增大靠近钻心处的前角	刃磨横刃的基本要求是增大前角，缩短横刃长度。刃磨后的横刃长度 b 为原来的 1/5～1/3，以减小进给力和挤刮现象，提高钻头的定心作用和切削的稳定性。同时，在靠近钻心处形成内刃，内刃斜角 $\tau=20°\sim30°$，内刃处前角 $\gamma_\tau=0°\sim-15°$，使切削性能得以改善。一般直径在 5mm 以上的麻花钻均须修磨横刃	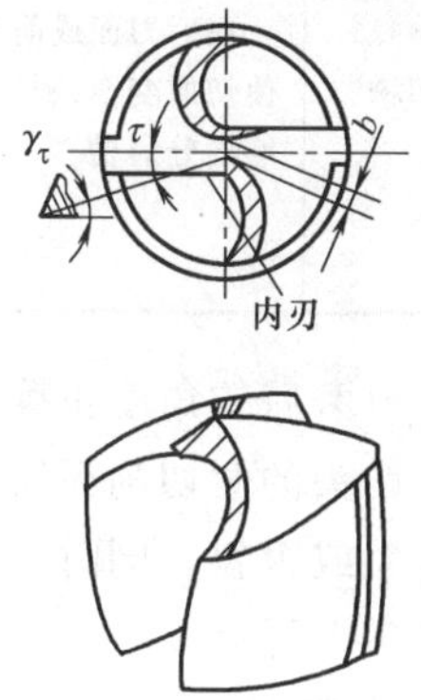
刃磨主切削刃	刃磨主切削刃的目的是通过改变主切削刃的形状来改变钻头的某些切削角度或切削卷曲、折断的情况。通常主要是磨出第二顶角 $2\phi_0$（70°～75°）。在麻花钻外缘处磨出过渡刃（$f_o=0.2D$），以增大外缘处的刀尖角，改善散热条件，增加刀齿强度，提高切削刃与棱边交角处的耐磨性，延长钻头的使用寿命，且可以减少孔壁的残留面积，保证表面质量要求	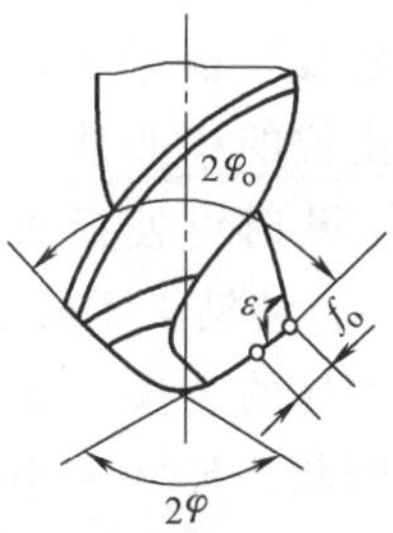
刃磨棱边	在靠近主切削刃的一段棱边上，磨出副后角 $\alpha_{o1}=6°\sim8°$，并保留棱边宽度为原来的 1/3～1/2，以减少对孔壁的摩擦，延长钻头的使用寿命	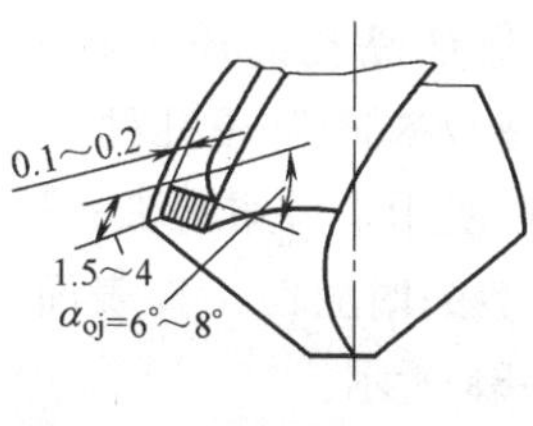
刃磨前刀面	刃磨外缘处前刀面，可以减少此处的前角，提高刀齿的强度，钻削黄铜时，可以避免“扎刀”现象	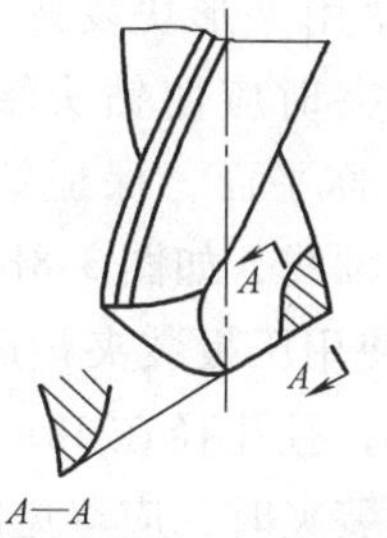
刃磨分屑槽	在后刀面或前刀面上磨出几条相互错开的分屑槽，使切屑变窄，利于排屑。直径大于 15mm 的钻头都可磨出分屑槽	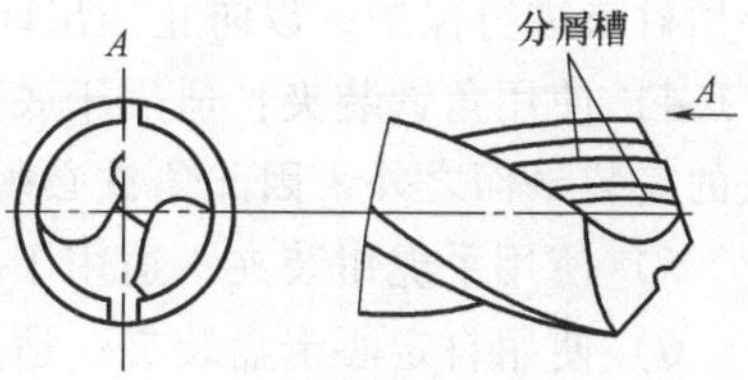 前刀面上刃磨分屑槽

（续）

刃磨项目	刃 磨 目 的	图 示
刃磨分屑槽	在后刀面或前刀面上磨出几条相互错开的分屑槽，使切屑变窄，利于排屑。直径大于 15mm 的钻头都可磨出分屑槽	A 分屑槽 A 后刀面上刃磨分屑槽

钻头刃磨后的角度正确与否，将直接影响到钻孔的质量和效率。若顶角和切削刃刃磨得不对称，钻头的两切削刃所承受的切削力也就不相等，则会出现偏摆甚至是单刃切削，使钻出的孔变大或歪斜。同时，由于两主切削刃所受的切削力不均匀，造成麻花钻振摆，加剧磨损，如图 3-7 所示。

3. 能力掌握

（1）划线　根据钻孔的位置尺寸要求，划出孔位的中心线，并准确地打上样冲眼，钻孔时可使横刃预先落入样冲眼的锥坑中，使钻头不易偏斜。

（2）工件的装夹　钻孔时要根据工件的不同形状、尺寸大小和钻削力等情况，采用不同的装夹方式进行定位和夹紧，以保证钻孔的质量和安全。常用的工件装夹方式有如下几种。

1）使用平口钳装夹：适用于平整的工件。装夹时应使工件表面与钻头垂直，如图 3-8a 所示。

2）使用 V 形块装夹：适用于圆柱形工件。装夹时应使钻头轴线垂直通过 V 形块的对称平面，保证钻出孔的中心线通过工件轴线，如图 3-8b 所示。

3）使用压板装夹：适用于在较大工件上钻孔，且孔径在 10mm 以上的情况。使用压板装夹时，应避免因压板弯曲变形而影响压紧力。当工件压紧表面为已加工表面时，要用衬垫进行保护，以防止压出印痕，如图 3-8c 所示。

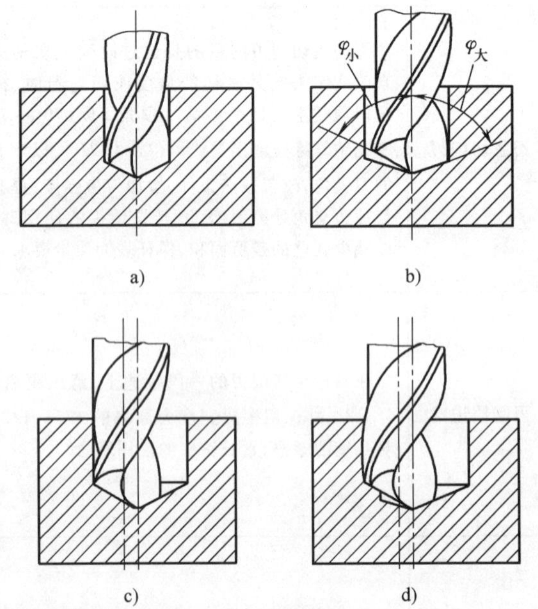

图 3-7　钻头刃磨后对孔加工的影响

a）正确的顶角　b）顶角不对称　c）主切削刃长度不一样　d）顶角不对称及主切削刃长度不一样

4）使用角铁装夹：适用于底面不平或加工基准在侧面的工件。钻孔时进给力作用在角铁的安装平面之外，因此角铁必须用压板固定在钻床的工作台上，如图 3-8d 所示。

5）使用手虎钳装夹：适用于小型工件或薄板件上的小孔加工，如图 3-8e 所示。

6）使用自定心卡盘装夹：适用于圆柱工件端面的钻孔，如图 3-8f 所示。

（3）麻花钻的装拆

1）直柄麻花钻的装拆：直柄麻花钻是使用钻夹头来夹持的，如图 3-9 所示。先将钻头

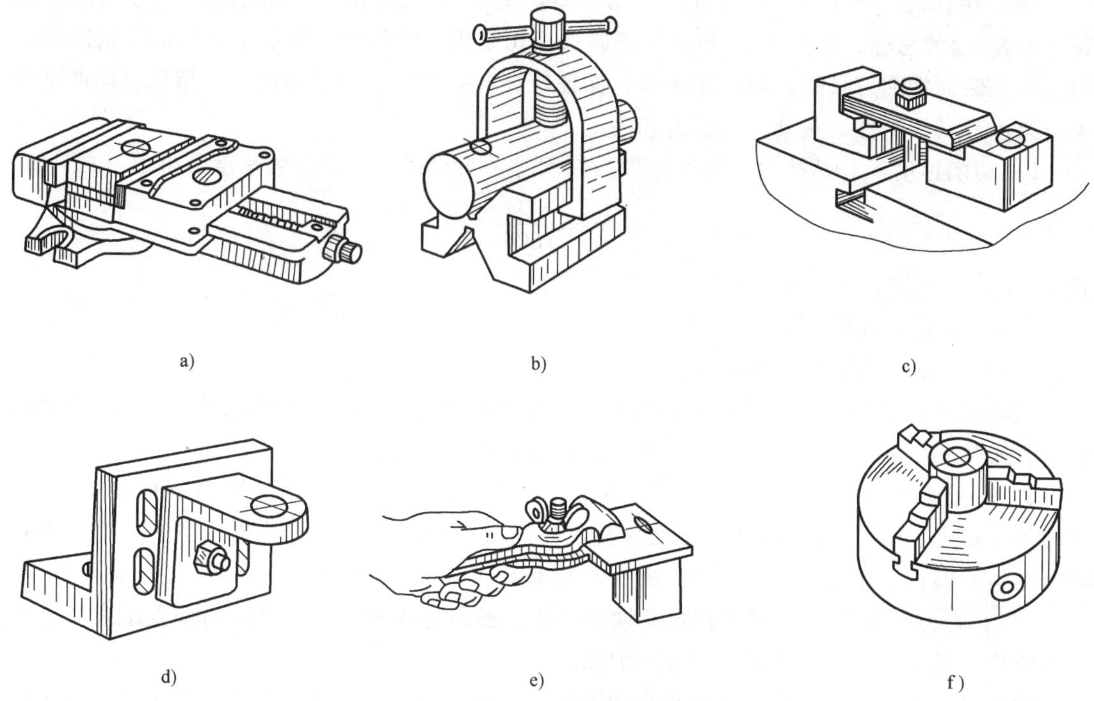

图 3-8　钻孔时工件的装夹方式

的柄部插入钻头的三只卡爪内，夹持长度不能小于 15mm，然后利用钻夹头钥匙旋转钻夹头的外套，使环形螺母带动三只卡爪收紧或放松，达到将钻头夹紧或松开的目的。

2）锥柄麻花钻的装拆：锥柄麻花钻是用柄部的莫氏锥体直接与钻床主轴连接的，如图 3-10 所示。连接前需将钻头锥柄及主轴锥孔擦拭干净，连接时使钻头扁尾的长度方向与主轴上的腰形孔中心线方向一致，利用加速冲力快速装接，如图 3-10a 所示。当钻头锥柄小于主轴锥孔时，可加过渡套筒，如图 3-10b 所示。拆卸钻头时，可将斜铁敲入套筒或钻床主轴上的腰形孔内，斜铁带圆弧的一边要放在上面，利用斜铁面的向下分力，使钻头与套筒或钻床主轴分离，如图 3-10c 所示。

图 3-9　直柄麻花钻的装拆

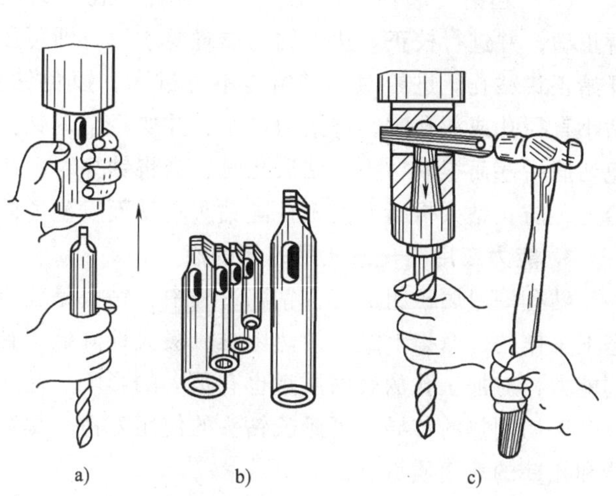

图 3-10　锥柄麻花钻的装拆

（4）钻孔时的切削用量　钻孔时的切削用量指钻头在钻削时的切削速度 v_c、进给量 f 和背吃刀量 a_p 的总称，如图 3-11 所示。正确选择切削用量的目的是保证工件的加工精度和表面质量，保证钻削刀具的合理使用寿命，保证较高的生产率，保证钻削时不超过机床的功率和机床、刀具、工件、夹具等的强度和刚度。

1）切削速度 v_c。钻孔时的切削速度指钻削时钻头直径上一点的线速度。可由下式计算

$$v_c = \frac{\pi D n}{1000}$$

式中　v_c——切削速度（m/min）；

D——钻头直径（mm）；

n——钻头的转速（r/min）。

钻削时的切削速度一般是当钻头的直径和进给量确定后，按钻头的使用寿命选取合理的数值，通常根据经验选取，当孔深较大时，选取较小的切削速度。

2）进给量 f。钻孔时的进给量指主轴每转一周钻头对工件沿主轴线向下移动的距离，单位是 mm/r。孔的尺寸精度、表面质量要求较高时，应选较小的进给量；当钻小孔、深孔时，钻头细而长，强度低，刚度差，钻头易扭断，应选较小的进给量。

3）背吃刀量 a_p。钻孔时的背吃刀量指已加工表面与待加工表面之间的垂直距离。钻孔时的背吃刀量等于钻头的半径，即 $a_p = D/2$。

钻孔时，由于背吃刀量已由钻头直径所定，因此选择切削用量只需考虑切削速度和进给量。对钻孔的生产率来说，切削速度和进给量的影响是相同的。对钻头的使用寿命而言，切削速度比进给量的影响大，因为切削速度对切削温度和摩擦的影响最大，明显影响钻头的使用寿命。对钻孔的表面质量而言，一般情况下，进给量比切削速度的影响要大，因为进给量将直接影响已加工表面的残留面积，残留面积越大，表面质量越差。

钻孔时选择切削用量的基本原则：在允许范围内，尽量先选择较大的进给量，当进给量受到表面质量和钻头刚度的限制时，再考虑选择较大的切削速度。具体选择切削用量时，应根据钻头直径、钻头材料、工件材料、加工精度以及表面质量等方面的要求，查表选取，加工条件特殊时可进行修正或按试验确定。

（5）起钻　起钻时，先钻出一浅坑，观察钻孔位置是否正确，并进行校正。达到钻孔位置要求后，即可压紧工件开始正式钻孔。进给时，进给力不可过大，以免钻头歪斜；钻小直径孔或深孔时，进给力要小，并要经常退钻排屑，避免切屑堵塞而扭断钻头。钻通孔时，当将钻穿时，应减小进给力，防止钻头折断或使工件随钻头转动而发生危险。

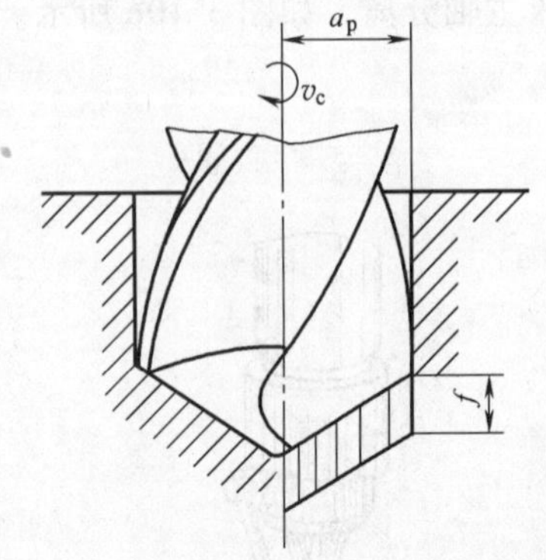

图 3-11　钻孔时的切削用量

4. 能力应用——钻孔用的切削液

钻孔一般属于粗加工，钻削过程中，钻头是在半封闭状态下工作的，摩擦严重，散热困难，极大地降低了钻头的切削能力，对加工孔的表面质量也有很大的影响，注入切削液有利于切削热的传导，可延长钻头的使用寿命，提高切削性能和孔壁的表面质量。

由于加工材料和加工要求不一样，所用切削液的种类和作用也不一样。表 3-2 所示为常

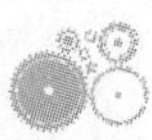

用的钻孔用切削液。在高强度材料上钻孔时，钻头前刀面要承受较大的压力，为减少摩擦和钻削阻力，可在切削液中增加硫、二硫化钼等成分，如硫化切削油；在塑性、韧性较大的材料上钻孔，要求加强润滑作用，可在切削液中加入适当的动物油和矿物油；当孔的精度要求较高，表面粗糙度值要求很低时，应选用主要起润滑作用的切削液，如菜油和猪油等。

表 3-2　常用的钻孔用切削液

工件材料	切削液
各类结构钢	3%～5%乳化液或7%硫化乳化液
不锈钢、耐热钢	3%肥皂加2%亚麻油水溶液或硫化切削油
纯铜、黄铜、青铜	5%～8%乳化液或不用
铸铁	5%～8%乳化液或煤油或不用
铝合金	5%～8%乳化液、煤油、菜油与煤油的混合油或不用
有机玻璃	5%～8%乳化液或煤油

二、扩孔

1. 知识点分析

扩孔是用扩孔钻对工件上已有孔进行扩大加工的方法，其加工质量比钻孔高，一般尺寸公差等级可达IT9～IT10，表面粗糙度值能达到 $Ra6.3 \sim 12.5\mu m$，通常用于孔的半精加工或铰孔前的预加工，如图3-12所示。

2. 工具的认识和使用

（1）麻花钻　用麻花钻扩孔时，钻头的横刃不参与切削，进给力较小，进给比较省力；但钻头外缘处的前角较大，容易把钻头从钻套内拉下来，所以加工时要把麻花钻外缘处的前角修磨得小一些，并适当控制进给量。

（2）扩孔钻　扩孔钻由工作部分、颈部和柄部组成，工作部分又由切削部分和导向部分组成。与麻花钻相比较，因扩孔钻中心不切削，因此没有横刃，切削刃只做成靠边缘的一段，如图3-13所示。

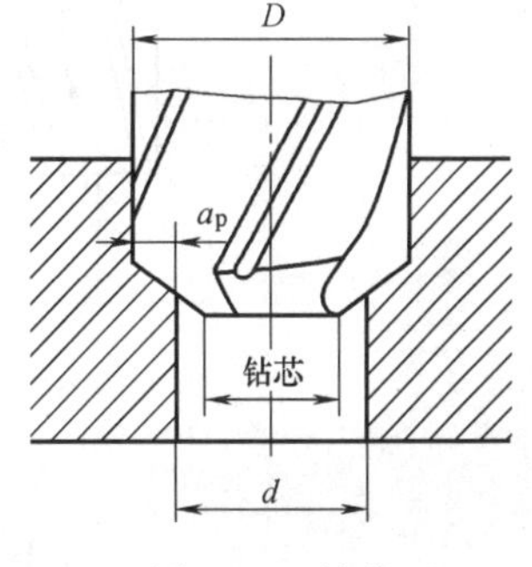

图 3-12　扩孔

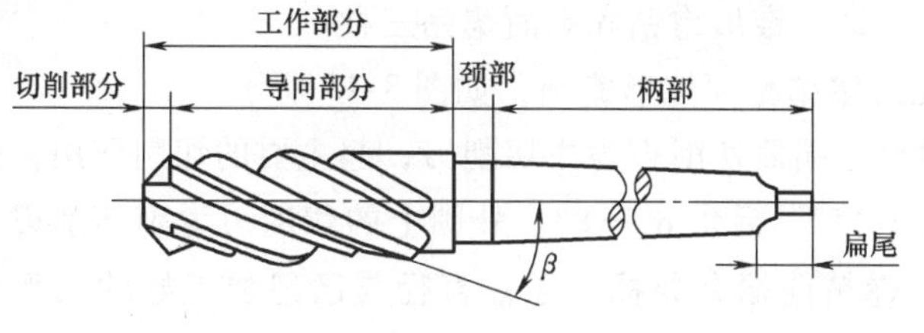

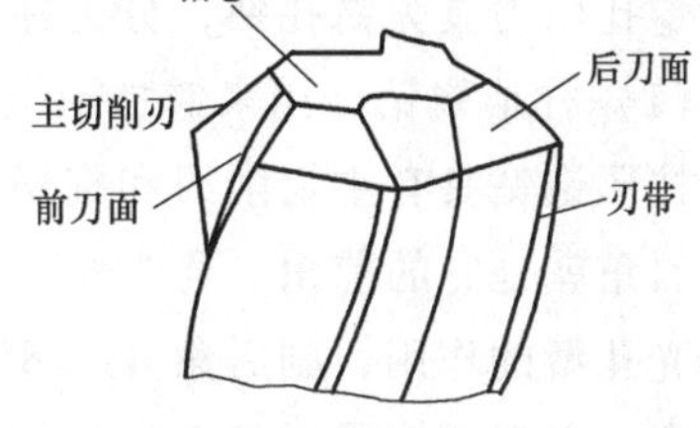

图 3-13　扩孔钻

3. 能力掌握

（1）扩孔时的背吃刀量　由图3-2所示，扩孔时的背吃刀量 a_p 可按下式计算

$$a_p = \frac{D-d}{2}$$

式中　D——扩孔后的直径（mm）；

d——预加工孔的直径（mm）。

（2）扩孔加工的特点

1）扩孔钻无横刃，避免了横刃切削所引起的不良影响。

2）背吃刀量较小，切削省力，切削条件得以改善，并且切屑体积小、容易排出，不易擦伤已加工面，使加工质量得以提高。

3）扩孔产生的切屑体积小，不需要大的容屑槽，扩孔钻的钻芯可以加粗，因而提高了刀具的强度。

4）扩孔钻齿数多，导向性好，切削稳定，可使用较大的切削用量，因而提高了生产率。

三、锪孔

1. 知识点分析

锪孔是用锪钻在孔口表面加工出一定形状的孔或表面的方法。锪孔的目的是保证孔端面与孔中心线的垂直度，以保证与孔连接零件的位置正确和可靠。锪孔分为锪圆柱形沉孔、锪圆锥形沉孔和锪平面等几种形式，如图 3-14 所示。

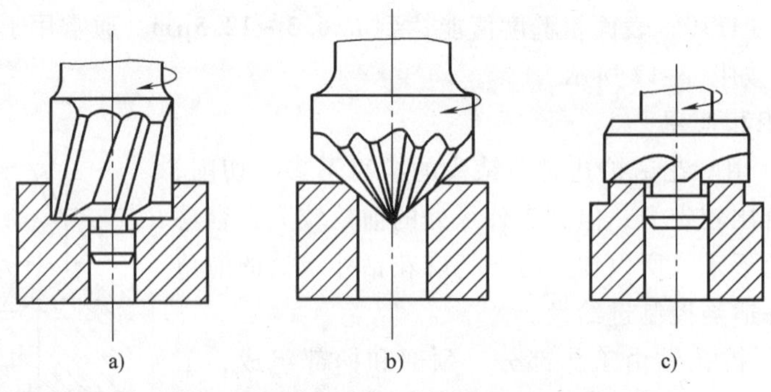

图 3-14　锪孔

a）锪圆柱形沉孔　b）锪圆锥形沉孔　c）锪孔口凸台平面

2. 工具的认识和使用

锪孔用刀具为锪孔钻，分为柱形锪钻、锥形锪钻和端面锪钻三种。

（1）柱形锪钻　用来锪柱形沉孔的锪钻称为柱形锪钻，如图 3-15 所示。

柱形锪钻具有主切削刃和副切削刃。端面切削刃为主切削刃，起主要的切削作用，螺旋槽的斜角就是它的前角，通常 $\gamma_o = \beta_o = 15°$，后角 $\alpha_o = 8°$。外圆上的切削刃为副切削刃，具有修光孔壁的作用，副后角 $\alpha_1 = 8°$。锪钻前端有导柱，导柱直径与已经加工好的孔采用间隙配合，以保证锪孔时具有良好的定心和导向作用。导柱分整体式和可拆式两种，可拆式的导柱能按工件已加工孔的直径进行调换，使用灵活。柱形锪钻可用麻花钻改制而成。

（2）锥形锪钻　用来锪锥形沉孔的锪钻称为锥形锪钻，如图 3-16 所示。

锥形锪钻按其锥角（2ϕ）大小可分 50°、70°、90°和 120°四种，其中 90°锥角的锥形锪钻使用最多，其直径为 12～60mm，齿数为 4～12 个。锥形锪钻的前角 $\gamma_o = 0°$，后角 $\alpha_o = 6° \sim 8°$。为了增加近钻尖处的容屑空间，每隔一个切削刃就将此处的切削刃磨去一块。锥形

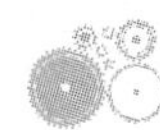

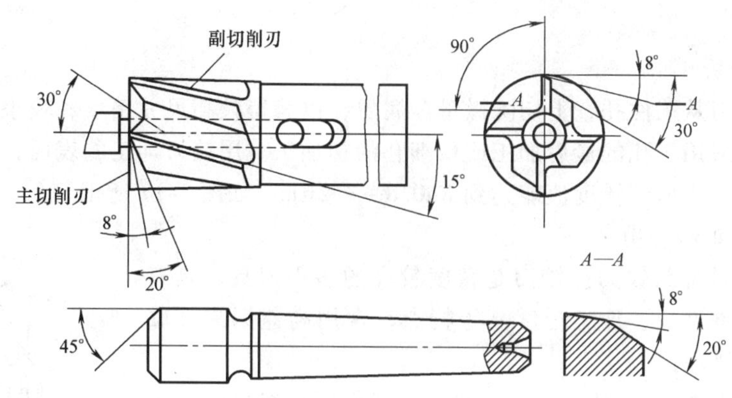

图 3-15 柱形锪钻

锪钻也可以用麻花钻改制而成，锥角大小按工件锥孔度数磨出，后角和外缘处前角磨得小些，两切削刃要磨得对称。

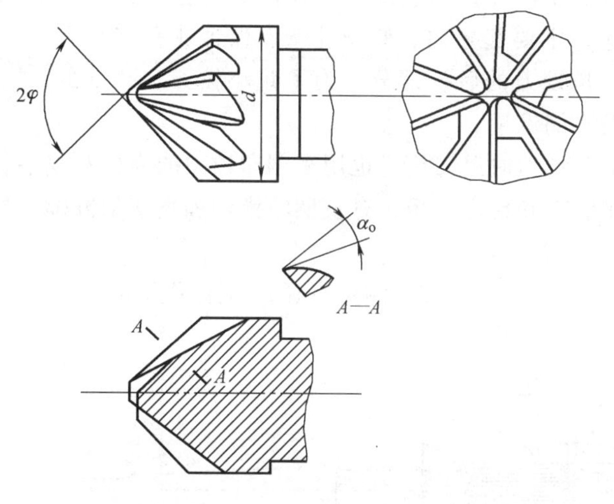

图 3-16 锥形锪钻

（3）端面锪钻 用来锪平孔口端面的锪钻称为端面锪钻，如图 3-14c 所示。

端面锪钻的端面刀齿为切削刃，前端导柱用来导向定心，以保证孔端面与孔中心线的垂直度。

3. 能力掌握

锪孔与钻孔的方法基本相同，但锪孔时刀具容易产生振动，使加工表面出现振纹，影响加工质量，特别是使用麻花钻改制的锪钻，振痕更为严重。因此，锪孔时应注意以下几点。

1）锪孔时的进给量为钻孔时的 2 ~ 3 倍，切削速度为钻孔的 1/3 ~ 1/2，精锪时往往是利用停车后的主轴惯性来锪孔，以减少振动，从而获得光滑的表面。

2）用麻花钻改制锪钻时，应适当减小后角和外缘处前角，以防止扎刀；尽量选用较短的钻头，保证两切削刃对称，使切削平稳，减少振动。

3）锪钻钢件时，应在导柱和切削表面加切削液润滑。

4）调整好工件被加工孔与锪钻的同轴度，并保持工件夹紧稳固，减少振动。

四、铰孔

1. 知识点分析

铰孔是用铰刀从工件孔壁上切除微量金属层，以获得较高尺寸精度和较小表面粗糙度值的加工方法，一般用于孔的最后加工或精细孔的初加工。用铰刀加工的表面，其尺寸公差等级可达 IT7 ~ IT9，表面粗糙度值能达到 $Ra0.8 \sim 3.2\mu m$，如图 3-17 所示。

2. 工具的认识和使用

铰孔用的刀具称为铰刀。铰刀是精度较高的多刃刀具，具有切削余量小、导向性好、加工精度高等特点，常用高速钢或高碳钢制成，应用范围较广。

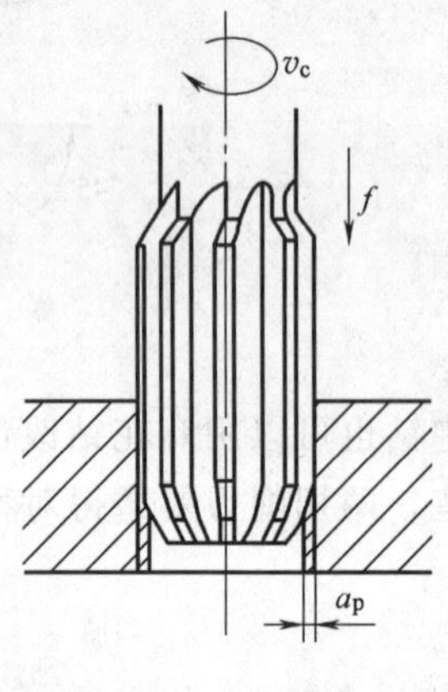

图 3-17　铰孔

(1) 铰刀的结构　铰刀由柄部、颈部和工作部分组成，如图 3-18 所示。

铰刀的工作部分由引导部分、切削部分和校准部分组成。引导部分在工作部分的前端，呈 45°倒角，其作用是便于铰刀开始铰孔时放入孔中，并保护切削刃；切削部分的作用是切去铰孔的余量；校准部分有棱边，主要起导向、修光孔壁、保证铰孔直径和便于测量等作用，也是铰刀的后备部分，为了减小铰刀和孔壁的摩擦，校准部分需磨出倒锥量。

铰刀的颈部供磨制铰刀时退刀用，也用来刻印铰刀的商标和规格。

铰刀的柄部用来装夹和传递转矩，有直柄、锥柄和直柄带方榫三种形式，前两种用于机用铰刀，后一种用于手用铰刀。

铰刀齿数一般为 4 ~ 8 齿，为方便测量直径，多采用偶数齿。

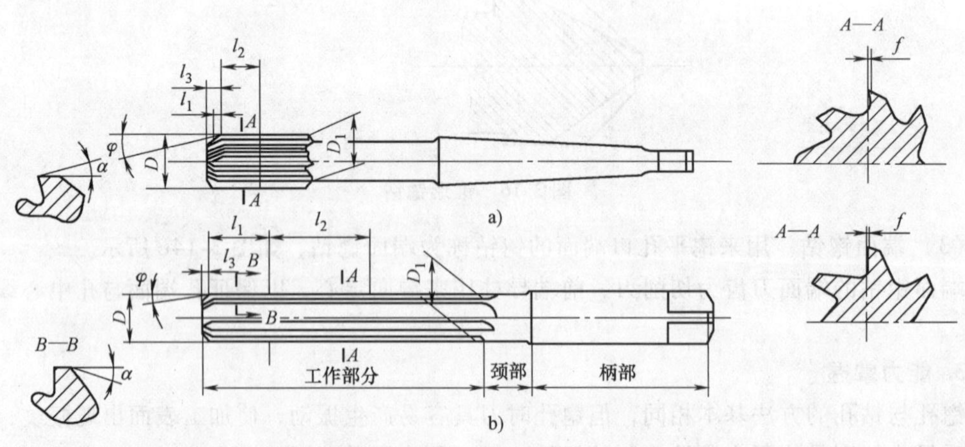

图 3-18　铰刀的结构
a) 机用铰刀　b) 手用铰刀

(2) 铰刀的种类　铰刀的种类很多，可按不同的方式进行划分。

1) 按使用方法分。

手用铰刀：柄部为方榫形，以便铰杠套入。其工作部分较长，切削锥角较小。

机用铰刀：工作部分较短，切削锥角较大。

2）按结构分。

整体式圆柱铰刀：用于铰削标准直径系列的孔。

可调式手用铰刀：用于单件生产和修配工作中需要铰削的非标准孔。

3）按外部形状分。

直槽铰刀：用于铰削普通孔。

锥铰刀：用于铰削圆锥孔。常用的锥铰刀有1:10锥铰刀、莫氏锥铰刀、1:30锥铰刀和1:50锥铰刀四种。

螺旋槽铰刀：用于铰削有键槽的内孔。

4）按切削部分材料分。

高速钢铰刀：用于铰削各种碳钢或合金钢工件上的孔。

硬质合金铰刀：用于铰削较硬材料工件上的孔或进行高速铰削。

3. 能力掌握

（1）确定铰削用量

1）铰削余量 $2a_p$。铰削余量指上道工序（钻孔或扩孔）完成后，在直径方向所留下的加工余量。铰削余量不宜太小或太大。铰削余量太小，上道工序残留的变形难以纠正，加工的刀痕也不能完全去除，铰孔的质量达不到要求，同时铰刀的磨损比较严重，降低了铰刀的使用寿命；铰削余量太大，则增加了每一刀齿的切削负荷，切削热增加，使铰刀直径扩大，孔径也随之扩大，使尺寸精度降低，表面粗糙度值增大，也会降低铰刀的使用寿命。正确选择铰削余量，应考虑孔径的大小、铰孔的精度、表面粗糙度值的要求、材料的软硬、铰刀的类型及工艺过程等多种因素。一般粗铰的余量为0.15～0.35mm，精铰的余量为0.1～0.2mm。

2）机铰的切削速度和进给量。铰孔时切削速度和进给量要选择适当，过大或过小都将直接影响铰孔的质量和铰刀的使用寿命。使用普通标准高速钢机用铰刀铰孔，其切削速度和进给量可根据工件材料来选择，见表3-3。

表3-3　机铰不同材料时切削速度和进给量的选用

工件材料	切削速度 v_c/(m/min)	进给量 f/(mm/r)
钢	4～8	0.4～0.8
铸铁	6～10	0.5～1
铜或铝	8～12	1～1.2

（2）选择铰刀　根据加工对象合理选择铰刀。

（3）选择切削液　铰削时的切屑一般都很细碎，容易黏附在切削刃上，甚至夹在孔壁与铰刀校准部分的棱边之间，将已加工表面刮毛，甚至使孔径扩大。在切削过程中，热量积累过多也容易引起工件和铰刀的变形或孔径扩大，影响加工精度，降低铰刀的使用寿命。因此，铰削时必须采用适当的切削液，以减少摩擦、冲掉切屑和及时散发热量。铰孔时切削液的选择可参考表3-4。

（4）铰孔的操作

1）工件要夹正，夹紧力要适当，防止工件因夹紧力过大而变形或夹紧力过小而夹持不牢固。

表 3-4　铰孔时切削液的选用

加工材料	切削液
钢	1. 10% ~20% 乳化液 2. 铰孔要求高时，采用 30% 菜油加 70% 肥皂水 3. 铰孔的要求更高时，可用茶油、柴油、猪油等
铸铁	1. 不用 2. 煤油，但会引起孔径缩小，最大缩小量达 0.02 ~0.04mm 3. 低浓度的乳化液
铝	煤油
铜	乳化液

2）手铰时，两手用力要均衡，铰刀不得摇摆，按顺时针方向扳动铰杠进行铰削，避免在孔口处出现喇叭口或使孔径扩大。同时要变换每次的停歇位置，以消除铰刀常在同一处停歇而造成的振痕。

3）机铰时，应在工件一次装夹中完成钻孔、扩孔、铰孔加工，以保证孔的加工位置。铰孔完成后，应先让铰刀退出后再停车，防止将孔壁拉出痕迹。

4）铰孔时，不论进刀还是退刀都不能反转，以防止刃口磨钝及切屑卡在刀齿后面与孔壁间，将孔壁划伤。

5）铰削钢件时，要注意经常清除粘在刀齿上的切屑。

6）铰削过程中如果铰刀被卡住，不能用力扳转铰刀，以防铰刀损坏，应取出铰刀，待清除切屑，加注切削液后再进行铰削。

7）铰削尺寸较小的圆锥孔时，可先以小端直径按圆柱孔精铰余量钻出底孔，然后用锥铰刀铰削。对尺寸和深度较大的圆锥孔，为减小切削余量，铰孔前可先钻出阶梯孔，然后再用锥铰刀铰削，铰削过程中要经常用相配的锥销来检查铰孔尺寸，如图 3-19 所示。

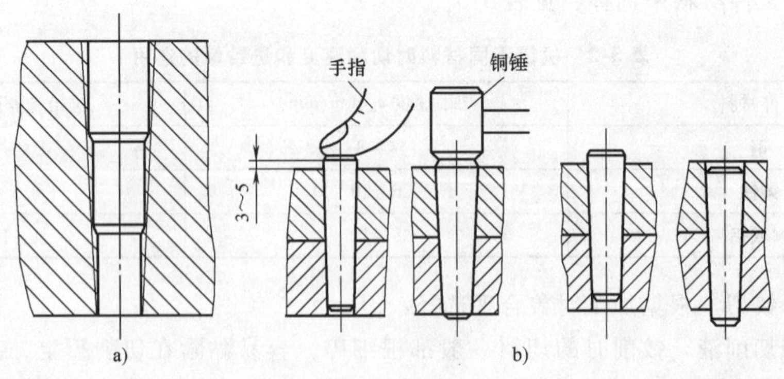

图 3-19　铰削锥孔

a）钻阶梯孔　b）用锥销检查铰孔尺寸

五、螺纹加工

（1）螺纹的形成　如图 3-20 所示，将一底边长为 πd 的直角三角形绕在一直径为 d 的圆柱体上，并使其底边与圆柱体底面的周边重合，则直角三角形的斜边在圆柱体上就形成了一条螺旋线。螺纹指在圆柱或圆锥表面上，沿着螺旋线所形成的具有规定牙型的连续凸起和沟槽，通常用于紧固连接或用来传递动力。

（2）螺纹的种类　螺纹的种类很多，可按不同的方法进行分类。

1）按螺纹所处的位置分。按螺纹所处的位置分为外螺纹和内螺纹。沿着圆柱体外表面上的螺旋线形成的螺纹称为外螺纹（如螺栓、螺钉）；沿着圆孔内表面上的螺旋线形成的螺纹称为内螺纹（如螺母）。内、外螺纹通常配合使用。

2）按螺旋线的数目分。按螺旋线的数目可分为单线螺纹和多线螺纹。沿一条螺旋线形成的螺纹称为单线螺纹；沿两条或两条以上的螺旋线形成的螺纹称为多线螺纹。

3）按螺纹的旋向分。按螺纹的旋向分为左旋螺纹和右旋螺纹。顺时针方向旋入的螺纹称为右旋螺纹；逆时针方向旋入的螺纹称为左旋螺纹。相互旋合的内、外螺纹，旋向必须相同。图 3-21a 所示为单线右旋螺纹，图 3-21b 所示为双线左旋螺纹。

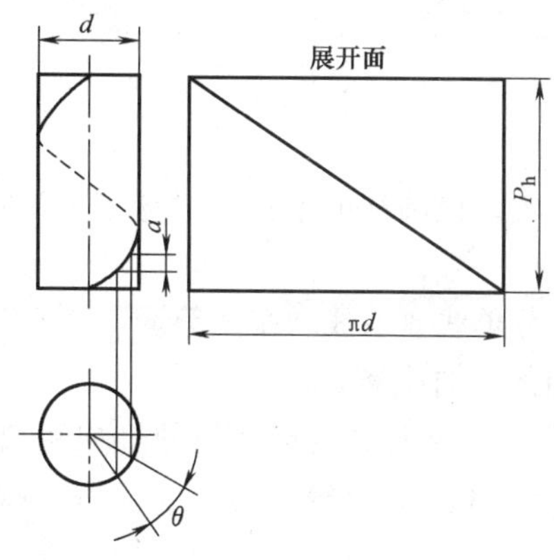

图 3-20　螺纹的形成

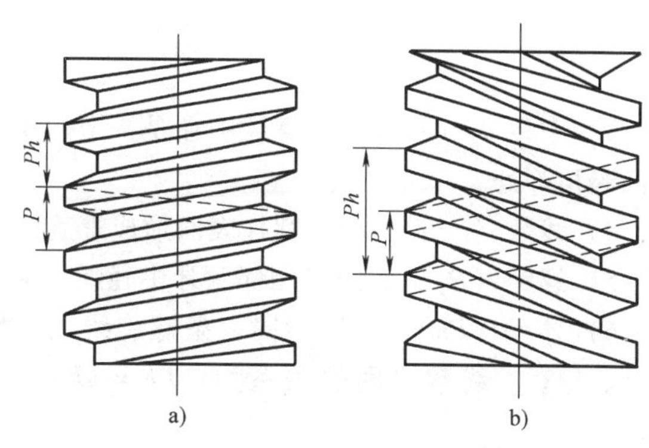

图 3-21　螺纹的旋向和线数

a）单线右旋螺纹　b）双线左旋螺纹

4）按螺纹的牙型分。按螺纹的牙型分为普通螺纹、管螺纹、矩形螺纹、梯形螺纹和锯齿形螺纹，如图 3-22 所示。普通螺纹又分为粗牙螺纹和细牙螺纹。钳工加工的螺纹一般为普通螺纹和管螺纹。

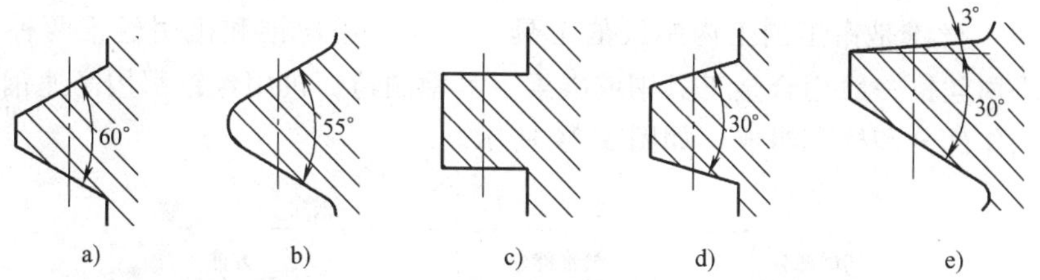

图 3-22　螺纹的牙型

a）普通螺纹　b）管螺纹　c）矩形螺纹　d）梯形螺纹　e）锯齿形螺纹

（3）螺纹的主要参数（图 3-23）

1）大径 d（或 D）：螺纹大径指与外螺纹牙顶或内螺纹牙底重合的假想圆柱的直径，一般规定其为螺纹的公称直径。

2）小径 d_1（或 D_1）：螺纹小径指与外螺纹牙底或内螺纹牙顶重合的假想圆柱的直径。

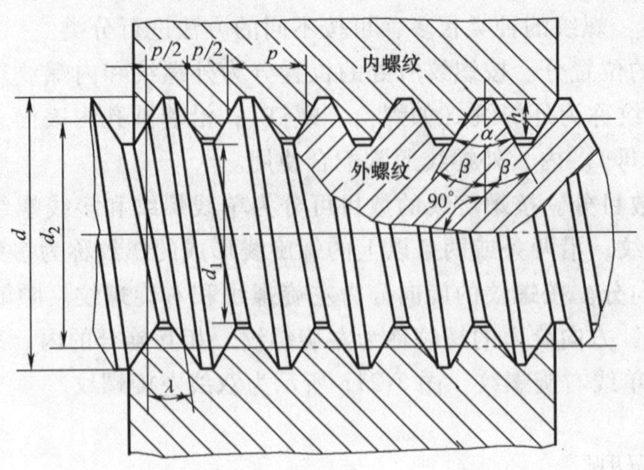

图 3-23　螺纹的主要参数

3）中径 d_2（或 D_2）：螺纹中径是一个假想圆柱的直径，该圆柱的素线通过牙型上沟槽与凸起相等处。

4）线数（n）：指同一圆柱表面形成螺旋线的条数，分单线、双线和多线等。

5）螺距（P）：螺距指相邻两牙中径线上对应点之间的轴向距离。

6）导程（Ph）：导程指同一条螺旋线上，相邻两牙中径线上对应点之间的轴向距离。螺距、导程、线数之间的关系为：$Ph = nP$；单线螺纹 $n = 1$，螺距等于导程，如图 3-21 所示。

螺纹的加工方法较多，用丝锥在工件孔中切削出内螺纹的加工方法称为攻螺纹；用板牙在较小圆柱外表面上切出外螺纹的加工方法称为套螺纹。单件小批量生产中采用手动攻螺纹和套螺纹，大批量生产中则多采用机动（在车床或钻床上）攻螺纹和套螺纹。

知识点二　攻螺纹

1. 工具的认识和使用

（1）丝锥　丝锥是钳工加工内螺纹的工具，分为手用丝锥和机用丝锥两种，有粗牙和细牙之分。手用丝锥一般用合金工具钢或碳素工具钢制造，机用丝锥都用高速钢制造。

丝锥由工作部分和柄部组成，如图 3-24 所示。

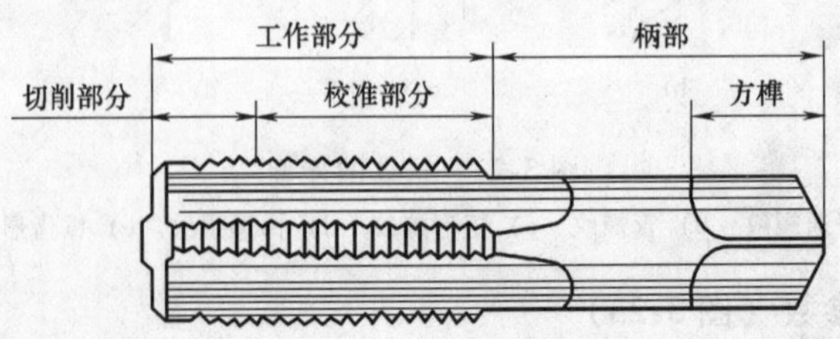

图 3-24　丝锥的组成

丝锥的柄部有方榫，是攻螺纹时被夹持的部分，用来传递转矩。丝锥的工作部分包括切削部分和校准部分。切削部分承担主要的切削工作，沿轴向开有几条容屑槽，能容纳切屑并

形成切削刃和前角，其前角 $\gamma_o=8°\sim10°$，后角 $\alpha_o=6°\sim8°$。在切削部分前端磨出锥角，保证丝锥正确切入。丝锥的校准部分有完整的齿形，用来修光和校准已切出的螺纹，并引导丝锥沿轴向进给，校准部分有较小的倒锥，用以减小与螺孔的摩擦。

攻螺纹时，为了减小切削力和延长丝锥的使用寿命，一般将整个切削量分配给几支丝锥来完成。一般 M6 ~ M24 的丝锥每套有两支；M6 以下及 M24 以上的丝锥每套有三支；细牙螺纹丝锥每套有两支。成组丝锥切削量的分配形式有两种，即锥形分配和柱形分配，如图 3-25 所示。大于或等于 M12 的手用丝锥采用柱形分配，小于 M12 的手用丝锥采用锥形分配。一般 M12 或 M12 以上的通孔攻螺纹时，最后一定要用丝锥攻过才能得到正确的螺纹直径。

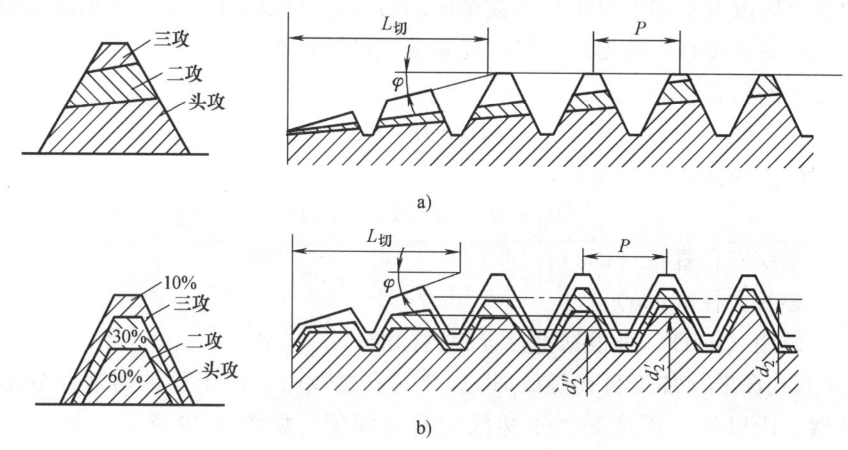

图 3-25 成组丝锥的切削分配

a）锥形分配 b）柱形分配

（2）铰杠 铰杠是手工攻螺纹时用来夹持丝锥柄部方榫，带动丝锥旋转切削的工具。铰杠分为普通铰杠和丁字形铰杠两类，每类铰杠又有固定式和可调式两种，图 3-26 所示为普通铰杠，图 3-27 所示为丁字铰杠。

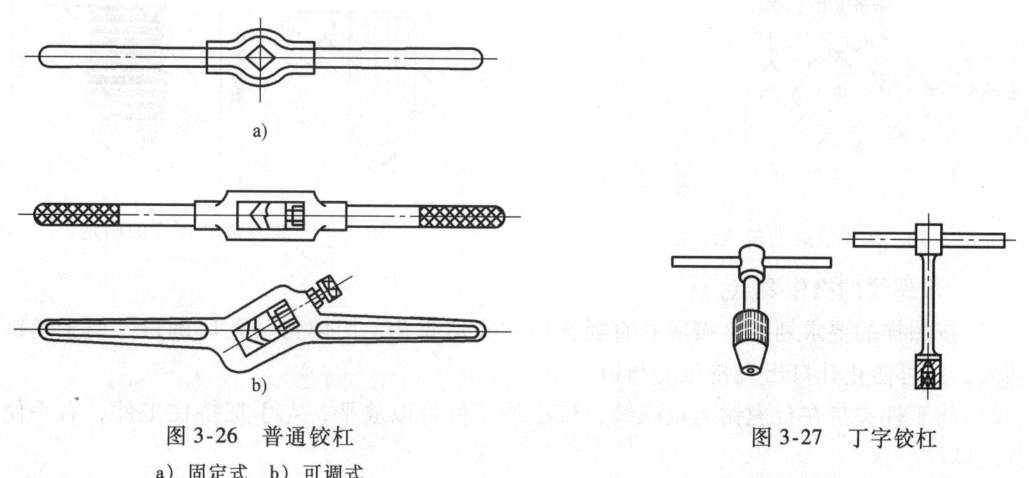

图 3-26 普通铰杠

a）固定式 b）可调式

图 3-27 丁字铰杠

固定式铰杠常用来攻 M5 以下的螺纹，可调式铰杠可以调节夹持孔尺寸，丁字铰杠主要用于攻工件凸台旁的螺纹或机体内部的螺纹。

2. 能力掌握

（1）攻螺纹前确定底孔直径与孔深

1）确定底孔直径。用丝锥攻螺纹时，每个切削刃一方面在切削金属，一方面也在挤压金属，因而会产生金属凸起并向牙尖流动的现象。若攻螺纹前钻孔直径与螺纹小径相同，螺纹牙型顶端与丝锥刀齿根部没有足够的空隙，因此被丝锥挤出的金属会卡住丝锥甚至将丝锥折断。因此，底孔直径应比螺纹小径略大，这样挤出的金属流向牙尖正好形成完整螺纹，又不易卡住丝锥，如图 3-28 所示。但若底孔直径钻得过大，又会使材料不足，致使螺纹的牙型高度不够，降低其强度。因此，通常根据工件材料的塑性和钻孔时的扩张量来确定底孔的直径，使攻螺纹时既有足够的空隙容纳被挤出的材料，又能保证加工出来的螺纹具有完整的牙型。底孔直径通常可查表确定，也可按经验公式进行计算。

钢及塑性大的材料

$$D_0 = D - P$$

铸铁及塑性小的材料

$$D_0 = D - (1.05 \sim 1.1)P$$

式中 D_0——螺纹底孔直径（mm）；

D——螺纹大径（mm）；

P——螺距（mm），可根据直径查相关标准。

2）确定底孔深度（加工盲孔螺纹时）。攻盲孔螺纹时，由于丝锥切削部分不能攻出完整的螺纹牙型，所以钻孔深度要大于螺纹的有效深度，如图 3-29 所示。钻孔深度的计算式为。

$$H = h + 0.7D$$

式中 H——底孔深度（mm）；

h——螺纹有效深度（mm）；

D——螺纹大径（mm）。

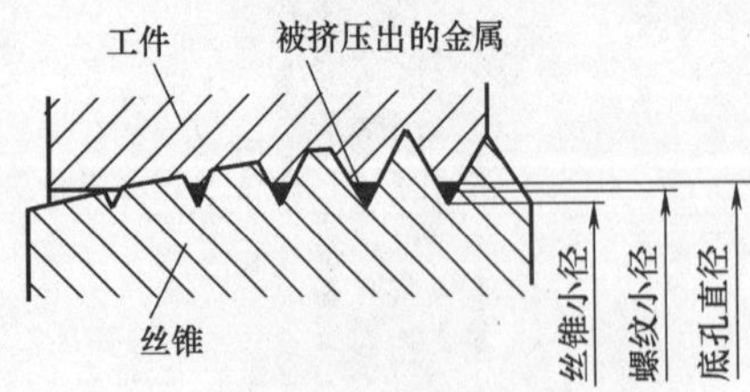

图 3-28 攻螺纹时的挤压现象

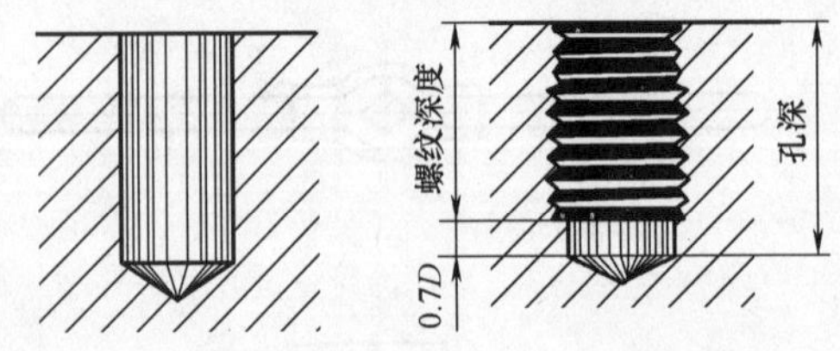

图 3-29 螺纹底孔深度的确定

（2）攻螺纹的操作要点

1）按图样的要求划线，按底孔直径选用钻头钻底孔，用锪钻钻孔口倒角，便于丝锥顺利切入，并可防止孔口出现挤压的凸边。

2）将工件夹持在台虎钳上攻螺纹，较小的工件可以放平，左手把持住工件，右手使用铰杠攻螺纹。

3）按丝锥柄部的方头尺寸选用铰杠。

4）用头锥起攻。起攻时，可用一手的手掌按住铰杠中部，沿丝锥轴线用力加压，另一手配合做顺时针方向旋进；或两手握住铰杠两端均匀施加压力，并使丝锥顺时针方向旋进，如图 3-30 所示。操作中应保证丝锥中心线与孔中心线重合，没有歪斜。

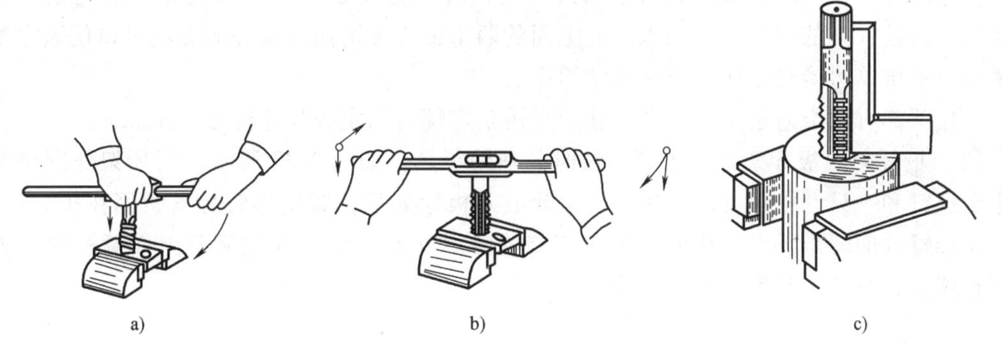

图 3-30　起攻方法
a）起攻　b）两手用力均匀　c）检查垂直度

5）在丝锥攻入 1 ~ 2 圈后，应该及时从前后、左右两个方向检查丝锥与工件表面的垂直度，并不断校正至达到要求。

6）当丝锥的切削部分完全进入工件时，就不需要再施加压力，而靠丝锥做自然旋进切削，手上用力要均匀，并要经常倒转 1/4 ~ 1/2 圈，进行断屑和排屑。

7）攻螺纹时，必须以头锥、二锥、三锥顺序攻削，以合理分担切削量。

8）攻盲孔螺纹时，可在丝锥上做好深度标记，并注意经常退出丝锥，以清除留在孔内的切屑。

9）攻螺纹时应加切削液润滑，以减小切削阻力，降低加工螺纹孔的表面粗糙度值，同时可延长丝锥的使用寿命。

知识点三　套螺纹

1. 工具的认识和使用

(1) 板牙　板牙是加工外螺纹的工具，有封闭式和开槽式两种，用合金工具钢或高速钢制成并经淬火处理。板牙由切削部分、校准部分和排屑孔组成，如图 3-31 所示。

板牙外形像一个圆螺母，在它的螺纹上面钻有几个圆孔，作为排屑孔并形成切削刃。板

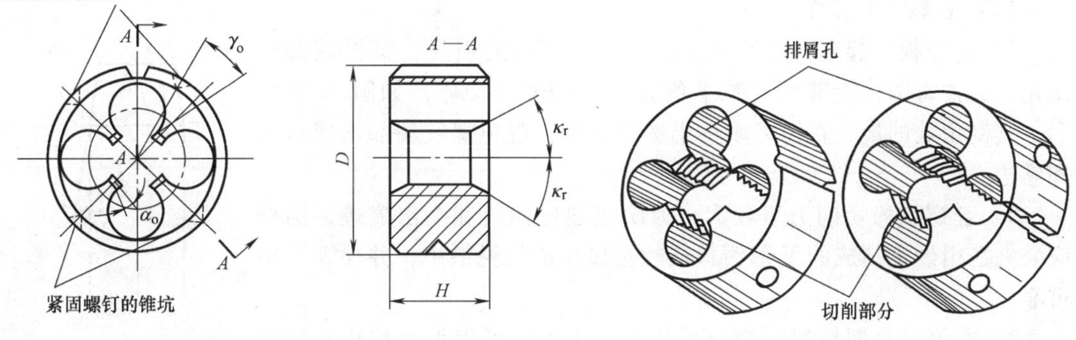

图 3-31　板牙

牙两端面都有切削部分，待一端磨损后，可换另一端使用。

板牙的中间一段是校准部分，也是套螺纹时的导向部分。其外圆上有一条V形槽，起调节板牙尺寸的作用。当板牙因磨损而尺寸变大时，将板牙沿V形槽用锯片砂轮切割出一条通槽，用铰杠上的两个螺钉顶入板牙上面的两个偏心锥坑内，偏心的锥坑可以使紧定螺钉挤紧时与锥坑单边接触，使圆板牙尺寸缩小。

板牙下部有两个通过中心的螺钉孔，可用紧定螺钉固定板牙并传递转矩。

（2）板牙架　板牙架是手工套螺纹时的辅助工具，如图3-32所示。板牙架外圆旋有四只紧定螺钉和一只调松螺钉，使用时，板牙放入板牙架后，紧定螺钉将其紧固在板牙架中，并传递套螺纹的转矩。当使用的圆板牙带有调整用V形槽时，通过调节上面两只紧定螺钉和调整螺钉，可使板牙尺寸在一定范围内变动。

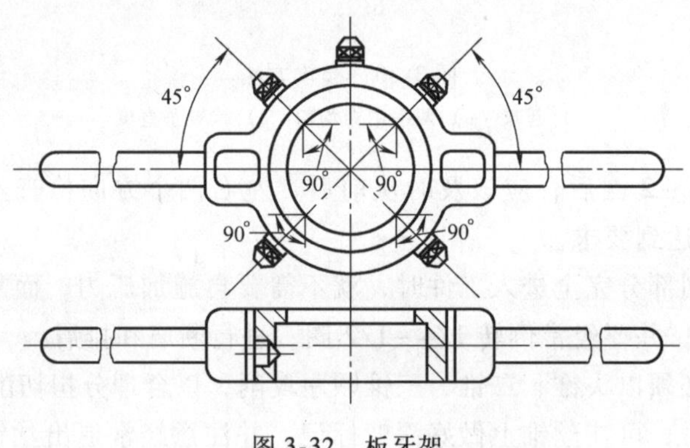

图3-32　板牙架

2. 能力掌握

（1）确定圆杆直径　和用丝锥攻螺纹一样，用板牙在工件上套螺纹时，金属材料同样因受到挤压而产生变形，牙顶将被挤得高一些，因此套螺纹前圆杆直径应稍小于螺纹大径的尺寸。圆杆直径可以根据螺纹直径和材料的性质来确定，一般硬质材料直径可大些，软质材料直径可稍小些，可查表确定，也可用如下经验公式进行计算

$$d_0 = d - 0.13P$$

式中　d_0——套螺纹前圆杆直径（mm）；

d——螺纹大径（mm）；

P——螺距（mm）。

（2）套螺纹的操作

1）为使板牙起套时容易切入工件并做正确的引导，圆杆端部要倒角。通常将圆杆端部倒成锥半角为15°~20°的锥体，如图3-33所示。其倒角处的最小直径可略小于螺纹小径，避免螺纹端部出现锐边和卷边。

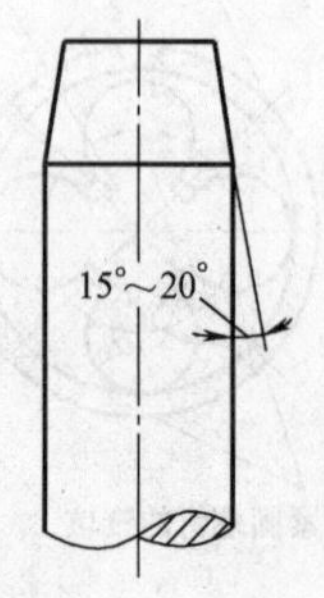

图3-33　圆杆的倒角

2）套螺纹的切削力矩较大，为防止圆杆偏斜和夹出痕迹，圆杆应装夹在用硬木制成的V形钳口或软金属制成的衬垫中，并保证夹持可靠。

3）在开始套螺纹时，为使板牙切入工件，可用手掌按住板牙中心，在转动板牙时施加一定的轴向压力，待板牙切入工件后不再施

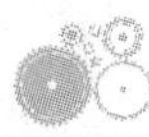

压，靠板牙螺纹自然旋进套螺纹，同时保持板牙端面与圆杆轴线垂直，否则套出的螺纹两面会有深有浅，甚至出现乱牙现象，如图 3-34 所示。

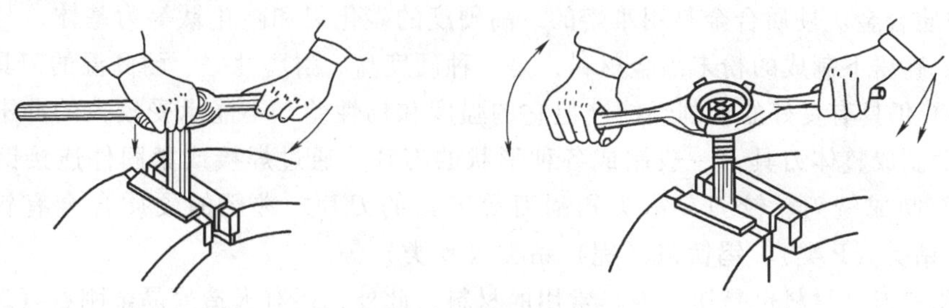

图 3-34　套螺纹的操作

4）为了避免切屑过长，在套螺纹过程中，板牙要时常倒转一下进行断屑，并合理选用切削液，以延长板牙的使用寿命，降低螺纹的表面粗糙度值。

知识拓展　金属切削刀具

在金属切削过程中，刀具是直接完成切削工作的，它对切削效率、加工质量和生产成本有很大的影响。刀具能否完成切削加工，取决于刀具的材料、刀具的几何形状和刀具的结构。

1. 刀具材料

（1）刀具材料应具备的性能

刀具材料指刀具切削部分的材料。刀具材料的性能决定着加工表面的质量、切削的效率以及刀具的使用寿命。刀具材料应具备以下性能。

1）高硬度。刀具材料的硬度必须高于工件材料的硬度，以便刀具切入工件。常温下刀具材料的硬度在 HRC60 以上。

2）高耐磨性。高耐磨性指刀具材料在切削时，尤其是在高温切削时抵抗磨损的能力。它是刀具材料硬度、强度和金相组织等因素的综合反映。一般来说，硬度较好的材料，耐磨性也较好。

3）足够的强度和韧性。刀具材料应具有足够的强度和韧性，能承受切削力和内应力的作用，承受住冲击和振动，防止因脆性而断裂或崩刃。

4）高耐热性。高耐热性指刀具材料在高温下保持较高的硬度、强度、韧性和耐磨性的性能。它是衡量刀具材料切削性能的重要指标。

5）良好的工艺性。为了便于刀具的制造，刀具材料应具备良好的可加工性和热处理性等。

（2）常用刀具材料的种类和用途

1）碳素工具钢。碳素工具钢淬火后硬度较高，刃磨性好，但耐热性差，常用于低速加工且尺寸小的手动刀具，如丝锥、板牙、锯条和锉刀等。

2）合金工具钢。合金工具钢比碳素工具钢有更好的韧性、耐磨性和耐热性，热处理变形小，淬透性好，常用于手动或刃形较复杂的低速刀具，如丝锥、板牙和拉刀等。

3）高速钢。高速钢是含有钨、铬、钒、钼等合金元素较多的合金钢，又称白钢。高速钢的特点是制造简单、刃磨方便、刃口锋利、韧性好并能承受较大的冲击力，在 550 ~

600℃时仍可保持常温下的切削性能，常用于制造车刀、铣刀、钻头、铰刀以及其他形状复杂的成形刀。常用的钨系高速钢牌号是 W18Cr4V，钼系高速钢牌号是 W6Mo5Cr4V2。

4）硬质合金。硬质合金是用难熔的、高硬度的碳化钨和碳化钛等为基体，与黏结金属钴在高温、高压下制成的粉末冶金材料，是一种硬度高、耐磨性好、耐高温的刀具材料，在 800～1000℃仍具有良好的切削性能。但它的强度和韧性差，不能承受较大的冲击力，工艺性差，很少制成整体刀具，一般制成各种形状的刀片，通过焊接或紧固件连接镶嵌在刀体上，常用于制成铣刀、铰刀、钻头和刮刀等刀具的刀片。常用的硬质合金有钨钴类（K 类)、钨钛钴类（P 类)、钨钛钽（铌）钴类（M 类）等。

以上几种刀具材料也是钳工刀具常用的材料，此外，还有人造聚晶金刚石（PCD）和立方氮化硼（CBN）等硬度更高的刀具材料。

2. 刀具的结构

刀具的种类很多，结构各异，但就切削部分而言，它们都可以看成是由外圆车刀演变而成的。现以外圆车刀为例，说明刀具的结构。车刀一般由刀头和刀柄两部分组成，刀头为切削部分，刀柄为夹持部分。车刀的切削部分由前刀面、主后刀面、副后刀面、主切削刃、副切削刃和刀尖组成，如图 3-35 所示。

（1）刀具切削部分的组成

1）前刀面（A_γ）：是刀具上切屑滑过的表面。

2）主后刀面（A_α）：是刀具上与切削表面（过渡表面）相对的表面。

3）副后刀面（$A_{\alpha'}$）：是刀具上与已加工表面相对的表面。

4）主切削刃（S）：是前刀面与主后刀面相交构成的切削刃，担任主要的切削工作。

5）副切削刃（S'）：是前刀面与副后刀面相交构成的切削刃，配合主切削刃完成少量的切削工作，也可对已加工表面起修光作用。

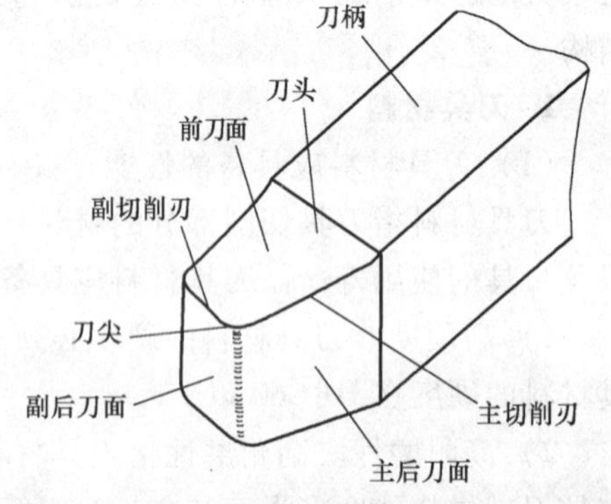

图 3-35　车刀的组成

6）刀尖：是主切削刃与副切削刃的连接处相当少的一部分切削刃。它往往磨成一段很小的直线或圆弧，以提高刀尖的强度。

（2）辅助平面　为了定义刀具角度，在切削状态下，选定切削刃上某一点而假定的几个平面称为辅助平面，如图 3-36 所示。

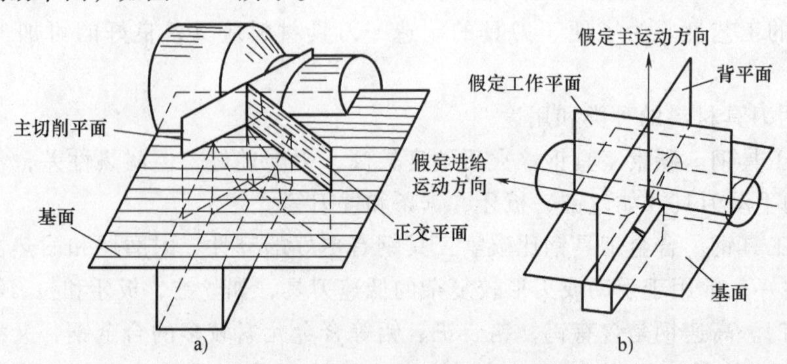

图 3-36　刀具的辅助平面

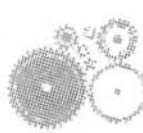

1）基面（p_γ）：指通过主切削刃选定点并垂直于假定主运动方向的平面。

2）主切削平面（p_s）：指通过主切削刃选定点与主切削刃相切并垂直于基面的平面。

3）正交平面（p_o）：指通过主切削刃选定点并同时垂直于基面和主切削平面的平面。

以上三个平面相互垂直，构成空间直角坐标系。

4）假定工作平面（p_t）：指通过切削刃选定点与基面垂直，且与假定进给运动方向平行的平面。

5）背平面（p_n）：指通过切削刃选定点并同时垂直于基面和假定工作平面的平面。

以上两个平面加上基面也可组成空间直角坐标系。

6）副切削平面（p_s'）：指通过副切削刃选定点与副切削刃相切并垂直于基面的平面。

（3）刀具的几何角度　刀具的几何角度是确定刀具几何形状与切削性能的重要参数，主要有前角、后角、主偏角和刃倾角，它们是主切削刃上四个最基本的角度，如图 3-37 所示。

1）在正交平面内测量的角度。

① 前角（γ_o）：前刀面与基面间的夹角。前角的大小决定切削刃的强度和锋利程度。前角大，刃口锋利，易切削；但前角过大，强度低，散热差，易崩刃。一般取 $\gamma_o = -5° \sim 25°$。

② 后角（α_o）：主后刀面与主切削平面间的夹角。后角的大小决定刀具后刀面与工件之间的摩擦及散热程度。后角过大，散热差，刀具寿命短；后角过小，摩擦严重，刃口变钝，温度高，刀具寿命也短。一般取 $\alpha_o = 5° \sim 12°$。

③ 楔角（β_o）：前刀面与主后刀面间的夹角。一般取 $\beta_o = 90° - (\gamma_o + \alpha_o)$。

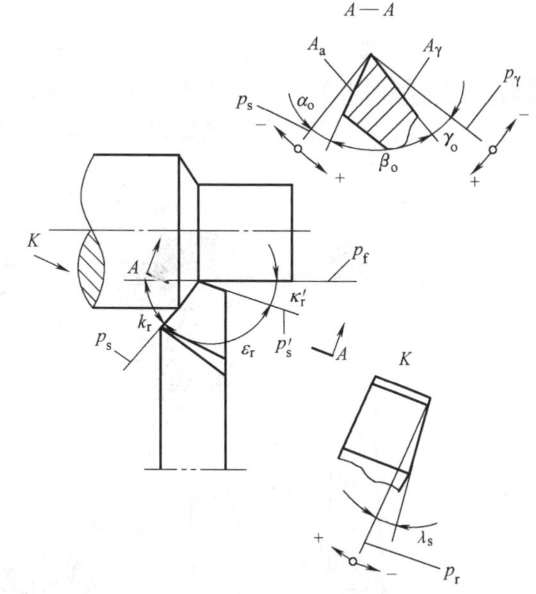

图 3-37　刀具的几何角度

2）在基面内测量的角度。

① 主偏角（κ_r）：主切削平面与假定工作平面间的夹角。主偏角的大小决定背向力与进给力的分配比例和散热程度。主偏角大，背向力小，散热差；主偏角小，进给力小，散热好。

② 副偏角（κ_r'）：副切削平面与假定工作平面间的夹角。副偏角的大小决定副切削刃与已加工表面之间的摩擦程度。较小的副偏角对已加工表面有修光作用。

③ 刀尖角（ε_r）：主切削平面与副切削平面间的夹角，$\varepsilon_r = 180° - (\kappa_r + \kappa_r')$。

3）在主切削平面内测量的角度。

刃倾角（λ_s）：主切削刃与基面间的夹角。刃倾角主要影响排屑方向和刀尖强度。

3. 常用刀具的种类和用途

（1）车刀　车刀是金属切削中应用最为广泛的一种刀具，用于在各种车床上加工外圆、内孔、端面、螺纹、阶台和成形面等。车刀按用途可分为外圆车刀、端面车刀、车断刀、成形车刀和螺纹车刀等，如图 3-38 所示。

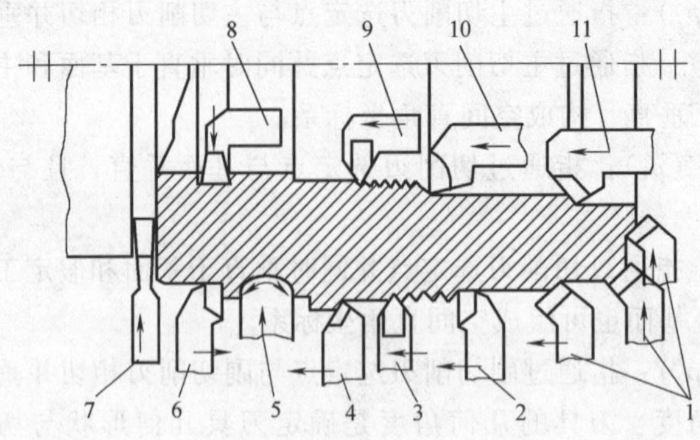

图 3-38　车刀的类型与用途

1—45°弯头车刀　2—90°外圆车刀　3—外螺纹车刀　4—75°外圆车刀　5—成形车刀　6—左偏外圆车刀　7—车断刀　8—内孔车刀　9—内螺纹车刀　10—盲孔镗刀　11—通孔镗刀

（2）铣刀　铣刀的种类很多，从结构实质上可看成是分布在圆柱体、圆锥体或特形回转体的外圆或端面上的切削刃或镶嵌上刀齿的多刃刀具，如图 3-39 所示。常用的铣刀有圆柱形铣刀、面铣刀、三面刃圆盘铣刀、立铣刀、键槽铣刀、T 形槽铣刀、角度铣刀和成形铣刀等。

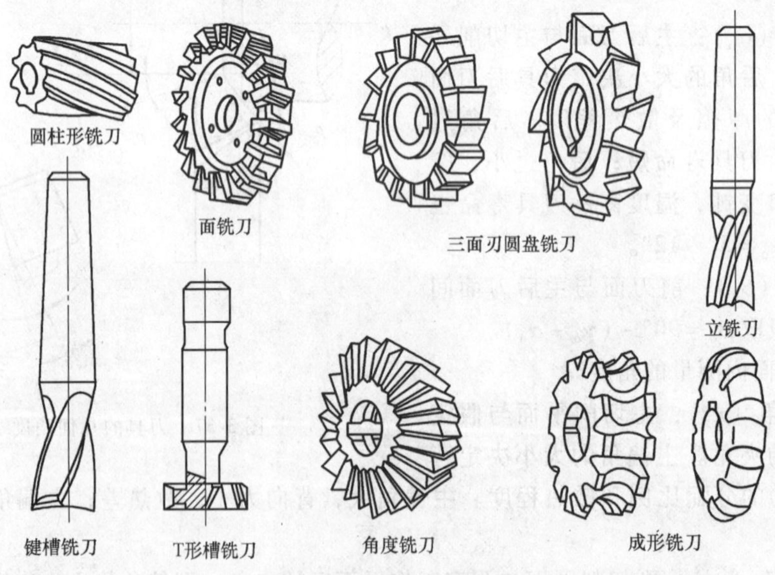

图 3-39　铣刀的种类

（3）孔加工刀具　在金属切削过程中，孔加工的比重是很大的，需要使用各种孔加工刀具。孔加工刀具按其用途分为两大类：一类是从实心材料上加工出孔的刀具，如麻花钻、中心钻和深孔钻等；另一类是对已有孔进行扩大的刀具，如扩孔钻、锪钻、铰刀和镗刀等。

4. 刀具的磨损及其影响因素

一把磨好的刀具，经过一段时间切削后，便会发现已加工表面质量将显著下降，切削温度升高，切屑的颜色和形状也和初始切削时不同，随着切削力的增大，刀具甚至出现振动或

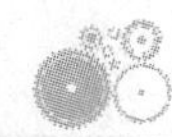

发出不正常的声响；同时，在过渡表面上出现亮带等现象。这些现象说明刀具已严重磨损，切削刃由锋利逐渐变钝，必须重磨或更换新刀。

（1）刀具磨损的形式　在切削过程中，刀具的前刀面和后刀面经常与切屑、工件接触，在接触区会发生剧烈的摩擦，同时伴随着很高的温度和压力。因此，刀具的前刀面和后刀面都会产生磨损，如图3-40所示。

1）前刀面磨损。前刀面磨损指在离主切削刃一小段距离处形成月牙洼，又称为月牙洼磨损，如图3-40a所示。其中心处温度最高，凹陷也最深。随着磨损的增加，月牙洼逐渐加深加宽，但主要是加深，加宽很轻微，并且向主切削刃方向扩展比向后扩展缓慢。当棱边过窄时，会引起崩刃。其磨损程度一般以月牙洼深度 *KT* 表示。这种磨损形式比较少见，一般是由于以较大切削速度和切削厚度加工塑性金属所形成的带状切屑滑过前刀面所致。

2）后刀面磨损。切削铸铁等脆性金属或以较低的切削速度和较小的切削厚度切削塑性金属时，摩擦主要发生在工件过渡表面与刀具后刀面之间，刀具磨损也就主要发生在后刀面，如图3-40b所示。后刀面磨损量是不均匀的，在刀尖部分，由于强度和散热条件差，磨损较严重；在切削刃靠近待加工表面部分，由于加工硬化或毛坯表层缺陷，磨损也较严重；在切削刃中部磨损比较均匀。后刀面磨损形成后角为零的棱面，通常用棱面的平均高度 *VB* 表示后刀面磨损程度。

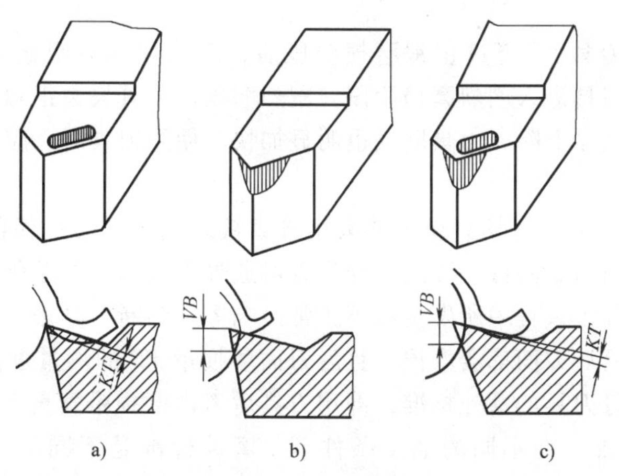

图3-40　刀具的磨损形式

a）前刀面磨损　b）后刀面磨损　c）前、后刀面磨损

3）前、后刀面磨损。在粗加工或半精加工塑性金属时，以及加工带有硬皮的铸铁件时，常发生前刀面和后刀面都磨损的情况，如图3-40c所示。这种磨损形式比较常见，由于后刀面磨损的棱面高度便于测量，故前、后刀面磨损也用 *VB* 表示其磨损程度。

以上磨损是由于正常原因所引起的，称为正常磨损。在实际生产中，由于冲击、振动、热效应和过大的切削力等异常原因导致刀具的崩刃、卷刃或刀片碎裂等形式的损坏，称为非正常磨损。非正常磨损是随机的，故应及时解决。

（2）刀具磨损的原因　刀具磨损与一般机械零件的磨损不同，有两点比较特殊：其一是刀具前刀面所接触的切屑和后刀面所接触的工件都是新生表面，不存在氧化层或其他污染；其二是刀具的摩擦是在高温、高压作用下进行的。对于一定的刀具材料和工件材料，切削温度对刀具的磨损具有决定性的影响，温度越高，刀具磨损越快。

(3) 刀具磨损的过程　若用刀具后刀面磨损带宽度 *VB* 值表示刀具的磨损程度，则 *VB* 值与切削时间 *t* 的关系如图 3-41 所示，磨损过程一般可分为三个阶段。

1) 初期磨损（*AB* 段）。这一阶段磨损较快，这是因为刀具表面和切削刃上的微小峰谷（刃磨时的磨痕形成的）、刀具刃磨时产生的微小裂纹、氧化或脱碳层等缺陷很快被磨平，其曲线斜率较大。初期磨损量与刀具刃磨质量有关，通常为 0.05～0.10mm。刀具经研磨后可延缓初期磨损过程。

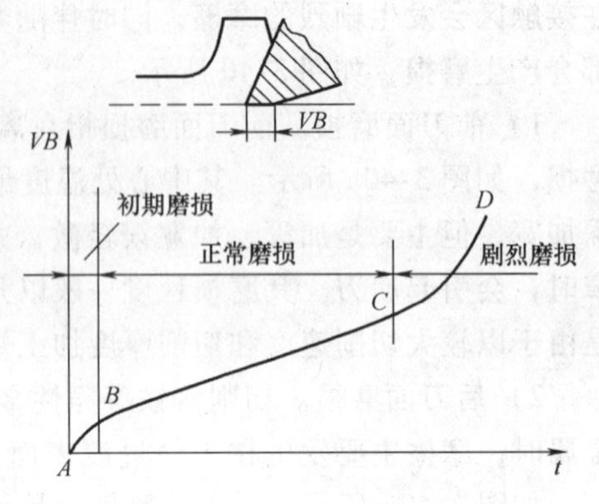

图 3-41　刀具的磨损过程

2) 正常磨损（*BC* 段）。经过初期磨损，刀具后刀面磨出一狭窄的棱面，增大了切削力的作用面积，磨损速度减缓，磨损进入正常阶段。在正常磨损阶段，刀具磨损量随时间延续而均匀增加。这个阶段是刀具工作的有效时间，在使用刀具时，不应超过这一阶段的范围。正常磨损阶段的曲线基本上是一条向上倾斜的直线，其斜率表示磨损速度，它是衡量刀具性能的重要指标之一。

3) 剧烈磨损（*CD* 段）。经过正常磨损阶段后，刀具切削刃明显变钝，致使切削力增大，切削温度升高，刀具进入剧烈磨损阶段。剧烈磨损使刀具失去正常的切削能力，继续使用将使工件表面质量明显下降，刀具磨损也明显加快。使用刀具时，应避免使刀具的磨损进入这一阶段。

(4) 刀具磨钝的标准　刀具磨损量的大小将直接影响切削力和切削温度的增加，并使工件的加工精度和表面质量降低。因此，操作者可通过观察切屑的颜色和形状的变化、工件表面质量的变化以及加工过程中所发生的不正常声响等来判断刀具是否已磨钝。

一般情况下，刀具后刀面都会磨损，且后刀面磨损量 *VB* 的测量也比较方便，因此常根据后刀面磨损量来制订刀具的磨钝标准，即用刀具后刀面磨损带宽度 *VB* 的最大允许磨损尺寸作为刀具的磨钝标准。在不同的加工条件下，磨钝标准是不同的。例如，粗车中碳钢 $VB=0.6\sim0.8$mm，粗车合金钢 $VB=0.4\sim0.5$mm，精加工 $VB=0.1\sim0.3$mm 等。

(5) 刀具寿命　刀具由刃磨后开始切削一直到磨损量达到磨钝标准为止的总切削时间（即刀具两次刃磨之间实际进行切削的总时间），称为刀具寿命，用符号 *T* 表示，单位是 min。刀具寿命要合理确定，对于比较容易制造和刃磨的刀具，寿命应短一些；反之，则应长一些。例如，硬质合金焊接车刀 $T=60\sim90$min；高速钢钻头 $T=80\sim120$ min；硬质合金面铣刀 $T=120\sim180$ min；高速钢齿轮刀具 $T=200\sim300$min 等。

影响刀具寿命的因素很多，如工件材料的强度和硬度高、导热性差，将会降低刀具寿命。刀具材料切削性能好、合理选择刀具几何角度、降低刀具表面粗糙度值等，都可提高刀具寿命。此外，切削用量对刀具寿命也有影响，其中切削速度是关键因素。这是因为增大切削速度，切削温度就会上升，而且工件与刀具前刀面、后刀面的划擦次数和粘结现象都会增加，从而加剧了刀具的磨损，使刀具寿命降低。

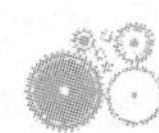

任务评价

见表3-5。

表3-5　六角螺母加工的检测与评价

<table>
<tr><th>序号</th><th colspan="2">检测内容</th><th>配分</th><th>评分标准</th><th>教师评分</th></tr>
<tr><td rowspan="4">1</td><td rowspan="4">A面及相应面</td><td>尺寸(18±0.1)mm</td><td>2</td><td rowspan="4">超差不得分</td><td></td></tr>
<tr><td>平面度0.04mm</td><td>1</td><td></td></tr>
<tr><td>平行度0.04mm</td><td>1</td><td></td></tr>
<tr><td>Ra3.2μm</td><td>1</td><td></td></tr>
<tr><td>2</td><td colspan="2">划线准确性</td><td>12</td><td>一处不准确扣3分；两处不准确扣6分；三处不准确不得分</td><td></td></tr>
<tr><td rowspan="6">3</td><td rowspan="6">侧面</td><td>(25±0.04)mm(3处)</td><td>2×3</td><td rowspan="6">超差不得分</td><td></td></tr>
<tr><td>平面度0.04mm(6处)</td><td>1×6</td><td></td></tr>
<tr><td>垂直度0.04mm(6处)</td><td>1×6</td><td></td></tr>
<tr><td>平行度0.04mm(3组)</td><td>1×3</td><td></td></tr>
<tr><td>120°角(6处)</td><td>2×6</td><td></td></tr>
<tr><td>Ra6.3μm(6处)</td><td>1×6</td><td></td></tr>
<tr><td>4</td><td colspan="2">端面圆角</td><td>2</td><td>形状不正确不得分</td><td></td></tr>
<tr><td rowspan="5">5</td><td rowspan="5">M16螺纹</td><td>底圆直径</td><td>8</td><td>超差不得分</td><td></td></tr>
<tr><td>垂直</td><td>10</td><td>不垂直不得分</td><td></td></tr>
<tr><td>光滑</td><td>6</td><td>不光滑不得分</td><td></td></tr>
<tr><td>崩裂</td><td>10</td><td>有崩裂不得分</td><td></td></tr>
<tr><td>倒角</td><td>4</td><td>未倒角不得分</td><td></td></tr>
<tr><td>6</td><td colspan="2">去毛刺</td><td>4</td><td>有毛刺不得分</td><td></td></tr>
<tr><td>7</td><td colspan="2">文明生产</td><td></td><td>违纪一项扣20分，违纪两项不得分</td><td></td></tr>
<tr><td>合计</td><td colspan="2"></td><td>100</td><td></td><td></td></tr>
</table>

复习与思考

1. 孔的加工方法有哪些？
2. 说明麻花钻的结构组成及作用。
3. 刃磨麻花钻时应注意哪些问题？
4. 简述麻花钻的刃磨方法。
5. 什么是钻削的切削速度、进给量和背吃刀量？选用原则有哪些？
6. 钻削时为什么要用切削液？
7. 扩孔加工有什么特点？
8. 什么是锪孔加工？常用的刀具有哪些？

9. 锪孔加工应注意哪些问题？
10. 简述铰刀的结构组成及各部分的作用。
11. 简述正确的钻孔、扩孔和铰孔的操作方法。
12. 螺纹的加工方法有哪些？
13. 攻螺纹时用什么样的刀具？如何使用？
14. 简述攻螺纹的操作要点。
15. 简述套螺纹的操作过程。

任务四

外卡钳的加工

能力目标

1. 掌握矫正、弯形工具的使用方法。
2. 能正确使用矫正、弯形工具完成一般的矫正和弯形操作。
3. 掌握正确的铆接方法。
4. 了解粘接的基本方法。
5. 通过本任务的学习和训练，完成外卡钳的加工。

任务内容

按图 4-1 所示的要求制作外卡钳。毛坯尺寸为 205mm × 22mm × 2mm，材料为 45 钢，两

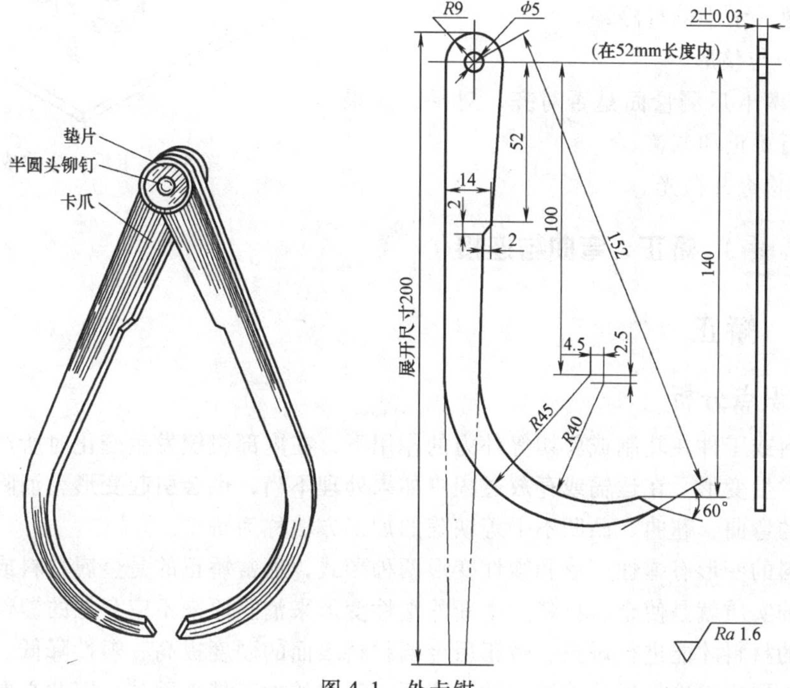

图 4-1　外卡钳

块。要求卡钳两脚对齐、平整，活动松紧均匀，尖端淬火，硬度为45～50HRC。

任务实施

1. 操作要求

1）在毛坯件上按图样要求划线。

2）按所划的线进行锉削加工、孔加工。

3）按图4-1的要求进行弯曲、矫正及铆接的加工，使之符合使用要求。

2. 工具、量具及刃具

包括：划线平台、台钻、台虎钳；游标高度卡尺、钢直尺、游标卡尺；划针、划规、样冲、钳工锤、350mm粗齿扁锉、200mm细齿扁锉、$\phi 5$mm钻头、弯形工具、铁砧、砂布、粗糙度样块。

3. 实施步骤

（1）矫正毛坯　检查板料，用钳工锤矫正平整。

（2）划线　按图4-1所示的展开尺寸对两卡爪上$\phi 5$mm孔的圆心位置划线，打样冲眼。

（3）加工卡爪

1）将两卡爪合并起来用粗齿扁锉进行粗锉成形，用细齿扁锉进行精锉使其达到外形尺寸。

2）按划线钻$\phi 5$mm的孔，倒角去毛刺，并用砂布抛光。

3）在弯形工具上弯曲成卡爪形状，如图4-2所示，注意使两卡爪弯曲一致。

（4）铆接　将两个卡爪用铆钉、垫片进行铆接，并使两卡爪活动自如，松紧合适。

（5）淬火　将两卡爪加热，待出现樱红色时取出，快速放入水中进行冷却。

（6）检查与整形

1）检查两卡爪测量面是否对齐、对平，如果不平齐要进行矫正和调整。

2）全面检查并抛光。

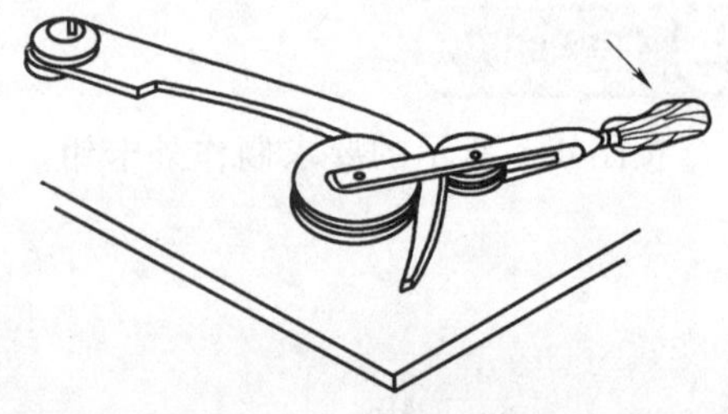

图4-2　卡爪的弯曲成形

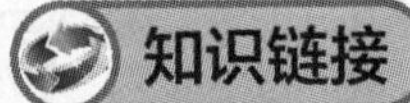

知识链接　矫正、弯曲与连接

知识点一　矫正

一、知识点分析

金属材料或工件在轧制或剪切等外力的作用下，在内部组织发生变化时所产生的残余应力作用下会发生变形，在运输或存放过程中如果处理不当，也会引起变形。消除金属材料或工件不应有的弯曲、翘曲、凸凹不平等缺陷的加工方法称为矫正。

金属材料的变形有弹性变形和塑性变形两种形式，通常矫正的是金属材料或工件的塑性变形。矫正的实质就是使金属材料产生新的塑性变形来消除原来不应存在的塑性变形。所以只有塑性好的材料才能进行矫正。矫正后金属材料表面的硬度提高、塑性降低、变脆，这种现象称为冷作硬化。冷作硬化给继续矫正或下道工序的加工带来困难，因此必要时需进行热

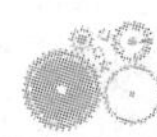

处理以恢复材料原有的力学性能。

矫正的分类方法如下。

（1）按矫正温度分类

1）冷矫正：在常温下进行的矫正。冷矫正时会产生冷作硬化现象，适用于矫正塑性较好的材料。

2）热矫正：将被矫正件加热到 700～1000℃时进行矫正，适用于材料变形大、塑性差或缺少足够动力设备的情况。

（2）按矫正力分类

1）手工矫正：将材料或工件放在平板、铁砧或台虎钳上，采用锤击、弯曲、延展或伸张等方法进行的矫正。

2）机械矫正：在专业矫正机或压力机上进行的矫正。专业矫正机适用于成批大量生产的场合，压力机适用于缺少专用矫正机以及变形较大的情况。

3）火焰矫正：在材料变形处用火焰局部加热的方法进行的矫正。火焰矫正方便灵活，应用广泛。

4）高频热点矫正：与火焰矫正的原理相似，是利用交变磁场在金属内部产生的内热源进行局部加热，从而实现矫正的方法。

二、工具的认识和使用

1. 支撑用工具

进行矫正时，需要表面平整的支撑基座，平板、铁砧、台虎钳和 V 形块等均可以作为矫正板材、型材或工件的基座。

2. 矫形用工具

（1）锤子　矫正一般材料，通常使用钳工锤；矫正已加工过的表面、薄钢件或非铁金属制件，可使用铜锤、木锤、橡胶锤等软锤。图 4-3 所示为用木锤矫正板料。

（2）抽条和拍板

1）抽条是采用条状薄板料弯成的简易工具，用于抽打较大面积的板料。图 4-4 所示为用抽条矫正板料。

2）拍板是用质地较硬的檀木制成的矫形用专用工具，用于敲打板料。图 4-5 所示为用拍板矫正薄板料。

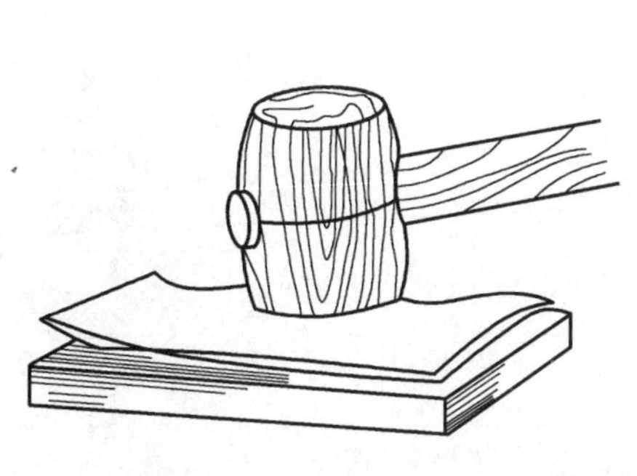

图 4-3　用木锤矫正板料

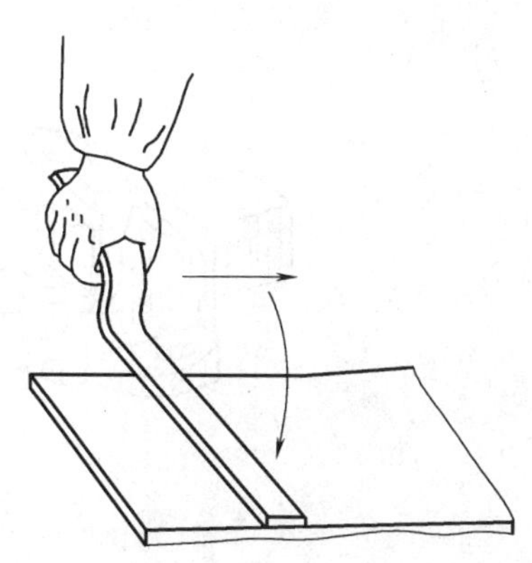

图 4-4　用抽条矫正板料

（3）螺旋压力工具　螺旋压力工具适用于矫正较大的轴类零件或棒料，如图 4-6 所示。

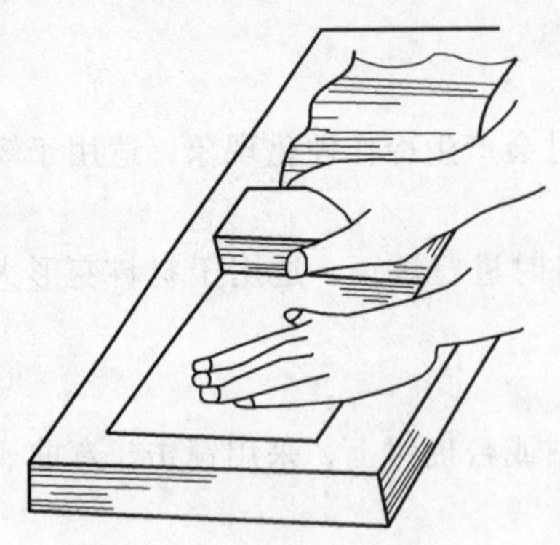

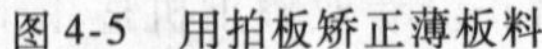

图 4-5　用拍板矫正薄板料

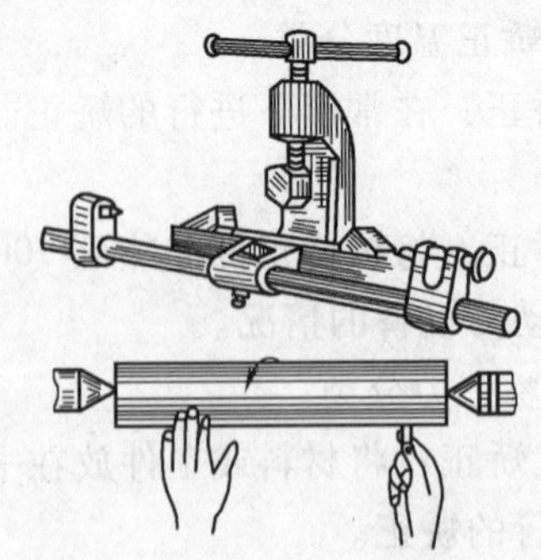

图 4-6　用螺旋压力工具矫正工件

3. 检验用工具、量具

检验用的工具、量具主要有平板、90°角尺、钢直尺和百分表。

三、能力掌握

1. 弯曲法矫正

弯曲法矫正用来矫正各种弯曲的轴类工件或条状型材的弯曲变形。矫正前，先查明弯曲程度和部位。矫正时，将凸起向上放置于平台上，用锤子连续锤打凸起部位，使凸起部位材料受压缩短，凹入部位受拉伸长，以此消除弯曲变形，如图 4-7a 所示；也可用台虎钳在靠近弯曲处进行夹持，用活扳手把弯曲部分扳直，如图 4-7b 所示；或借助台虎钳将变形工件或条料初步压直，如图 4-7c 所示，再放在平板上用锤子矫正。直径较大的轴类工件或厚度

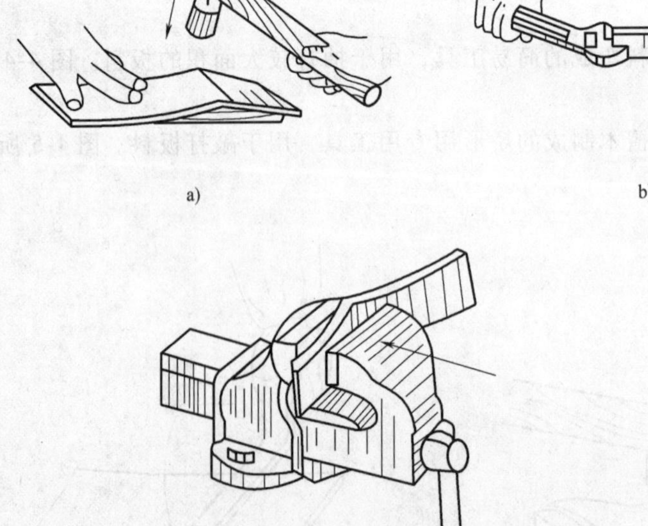

a)　b)　c)

图 4-7　弯曲法矫正

较大的条料，可先找出弯曲部位，用压力机在因弯曲造成的凸出部位加压进行矫正，如图 4-6 所示。

2. 扭转法矫正

扭转法矫正通常用于矫正条料的扭曲变形，如图 4-8 所示，通常是将变形的条料夹持在台虎钳上，用扳手把条料扭转回到原来的形状。

3. 延展法矫正

延展法矫正是用锤子敲击材料，使它延展伸长，达到矫正的目的，又称为锤击矫正法，通常用于金属板料及角钢的凸起、翘曲等变形的矫正。

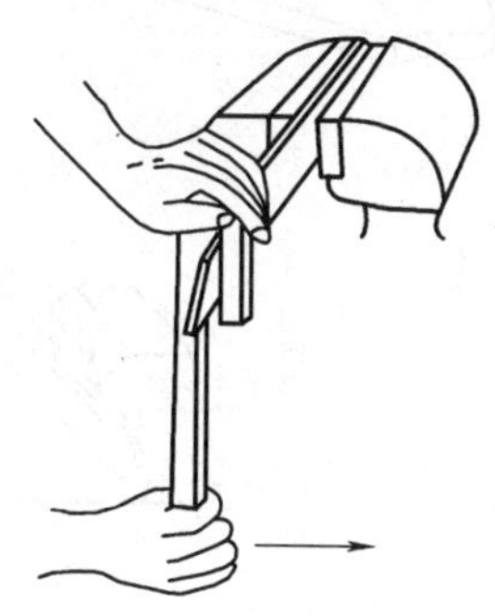

图 4-8　扭转法矫正

通常板料中间的凸起是由于受力后材料变薄引起的。一般是锤击板料的边缘，使边缘材料延展变薄，使其厚度与凸起部位的厚度趋近，从而使板材厚度趋于一致而平整。锤击时，应由外到里、由重到轻、由密到稀，如图 4-9 所示，不能直接锤打凸起的部位，以免使变形更加严重。如果有相邻几处凸起，应先在凸起的交界处轻轻锤击，使几处凸起合并成一处，然后再锤击四周进行矫正。

板料边缘发生波纹形变形而中间平整时，则表明板料四边变薄而伸长了，矫正时应从中间向四周反复锤打，锤击时应由密到稀、由重到轻，直至使板料达到平整，如图 4-10 所示。

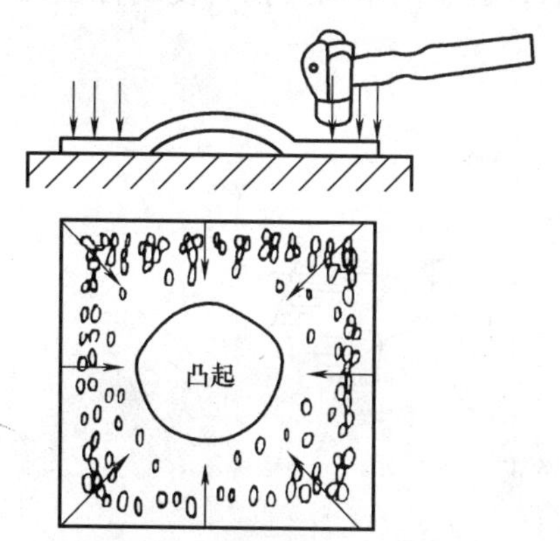

图 4-9　中间凸起板料的矫正

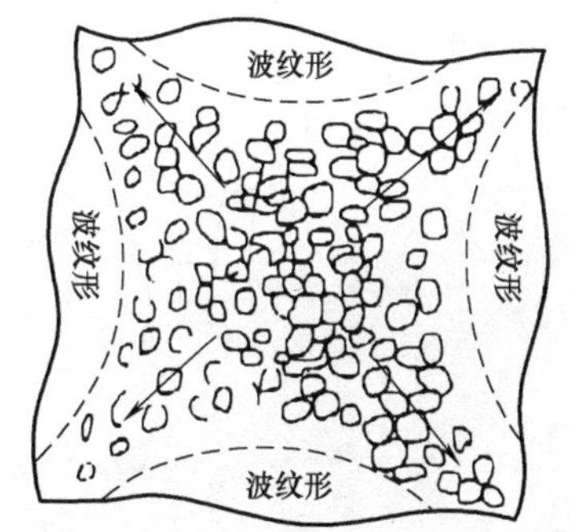

图 4-10　边缘发生波纹形变形板料的矫正

板料发生对角翘曲变形时，应沿未发生对角翘曲的对角线锤击，使其延展而被矫平，如图 4-11 所示。

板料是薄而软的材料时，如铜箔、铝箔等，可用平整的木块在平板上推压材料的表面，使其平整，也可用木锤或橡皮锤锤打使其平整。

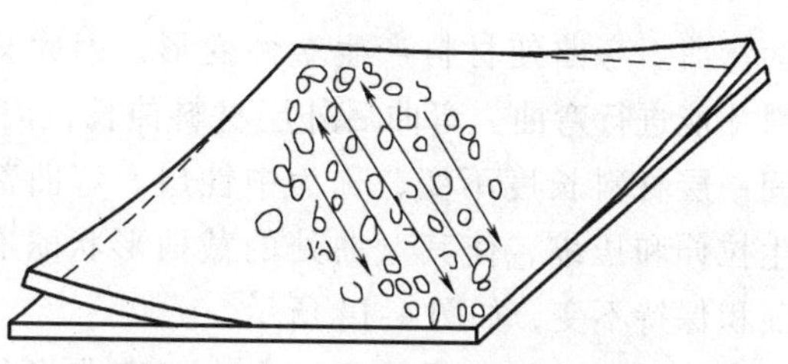

图 4-11　对角翘曲变形板料的矫正

角钢发生变形时，有内弯、外弯、扭曲和角变形等多种形式，矫正方法如图4-12 所示。

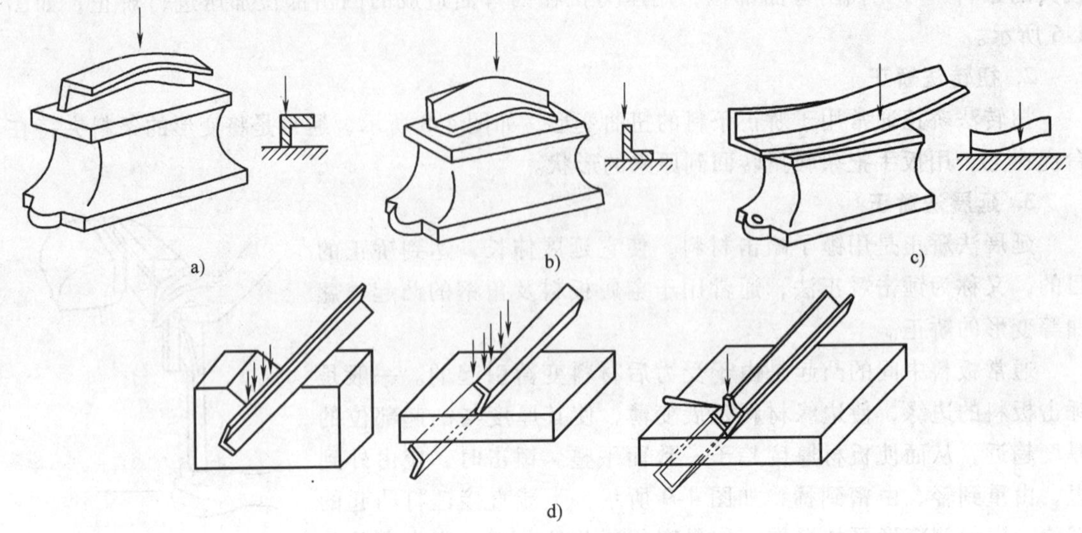

图 4-12 角钢变形的矫正
a）内弯 b）外弯 c）扭曲 d）角变形

4. 伸张法矫正

伸张法矫正是用来矫正各种细长线材卷曲变形的基本方法。如图 4-13 所示，将线材一头固定，然后从固定处开始，将弯曲线材绕圆木一周，握紧圆木向后拉，使线材在拉力的作用下得到伸长矫直。

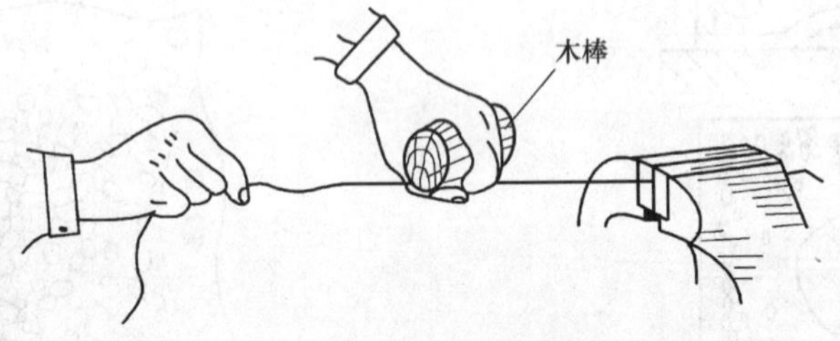

图 4-13 伸张法矫正

知识点二 弯曲

一、知识点分析

将平直的板料、条料或管子等，利用一定的手段使其弯曲成所需要的形状的加工方法，称为弯曲。弯曲使材料产生塑性变形，因此只有塑性好的材料才能进行弯曲。弯曲后外层材料伸长，内层材料缩短，中间一层材料长度不变，称为中性层。弯曲部分材料虽然产生拉伸和压缩，使其弯曲处的截面形状略有变化，但其截面积保持不变，如图 4-14 所示。

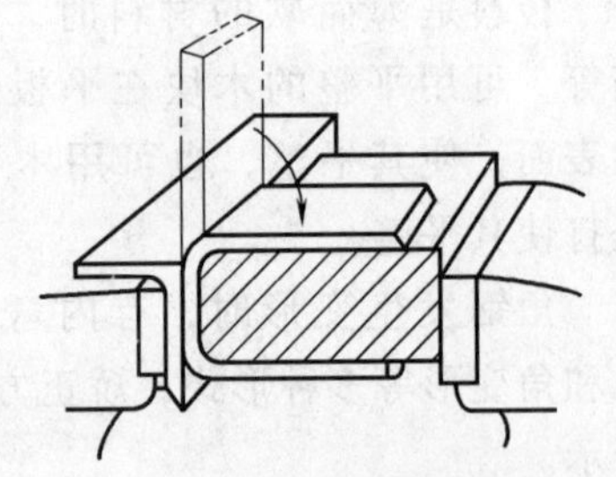
图 4-14 钢板弯曲情况

弯曲时，材料变形的程度取决于弯曲半径的大小，在相同条件下，弯曲半径越小，外层材料变形越大，也就越

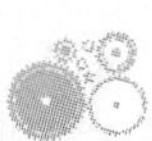

容易出现拉裂或压裂的现象。因此，必须限制材料的弯曲半径，一般由实验确定。通常材料的弯曲半径应大于两倍的材料厚度（该半径称为临界半径），否则，应进行两次或多次弯曲，并在其间进行退火处理。

弯曲的方法有冷弯和热弯两种。在常温下进行的弯曲称为冷弯；当弯曲材料厚度大于5mm或直径较大的棒料和管料工件，需要将工件加热后再进行弯曲，这种方法称为热弯。弯曲变形虽然是塑性变形，但也避免不了弹性变形的存在。因此，弯曲过程中应多弯些，避免材料因弹性变形回弹而达不到尺寸要求。

二、工具的认识

常用的弯曲工具有锤子、木棒、木块、台虎钳、专用夹具和专用弯曲工具等。

三、能力掌握

1. 弯曲前毛坯料长度的计算

工件进行弯曲前，要做好毛坯料长度的计算。毛坯料长度过长，会导致工件弯曲后因尺寸过大而造成材料的浪费；毛坯料长度过短，会使工件弯曲后尺寸不足。实践证明，毛坯料弯曲后只有中性层长度不变。因此，计算弯曲工件的毛坯长度时，可按中性层的长度进行计算。通常材料弯曲后，中性层的实际位置一般不在材料正中，而是偏向内层材料一边。因此，中性层的实际位置与材料的弯曲半径 r 和材料厚度 t 有关。

表4-1为中性层位置系数 x_0 的数值。从表中 r/t 的比值可知，当弯曲半径 $r \geqslant 16t$ 时，中性层在材料中间（即中性层与几何中心层重合）。在一般情况下，为简化计算，当 $r/t \geqslant 8$ 时，可取 $x_0=0.5$ 进行计算。

表4-1 中性层位置系数 x_0

r/t	0.25	0.5	0.8	1	2	3	4	5	6	7	8	10	12	14	≥16
x_0	0.2	0.25	0.3	0.35	0.37	0.4	0.41	0.43	0.44	0.45	0.46	0.47	0.48	0.49	0.5

内边为圆弧时，制件的毛坯料长度等于直线部分长度（未变形部分）和圆弧中性层长度（弯曲部分）之和。弯形角及中性层的位置如图4-15所示。圆弧部分中性层长度，可按下式计算

$$L_0=\pi(r+x_0t)\alpha/180°$$

式中 L_0——圆弧部分中性层长度（mm）；

r——工件的弯曲半径（mm）；

x_0——中性层位置系数；

t——材料厚度（mm）；

α——弯形角（°）。

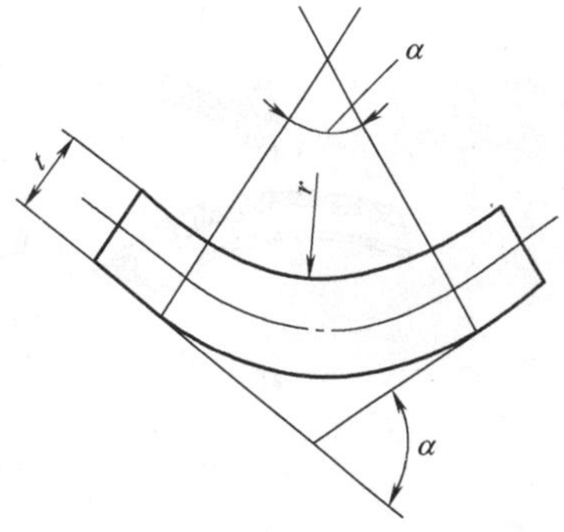

图4-15 弯形角及中性层的位置

内边为直角不带圆弧的毛坯料长度，可按弯曲前后毛坯体积不变的原理计算，一般采用经验公式，取 $r=0$，按 $L_0=0.5t$ 计算，如图4-16所示。

2. 弯曲的方法

（1）板料弯曲 尺寸不大、形状不太复杂的板料进行厚度方向的弯曲时，可在台虎钳上进行。先在需要弯曲的地方划好线，然后夹在台虎钳上，使划线的位置和钳口平齐，在接近划线处进行锤击，如图4-17a、b所示。如果台虎钳钳口比工件短，可用角铁制作的专用

夹具来夹持工件进行弯曲，如图 4-17c 所示。

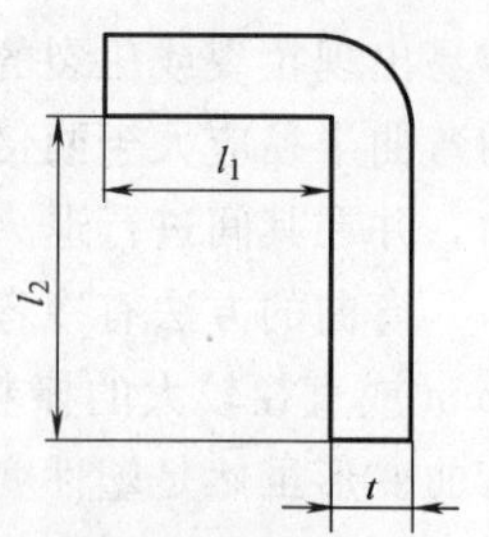

图 4-16 内边为直角的制件

板料进行宽度方向的弯曲时，通常是利用金属材料的延展性能，在弯曲处的外弯部分进行锤击，使材料向一个方向进行延展，从而达到弯曲的目的，如图 4-18a 所示。较窄的板料可在 V 形块或特制弯曲模上用锤击法使工件变形而弯曲，如图4-18b所示，还可在专用的弯曲工具上进行弯曲，如图 4-18c 所示。

（2）管子弯曲　管子直径在 12mm 以下时用冷弯方法；直径大于 12mm 采用热弯方法。管子弯曲的最小弯曲半径必须是管子直径的 4 倍以上。管子直径在 10mm 以上时，为防止管子弯瘪，应在管内灌满干砂并使砂子灌得严实，两端用木塞塞紧，如图 4-19 所示。

带有焊缝的管子弯曲时，焊缝必须放在中性层的位置上，以防止焊缝裂开，如图 4-20 所示。冷弯管子一般在弯管的专用工具上进行，其结构如图 4-21 所示。

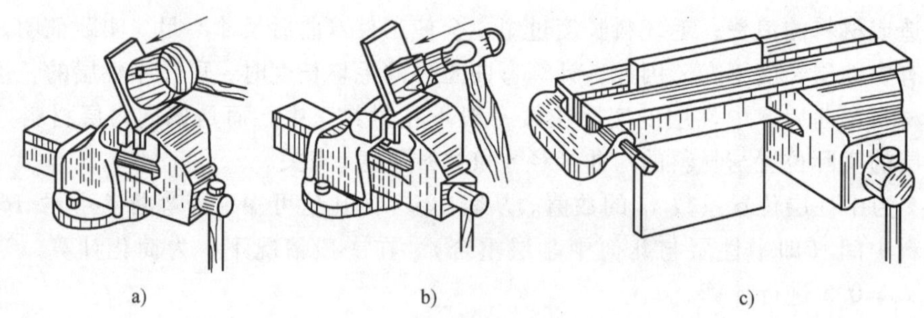

图 4-17 板料进行厚度方向的弯曲

a）用木锤锤击弯曲 b）用铁锤和木垫块锤击弯曲 c）用专用工具夹持弯曲

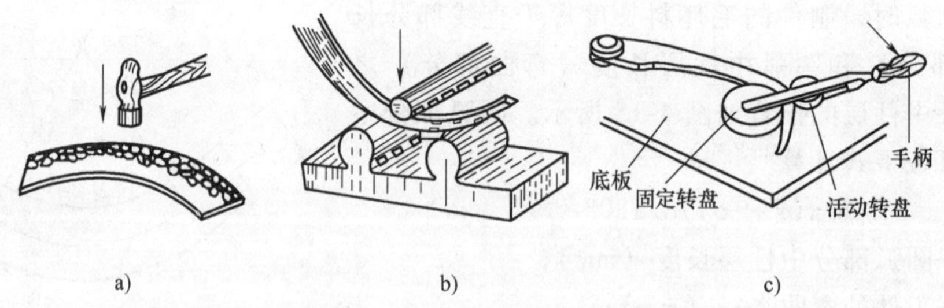

图 4-18 板料进行宽度方向的弯曲

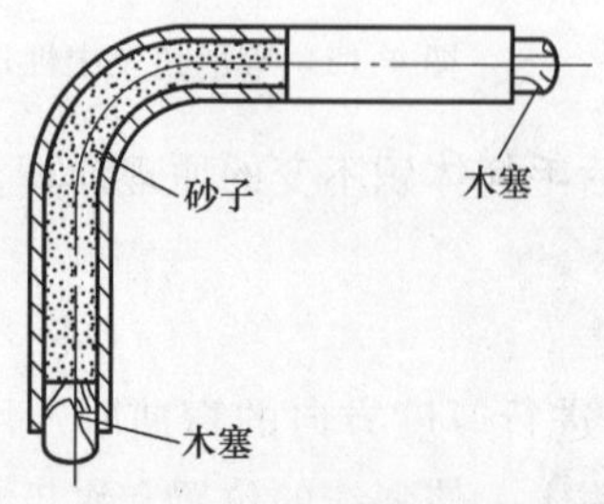

图 4-19 管子弯曲的方法

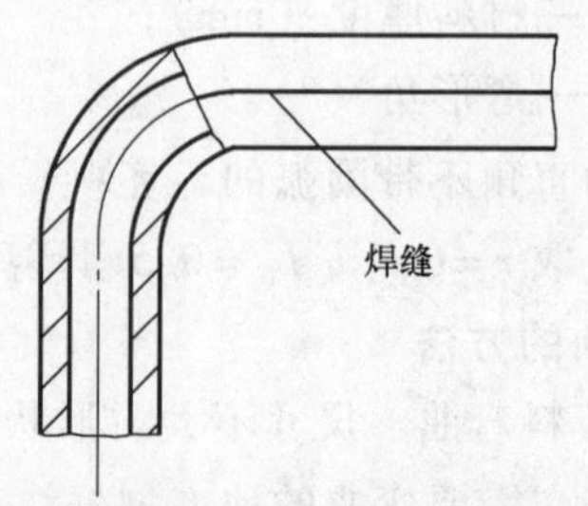

图 4-20 带有焊缝的管子弯曲

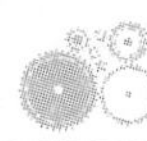

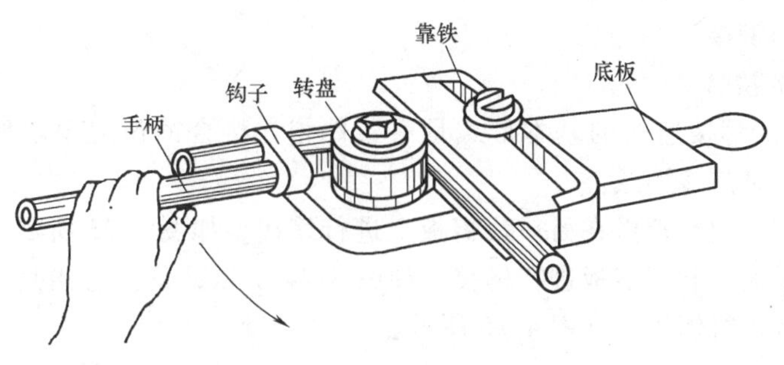

图 4-21　冷弯管子的专用工具

知识点三　连接

一、铆接

1. 知识点分析

铆接指用铆钉连接两个或两个以上的零件或构件的加工方法。铆接的过程是将铆钉插入被铆接工件的孔内，将铆钉头紧贴工件一端的表面，然后用工具将铆钉杆端镦粗成为铆合头紧贴工件另一端的表面，如图 4-22 所示。在很多情况下，铆接已被焊接所代替，但因铆接具有使用方便、操作简单、连接可靠、抗振和耐冲击等特点，所以在桥梁、机车、船舶和工具制造等方面仍有较多的使用。

（1）铆接的种类

1）按使用要求分类。

① 活动铆接：又称为铰链铆接，其结合部分可以相互转动，如剪刀、内/外卡钳、划规等工具的连接。

② 固定铆接：固定铆接的结合部分是固定不动的。按用途和要求不同，固定铆接可分为强固铆接、紧密铆接和强密铆接。

a. 强固铆接：应用于结构需要有足够的强度，能承受强大作用力的地方，如桥梁、车辆和起重机等。

铆钉杆
铆合头
铆钉头

图 4-22　铆接方法

b. 紧密铆接：铆钉小而排列紧密，只能承受很小的均匀压力，铆缝处要求密封。为达到密封效果，铆缝中常夹有橡胶或其他填料，以防止渗漏。它主要应用于低压容器装置，如气筒、水箱和油罐等。

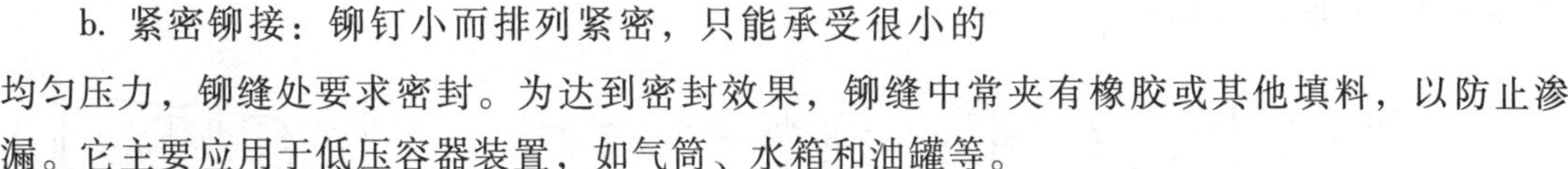

c. 强密铆接：能承受很大的压力，要求接缝非常紧密，即使在较大压力作用下，液体或气体也不会渗漏。

2）按铆接方法分类。

① 冷铆：铆接时，铆钉不需加热，直接镦出铆合头。它应用于直径在 8mm 以下的钢制铆钉连接。采用冷铆的铆钉材料必须具有较高的塑性。

② 热铆：铆接时，把整个铆钉加热到一定温度再进行铆接。铆钉受热后塑性好，容易成形，且冷却后铆钉杆收缩，可加大结合强度。热铆时要把铆钉孔直径放大 0.5 ~ 1.0mm，使铆钉在热态时容易插入。它应用于直径大于 8mm 的钢制铆钉连接。

③ 混合铆：铆接时，只对铆钉的铆合头端进行加热，以避免铆接时铆钉杆的弯曲。它

应用于细长铆钉的铆接。

（2）铆接件的接合

1）铆接形式。铆接连接的基本形式是由零件相互接合的位置要求所决定的，分为搭接、对接和角接三种连接形式。

搭接连接是把一块钢板搭在另一块钢板上进行铆接，如图 4-23 所示；对接连接是将两块钢板置于同一平面，利用盖板进行铆接，如图 4-24 所示；角接连接是将两块钢板互相垂直或组成一定角度进行铆接，如图 4-25 所示。

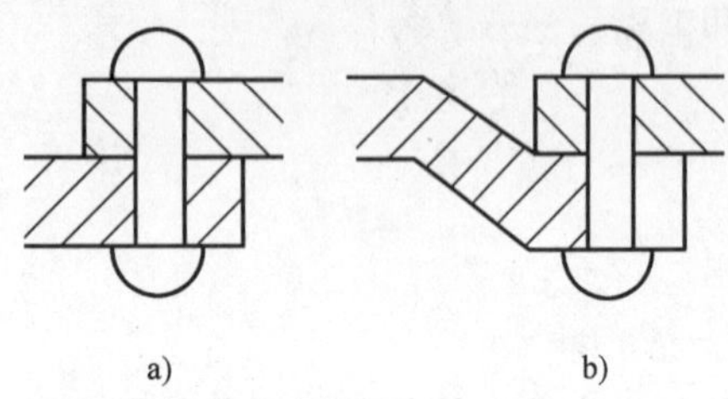

图 4-23　搭接连接

a）两平板错位搭接　b）两平板折边搭接

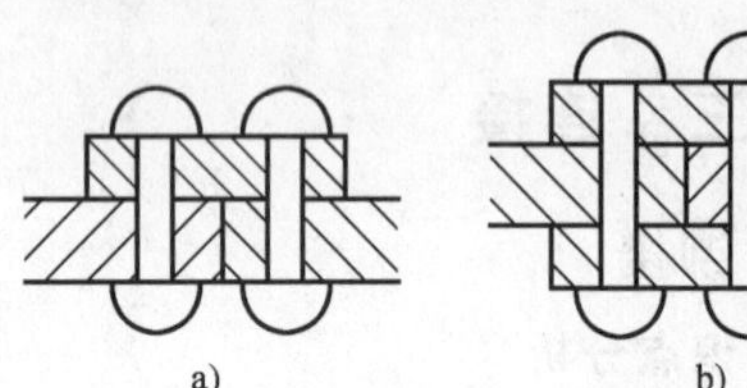

图 4-24　对接连接

a）单盖板对接　b）双盖板对接

2）铆距。铆距指铆钉间或铆钉与铆接板边缘的距离。在铆接连接结构中，有三种隐蔽性的损坏情况：板沿铆钉中心线被拉断、铆钉被剪切断裂、孔壁被铆钉压坏。因此，按结构和工艺的要求，铆钉的排列距离有一定的规定。如铆钉并列排列时，铆钉距 $t \geqslant 3d$（d 为铆钉直径）。铆钉中心到铆接板边缘的距离可按孔的加工方法确定，铆钉孔是钻孔时，孔径约为 $1.5d$；铆钉孔是冲孔时，孔径约为 $2.5d$。

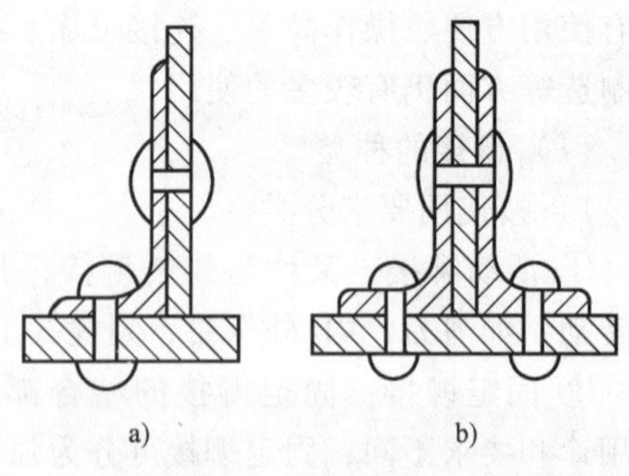

图 4-25　角接连接

a）单角钢角接　b）双角钢角接

3）铆道。铆道指铆钉的排列形式。根据铆接强度和密封的要求，铆钉的排列形式有单排、双排和多排等几种形式，如图 4-26 所示。

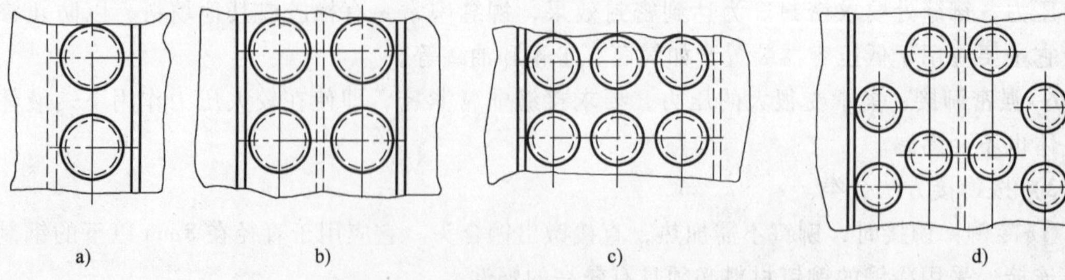

图 4-26　铆道

a）单排　b）双排　c）多排　d）多排交错

4）铆钉。铆钉是按其材料和形状的不同进行分类的。

① 按铆钉的材料分类：分为钢质铆钉、铜质铆钉和铝质铆钉等。通常制造铆钉的材料

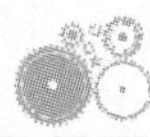

要有好的塑性，选用铆钉的材料应尽量和铆接件的材料相近。

② 按铆钉的形状分类，分为以下种类

平头铆钉：铆接方便，常用于一般无特殊要求的铆接，如铁皮箱盒、防护罩壳及其他结合件中的铆接。

半圆头铆钉：常应用于钢结构的屋架、桥梁、车辆、船舶及起重机等的铆接。

沉头铆钉：常用于框架等制品表面要求平整，不允许有外露的铆接中，如铁皮箱柜的门窗以及一些手用工具等。

半圆沉头铆钉：常用于有防滑要求的地方，如脚踏板和走路梯板等的铆接。

空心铆钉：常用于铆接处有空心要求的地方，如电器部件的铆接。

传动带铆钉：常用于机床制动带等毛毡、橡胶和皮革材料制件的铆接。

铆钉是标准件，其标记一般要标出直径和长度，相关参数可查阅国家标准。图 4-27 所示为几种形状的铆钉。

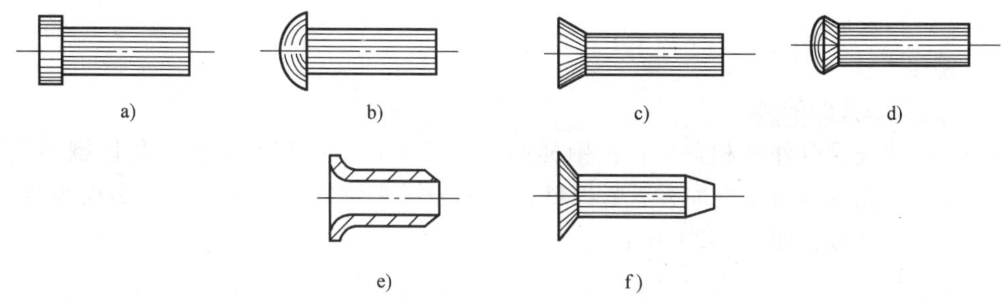

图 4-27　几种形状的铆钉

a）平头铆钉　b）半圆头铆钉　c）沉头铆钉　d）半圆沉头铆钉　e）空心铆钉　f）传动带铆钉

2. 工具的认识和使用

铆接时所需的工具主要有锤子、压紧冲头、罩模和顶模等。

（1）锤子　常用的锤子有圆头锤子和方头锤子，以圆头锤子应用较多。锤子的大小应根据铆钉直径的大小来选用，常用质量为 250～500g。

（2）压紧冲头　当铆钉插入孔内后，用压紧冲头使被铆合的工件互相压紧，如图 4-28a 所示。

（3）罩模　罩模用于铆接时镦出完整的铆合头，如图 4-28b 所示。

（4）顶模　顶模夹在台虎钳内，用于铆接时顶住铆钉头部，这样既有利于铆接又不损伤铆钉头，如图 4-28c 所示。

罩模和顶模都有半圆形的凹球面，经淬火和抛光后按照铆钉的半圆头尺寸制成。

3. 能力掌握

（1）确定铆钉直径、长度及通孔直径

1）确定铆钉直径。铆钉在工作中承受剪切力，其直径是由铆接强度决定的，直径大小与被连接件的厚度、连接形式以及被连接件的材料等因素有关。当被连接件

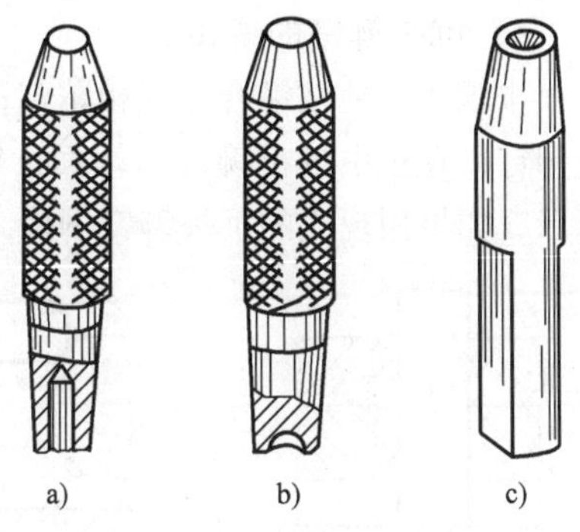

图 4-28　铆接工具

a）压紧冲头　b）罩模　c）顶模

厚度相同时，铆钉直径等于板厚的 1.8 倍；当被连接件厚度不同、采取搭接连接时，铆钉直径等于最小板厚的 1.8 倍。标准铆钉直径可在计算后按表 4-2 做圆整。

表 4-2　铆钉直径及通孔直径　（单位：mm）

铆钉公称直径		2.0	2.5	3.0	3.5	4.0	5.0	6.0	8.0	10.0
通孔直径	精装配	2.1	2.6	3.1	3.6	4.1	5.2	6.2	8.2	10.3
	粗装配	2.2	2.7	3.4	4.0	4.5	5.6	6.6	8.6	11

2）确定铆钉长度。铆接时铆钉杆所需的长度，除了包含被铆接件的总厚度外，还需保留足够的伸出长度，用来铆制完整的铆合头，以获得足够的铆接强度。半圆头铆钉铆合头所需长度为铆钉公称直径的 1.25～1.5 倍；沉头铆钉铆合头所需长度为铆钉公称直径的 0.8～1.2 倍，如图 4-29 所示。

3）确定铆钉孔直径。铆接时，铆钉孔直径的大小应随着连接要求的不同而有所变化。如孔径过小，会使铆钉插入困难；孔径过大，则铆合后的工件容易松动。合适的铆钉孔直径可按表 4-2 进行选取。

（2）铆接方法

1）半圆头铆钉的铆接。

步骤为：使被铆合件互相贴合；按图样给出的尺寸进行划线、钻孔、孔口倒角并去毛刺；将铆钉插入孔内；用压紧冲头压紧板料；用锤子镦粗铆钉伸出部分，将四周锤打成形；用罩模修整完成铆接，如图 4-30 所示。

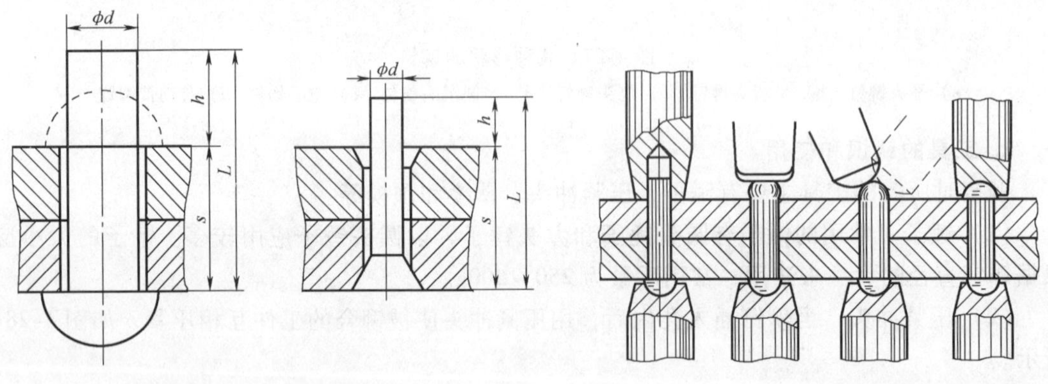

图 4-29　铆钉长度　　图 4-30　半圆头铆钉的铆接过程

2）沉头铆钉的铆接。

步骤为：使被铆合件互相贴合；按图样给出的尺寸进行划线、钻孔、锪锥孔并去毛刺；插入铆钉；在正中镦粗铆钉两端面；铆合铆钉的两端面；修去高出部分，完成铆接，如图 4-31 所示。如果用现成的沉头铆钉铆接，只要将铆合头一端的材料经铆打填平埋头锥孔即可。

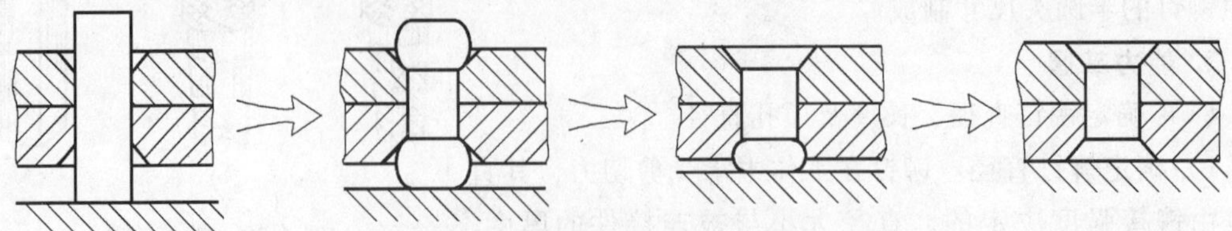
图 4-31　沉头铆钉的铆接过程

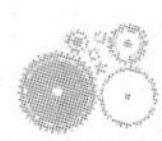

3）空心铆钉的铆接。

步骤为：使被铆合件互相贴合；按图样给出的尺寸进行划线、钻孔、孔口倒角并去毛刺；插入铆钉；用样冲冲压，使铆钉孔口张开，与板件孔口贴紧；用特制冲头将翻开的铆钉孔口贴平于工件的孔口完成铆接，如图4-32所示。

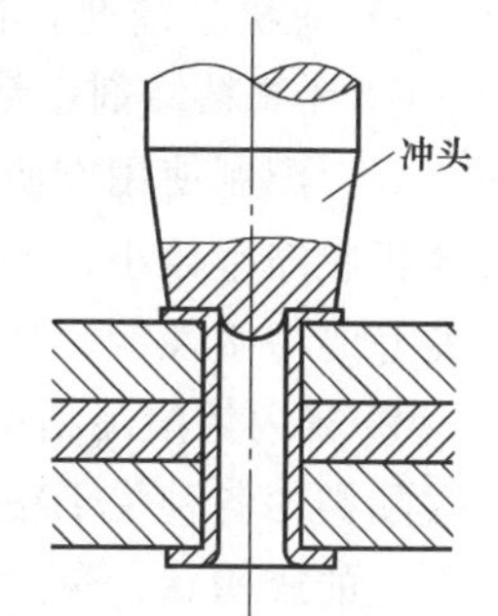

图4-32　空心铆钉的铆接过程

二、粘接

1. 知识点分析

粘接指用粘结剂把不同或相同材料牢固地连接在一起的操作方法。粘接主要形式有两种：非结构型粘接和结构型粘接。非结构型粘接主要指表面粘涂、密封和功能性粘接；结构型粘接是将结构单元用胶粘剂牢固地固定在一起的粘接，其中所用的胶粘剂及其粘接点必须能传递结构应力，在设计范围内不影响其结构的完整性及对环境的适用性。

粘接是一种先进的工艺方法，具有工艺简单，操作方便、快捷，连接可靠，变形小以及密封、绝缘、耐水、耐油等特点；还可以粘接一些其他连接方式无法连接的材料或结构，如实现金属与非金属的粘接，克服铸铁、铝焊接时易裂和铝不能与铸铁、钢相焊接等问题；并能在有些场合有效地代替焊接、铆接、螺纹联接和其他机械连接；所粘接的工件不需经过高精度的机械加工，也无需特殊的设备和贵重原材料；可在常温下进行操作，没有工件的变形。粘接的缺点是不耐高温，有时粘接强度较低。

目前，粘接技术已在宇航、机械、电子、轻工及日常生活中被广泛使用。例如，大型客机上钣金粘接件；战斗机中的粘接蜂窝结构以及人造卫星上的太阳能电池，均使用了粘接技术。在机械制造工业中，车工利用粘接技术可以把昂贵的高级硬金属合金刀片粘接在刀把上，从而简化安装工序；机器上不断运转传递动力的大轴和曲轴，一旦断裂，以往只能更换新件，现在用粘接技术就能把断裂的轴牢固地粘接起来，使其继续运转等。如果粘接技术与其他连接方法一起使用，则能进一步提高连接的强度。

2. 工具的认识和使用

粘结剂的主要功能是将被粘接材料连接在一起。

（1）按化学成分分类　分为有机粘结剂和无机粘结剂。有机粘结剂又分为合成粘结剂和天然粘结剂。合成粘结剂有树脂型、橡胶型、复合型等；天然粘结剂有动物、植物、矿物、天然橡胶等粘结剂。无机粘结剂按化学成分分有磷酸盐、硅酸盐、硫酸盐、硼酸盐等多种类型的粘结剂。

1）无机粘结剂。无机粘结剂由磷酸溶液和氧化物组成，在维修中应用的无机粘结剂主要是磷酸—氧化铜粘结剂，有粉状、薄膜、糊状、液体等几种状态，其中以液体状态使用最多。无机粘结剂操作方便、成本低，但强度也低、脆性大，适用范围较小。

使用无机粘结剂时，工件接头的结构形式应尽量使用套接或槽榫接，避免平面对接或搭接，连接表面要尽量粗糙，可以滚花或加工出沟纹，以增加粘接的强度。无机粘结剂可用于螺栓紧固、轴承定位和密封堵漏等，不适宜粘接多孔性材料和间隙超过0.3mm的缝隙。

2）有机粘结剂。有机粘结剂是一种高分子有机化合物，常用的有机粘结剂有两类。

① 环氧粘结剂：粘合力强，硬化收缩小，能耐化学药品、溶剂和油类的腐蚀，电绝缘性能好，配制使用方便，并且施加较小的接触压力在室温或不太高的温度下就能固化，固化后体积收缩率较小，产品尺寸稳定。其缺点是接头处脆性较大、耐热性差。因其对各种材料有良好的粘接性能，是目前使用量最大、使用范围最广的一种粘结剂。

② 聚丙烯酸酯粘结剂：这类粘结剂既包括甲基丙烯酸酯类的粘结剂，也包括 α-氰基丙烯酸酯类的各种快干粘结剂，常用的牌号有 501 和 502。它们的特点是为单液型，无溶剂，呈一定的透明状，黏度低，固化温度低，室温即可固化，因其固化速度快，因此不适宜大面积粘接时使用。

（2）按形态分类　可分为液体粘结剂和固体粘结剂，有溶液型、乳液型、糊状、胶膜、胶带、粉末、胶粒、胶棒等。

（3）按用途分类　可分为结构粘结剂、非结构粘结剂和特种粘结剂。结构粘结剂连接的接头强度高，具有一定的承载能力；非结构粘结剂主要用于修补、密封和连接软质材料。

（4）按应用方法分类　分为室温固化型、热固型、热熔型和压敏型等粘结剂。

选用粘结剂时必须保证粘结剂能与被粘接材料的种类和性质相容，应能满足粘接接头的力学条件和环境条件等使用性能的要求，同时还要考虑粘接工艺的可行性、经济性以及性能与费用的平衡等。

3. 能力掌握

粘接的一般操作程序：接头设计→表面处理→预装→粘结剂的涂布→合拢固化和质量检验。一般是先对被粘接物表面进行修配，使之配合良好，再根据材质及强度要求对被粘接表面进行不同的表面处理（有机溶剂清洗、机械处理、化学处理或电化学处理等），然后涂布粘结剂，将被粘接表面合拢装配，最后根据所用粘结剂的要求完成固化步骤（室温固化或加热固化），完成粘接。

（1）粘接接头的设计　这指粘接部位尺寸的大小和几何形状的设计。与高强度的被粘接材料相比，粘结剂的机械强度一般要小得多。为了使粘接接头的强度与被粘接材料有相同的强度，保证粘接成功，必须根据接头承载特点合理地选择接头的几何形状和尺寸大小，设计合理的粘接接头。

设计粘接接头的基本原则：尽可能避免应力集中；减少接头受剥离、劈开的可能性；合理增大粘接面积。除考虑上述力学性能外，还需考虑粘接工艺、维修和成本等因素。

（2）粘接表面的处理　因粘接是面与面之间的连接，所以被粘接的表面状态直接影响粘接效果。粘接表面处理方法随被粘接材料及对接头的强度要求而不同。金属件的表面处理包括清洗、脱脂、机械处理和化学处理等。非金属件一般只进行机械处理和溶剂清洗。

（3）粘结剂的涂布　最常用的涂布方法是刷涂法，还有辊涂法和喷涂法等。采用静电场喷涂可节省粘结剂，改善劳动条件。胶膜一般用手工敷贴，采用热压粘贴可以提高贴膜质量；尺寸大而形状简单的粘接表面，可以采用机械化辊涂法及热压粘贴胶膜技术；糊状粘结剂通常采用刮刀刮胶；固体粘结剂通常先制成膜状或棒状后涂在粘接面上；对于粉状粘结剂，则应先熔化再浸胶。

（4）粘结剂的固化　涂布好粘结剂的工件要适时进行合拢，合拢后应适当进行按、锤、滚压，以挤出微小胶圈为宜。固化方法分为室温固化和加热固化两种。

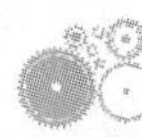

1）室温固化法：将粘结剂涂布于被粘接表面，待粘结剂润湿被粘接物表面并且溶剂基本挥发后，压合两个涂胶面即可。

2）加热固化法：将热固性树脂类粘结剂（酚醛树脂、环氧树脂、酚醛—丁腈、环氧—尼龙等胶粘剂）涂布于被粘接表面上，待溶剂挥发后叠合涂胶面，然后加热加压固化，以达到粘接的目的。加热固化时，必须严格控制粘接缝的实际温度，保证满足粘结剂固化温度的要求。

（5）粘接质量的检验　粘接的质量是很难从外观判断的。保证粘接质量的关键在于加强全面质量管理，控制影响粘接质量的一切因素，包括粘接环境条件控制，如温度、湿度、含尘量等；粘结剂质量控制，如复验、存放及使用管理等；测量仪器及设备控制，如对温度仪、压力仪表、固化设备等的控制；以及粘接工序控制。

粘接质量的检验包括目测、破坏性试验和无损检验。其中破坏性试验指力学性能测试，无损检验指用仪器探测粘接接头的质量缺陷。

知识拓展　金属切削过程中的物理现象

金属的切削过程指通过切削运动，刀具从工件表面上切下多余的金属层，从而形成切屑和已加工表面的过程。这个过程实质上是一种积压的过程，是刀具与工件相互作用又相对运动的过程。金属切削过程中伴随着积屑瘤、切削力、切削热和刀具磨损等物理现象。

1. 切屑及类型

在切削过程中，刀具推挤工件，首先使工件上的一层金属产生弹性变形，刀具继续切削时，在切削力的作用下，金属产生塑性变形，当塑性变形超过金属的强度极限时，金属就从工件上剥离下来成为切屑。随着切削运动的继续进行，切屑不断产生，并形成已加工表面。

当工件材料的性能和切削条件不同时，会产生不同类型的切屑，同时对切削加工产生不同的影响。

（1）带状切屑　当选择较高的切削速度、较小的切削厚度、较大的刀具前角来切削塑性金属材料时，容易产生内表面光滑而外表面毛茸的切屑，称为带状切屑，如图 4-33a 所示。

（2）挤裂切屑　当在切削速度较低、切削厚度较大、前角较小的情况下切削塑性金属材料时，容易产生内表面有裂纹、外表面呈齿状的切屑，称为挤裂切屑，如图 4-33b 所示。

（3）单元切屑　在挤裂切屑形成的过程中，若整个剪切面上所受到的剪应力超过材料的破裂强度，切屑就成为粒状，这就形成了单元切屑，又称粒状切屑，如图 4-33c 所示。

（4）崩碎切屑　切削铸铁、黄铜等脆性材料时，切屑层来不及变形就已经崩裂，呈现出不规则的粒状切屑，称为崩碎切屑，如图 4-33d 所示。

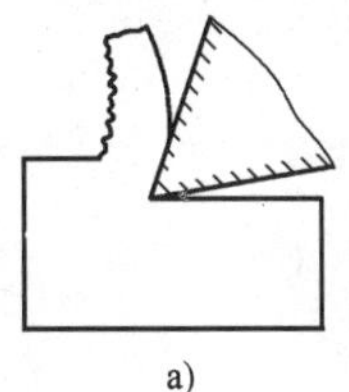
a)

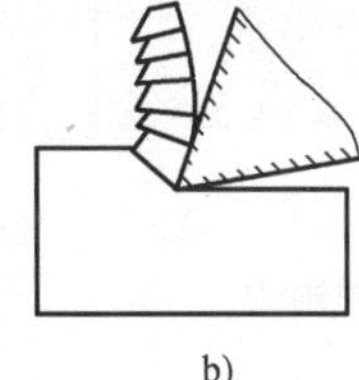
b)

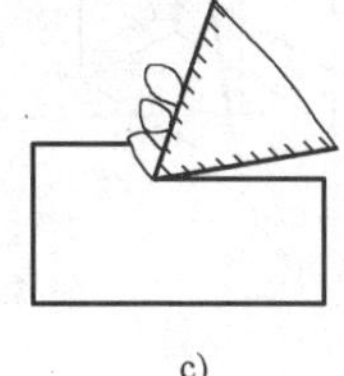
c)

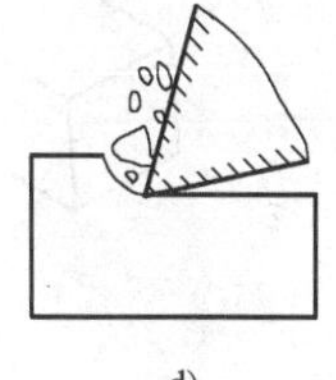
d)

图 4-33　切屑的类型

a）带状切屑　b）挤裂切屑　c）单元切屑　d）崩碎切屑

2. 积屑瘤

在采用中等切削速度而又能形成连续性切屑的情况下，加工一般塑性材料时，切屑沿刀具前面滑出时，其底层受到很大的摩擦力，当摩擦阻力超过切屑内部分子间的结合力时，一部分金属停滞下来，常在刀具切削刃附近的前刀面上粘附一块很硬的金属，这块很硬的金属称为积屑瘤，如图 4-34 所示。

在切削处于相对稳定的状态时，积屑瘤可以代替切削刃进行切削，粗加工时对切削刃有保护作用。但积屑瘤轮廓很不规则，切削时会将工件表面划出深浅和宽窄不一的沟纹，脱落的积屑瘤碎片还会粘附在工件已加工表面上，形成鳞片状毛刺；同时，积屑瘤还可造成过量切削、增大表面粗糙度值等不良影响。

3. 切削力

切削时工件材料抵抗刀具切削所产生的阻力称为切削力。切削力是一对大小相等、方向相反、分别作用在工件和刀具上的作用力与反作用力。切削力来源于工件的弹性变形与塑性变形抗力、切屑与前刀面及工件与后刀面的摩擦力，如图 4-35 所示。

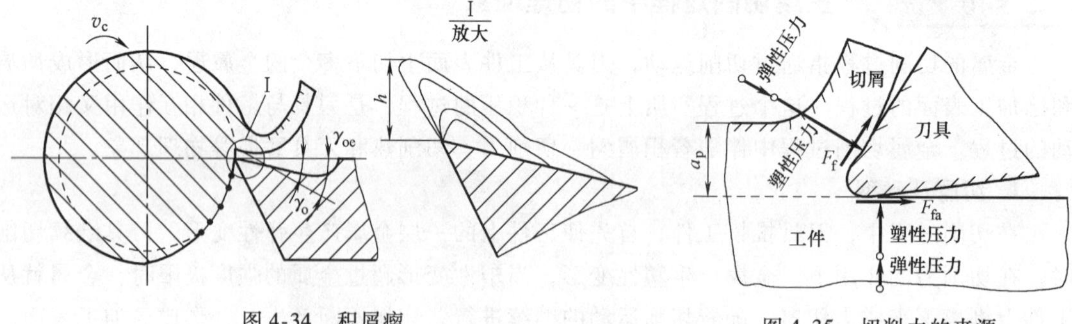

图 4-34　积屑瘤

图 4-35　切削力的来源

（1）切削力的分解　切削力一般指工件、切屑对刀具多个力的合力。为了设计与测量方便，通常将此合力分解成主运动方向、进给运动方向和切削深度方向几个互相垂直的分力，如图 4-36 所示。

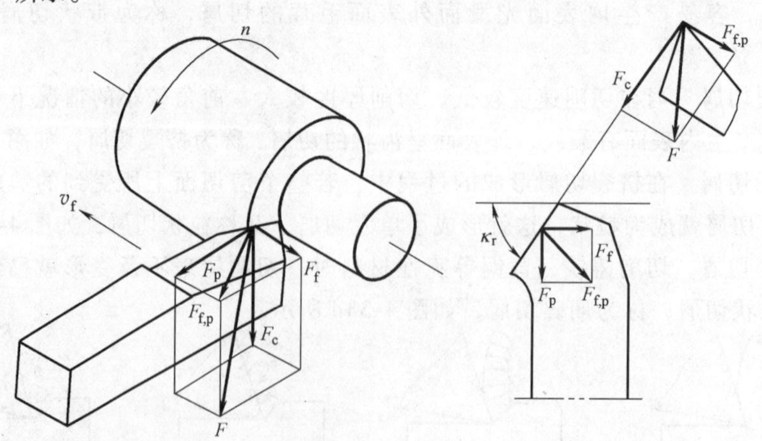

图 4-36　切削力

1）主切削力 F_C：垂直于基面的分力称为主切削力（又称切向力）。主切削力能使刀杆弯曲，因此装夹刀具时刀杆应尽量伸出得短一些。

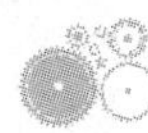

2）背向力 F_P：在基面内与进给方向垂直的分力称为背向力，它能使工件在水平面内弯曲，影响工件的形状精度，同时还是产生振动的主要原因。

3）进给力 F_f：在基面内与进给方向相同的分力称为进给力，它对进给系统零部件的受力大小有直接的影响。

（2）影响切削力的因素

1）工件材料。工件材料的硬度和强度越高，其切削力就越大。切削脆性材料比切削塑性材料的切削力要大一些。

2）切削用量。切削用量中对切削力影响最大的是背吃刀量，其次是进给量，影响最小的是切削速度。实验证明，当背吃刀量增大一倍时，主切削力也增大一倍；进给量增大一倍时，主切削力只增大 0.7～0.8 倍；低速切削塑性材料时，切削力随切削速度的提高而减小，切削脆性金属材料时，切削速度的变化对切削力的影响并不明显。

3）刀具几何角度。刀具几何角度中对切削力影响最大的是前角、主偏角和刃倾角。

① 前角：前角增大则车刀锋利，切屑变形小，切削力也小。

② 主偏角：主偏角主要改变进给力与背向力之比，增大主偏角能使背向力减小而使进给力增大。

③ 刃倾角：刃倾角对主切削力的影响很小，对进给力和背向力影响比较显著，其原因是当刃倾角变化时，改变了切削力的方向。当刃倾角由正值向负值变化时，背向力增大，而进给力减小。

4）切削液。合理选用切削液可以减小塑性变形和刀具与工件之间的摩擦，使所需切削力减小。

4. 切削热

切削热指在切削过程中，由变形抗力和摩擦阻力所消耗的能量而转变的热能。

（1）切削热的产生　切削热主要产生于三个变形区，如图 4-37 所示，即切削层剪切滑移变形区的弹性变形和塑性变形产生的热；切削层塑性滑动变形区的切屑底层与刀具前刀面的剧烈摩擦产生的热和工件弹性挤压产生的热；切削时变形区的已加工表面与刀具后刀面挤压和摩擦产生的热。切削塑性金属时，切削热主要来源于滑移变形区和塑性滑动变形区；切削脆性金属时，切削热主要来源于剪切滑移变形区和弹性变形区。

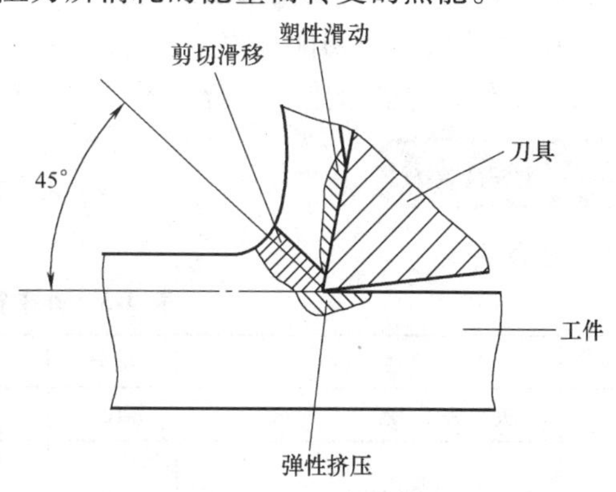

图 4-37　切削时的变形区

（2）切削热的传散　在一般干切削的情况下，大部分的切削热由切屑传散出去，其次由工件和刀具传散，各自传散热量的比例，随工件材料、刀具材料、切削用量及切削方式等切削条件的不同而异。切削速度越高，由切屑带走的热量就越多，而由刀具和工件传散的热量就越少。切削热传散给刀具切削部分的热量不太多，但因刀具切削部分体积小，其使刀具温度上升得很高（高速切削时可达 1000℃ 以上），使刀具材料的切削性能降低、磨损加快，缩短了刀具的使用寿命。该切削热传散给工件，导致工件产生热变形，甚至引起工件表面烧伤，影响工件的加工精度和表面质量。切削热还会通过刀具和工件传散给机床和夹具，对工件加工精度产生不良影响，尤其在精加工时影响更明显。

为了减小切削热对工件加工质量的不良影响，可采取两方面的工艺措施：一方面减小工件金属的变形抗力和摩擦阻力，降低功率消耗和减少切削热；另一方面则要加速切削热的传散，以降低切削温度。

(3) 切削温度 切削温度指刀具表面与切屑及工件接触处的平均温度。切削温度的高低，取决于产生热量的多少和传散热量的快慢。

由于切削热分布不均匀，所以切削区各个部位的实际温度也不相同。切削塑性金属时，前刀面靠近刀尖和主切削刃处温度最高；切削脆性金属时，靠近刀尖的后刀面处温度最高。

(4) 影响切削湿度的因素 影响切削温度的主要因素有工件材料、切削用量、刀具角度和切削液等。

1）工件材料。在工件材料的各种物理及力学性能中，对切削温度影响最大的是强度，其次是硬度和导热系数。工件材料的强度、硬度高，切削力大，切削过程中消耗的能量就多，转换成的热量也多，故切削温度高。材料的导热系数小，导热性就差，由工件和切屑传散的热量就少，切削温度就越高。

2）切削用量。增大切削用量，必然使单位时间内金属的切除量增多，消耗的能量就多，切削温度势必升高。在切削用量三要素中：切削速度对切削温度的影响最大，其次是进给量，背吃刀量影响最小。

3）刀具角度。在刀具几何角度中，前角和主偏角对切削温度的影响较大。适当增大前角，切削层金属变形减小，可降低切削温度；减小主偏角，切削了时主切削刃工作长度增加，改善了散热条件，也可降低切削温度。此外，刀具磨钝后继续进行切削，会增大变形抗力和摩擦阻力，将使切削温度迅速升高。

4）切削液。在切削过程中，合理选用并正确加注切削液可改善刀具和工件的润滑条件和散热条件，并能带走一部分热量，可以有效地降低切削温度。

任务评价

见表 4-3。

表 4-3 外卡钳加工的检测与评价

序号	检测内容	配分	评分标准	教师评分
1	板料矫正	10	不平整不得分	
2	划线的准确性	12	一处不准确扣 3 分； 两处不准确扣 6 分； 三处不准确不得分	
3	外形尺寸	10	一处超差扣 2 分； 两处超差扣 4 分； 三处超差不得分	
4	$Ra1.6\mu m$	6	酌情扣分	
5	$\phi5mm$ 孔	8	位置不对正扣 4 分； 加工粗糙扣 4 分	
6	去毛刺	4	有毛刺不得分	

（续）

序号	检测内容	配分	评分标准	教师评分
7	弯形	20	两卡爪弯曲不一致扣 10 分； *R*40mm（*R*45mm）尺寸未保证扣 5 分； 未抛光扣 5 分	
8	铆接	15	未放垫片扣 2 分； 活动不灵活（过紧或过松）扣 5 分	
9	淬火	5	未按要求操作不得分	
10	检查整形	10	卡爪不对齐扣 3 分； 不平整、不对称扣 2 ~ 5 分； 不光滑扣 2 分	
11	文明生产		违纪一项扣 20 分，违纪两项不得分	
合计		100		

复习与思考

1. 什么是矫正？它是如何分类的？
2. 矫正的实质是什么？
3. 手工矫正常用的工具有哪些？用于怎样的操作？
4. 简述矫正的常用方法。
5. 弯曲有哪两种方法？一般用于什么样的材料？
6. 什么是铆接？它有什么特点？
7. 铆接是如何分类的？
8. 铆接的形式由什么决定？它有哪些种类？
9. 常用的铆钉有哪些种类？如何应用？
10. 简述铆接的过程。
11. 粘接是怎样操作的？有怎样的特点和应用？
12. 简述粘结剂的分类及应用。
13. 掌握粘接工艺的操作方法。

任务五

刀口形直尺刀口面的研磨

能力目标

1. 了解研磨的原理及用具。
2. 掌握平面研磨的要点且能完成一般的研磨操作。
3. 了解刮削的特点和应用，掌握简单的刮削操作。
4. 通过本任务的学习和训练，完成对刀口形直尺的研磨。

任务内容

研磨刀口形直尺的刀口面，材料为 45 钢，已完成热处理。保证刀口面直线度公差 0.005mm，表面粗糙度值达到 *Ra*0.25μm。

任务实施

1. 操作要求

按要求完成刀口形直尺刀口面的研磨。

2. 工具、量具及刃具

研磨平板，F40、F400 研磨粉，煤油，汽油，方铁，棉花，粗糙度样块。

3. 实施步骤

1）将棉花用汽油浸湿，蘸上 F40 研磨粉，将研磨粉均匀地涂在研磨平板面上。

2）单手握持刀口形直尺，采用沿其纵向移动与以刀口面为轴线左右摆动相结合的运动方式，摆动角度约为 30°，不要左右晃动，要保持研磨过程平稳，完成粗研磨，如图 5-1a 所示。

3）完成粗研磨后，用汽油将刀口形直尺和研磨平板洗净，或换一块研磨平板。

4）换用新棉花用汽油浸湿，蘸上 F400 研磨粉，将研磨粉均匀地涂在研磨平板面上。

5）双手握持刀口形直尺，利用工件自重进行精研磨，研磨时要经常调头研磨刀口面，并经常改变研磨面在研磨平面上的位置，使刀口面直线度公差达到 0.005mm，表面粗糙度值达到 *Ra*0.25μm，完成精研，如图 5-1b 所示。

6）将刀口形直尺擦拭干净。

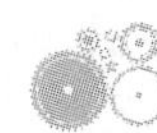

7）检验刀口面的直线度误差，可采用光隙判别法，当光隙颜色为蓝色或不透光时，即为合格。

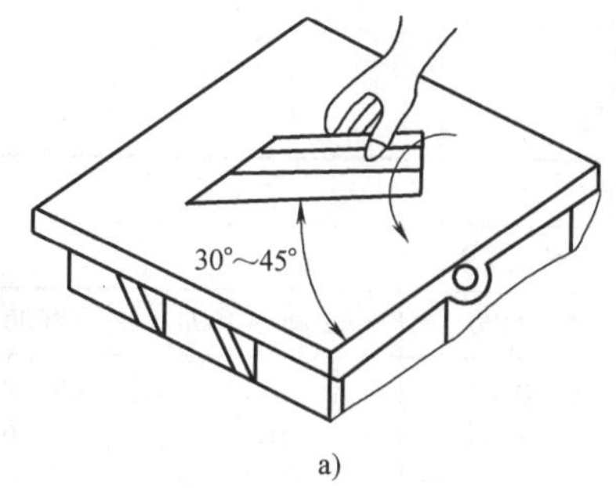

a)

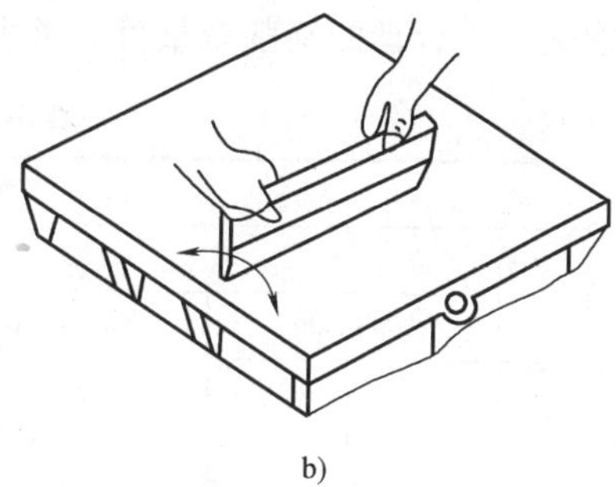
b)

图 5-1　刀口形直尺的研磨
a）粗研磨　b）精研磨

知识链接　刮削与研磨

知识点一　刮削

一、知识点分析

1. 刮削的概念与原理

刮削指用刮刀在工件表面上刮去一层很薄的金属，以提高工件加工精度的加工方法，是钳工常用的精加工方法。

刮削是在工件和基准件或与其相配合的工件之间涂上一层显示剂，经过互相推研，使工件上较高的部位显示出来，然后用刮刀进行微量刮削，刮去较高部位的金属层。经过这样的反复推研、显点和刮削，以及刮刀对工件的推挤和压光的作用，使工件达到要求的尺寸精度、形状精度及表面粗糙度值。

2. 刮削的特点与应用

1）刮削是间断进行的切削加工，切削量小，切削力小，产生的热量小，因此装夹变形小，避免了机械加工中的振动及热变形等对加工精度的影响，所以能获得较高的尺寸精度、几何精度、接触精度、传动精度和较小的表面粗糙度值。

2）在刮削过程中，刮刀是采用负前角进行切削的，因此工件表面多次受到刮刀的推挤和压光作用，使工件表面的组织变得紧密，提高了工件表面的硬度和耐磨性。

3）刮削后的工件表面形成了较均匀的微浅凹坑，具有良好的存油条件，有利于润滑和减少摩擦。

刮削在机械制造以及工具、量具制造或修理中，是一种重要的加工方式，所用的工具简单，不受工件形状和位置以及设备条件的限制，主要用于零件的形状和位置精度要求较高、互配件配合精度要求较高、装配精度要求较高以及表面要求美观的场合，如机床导轨、滑板、滑座、轴瓦、工具、量具等的接触表面常用刮削的方法进行加工。由于刮削是手工作业，因此劳动强度大、生产率低。

3. 刮削余量

由于每次刮削只能刮去很薄的一层金属，因此要求工件在上道工序加工后留下的刮削余量不宜太大，一般为0.04～0.05mm。确定刮削余量主要考虑工件的刮削面积以及工件的刚性。刮削面积大，所留余量应大些，刮削面积小，所留余量可小些；工件刚性差，易变形，则余量应取大些。合理的刮削余量可参考表5-1选取。

表5-1　刮削余量　（单位：mm）

平面的刮削余量					
平面宽度	平面长度				
	100～500	500～1000	1000～2000	2000～4000	4000～6000
<100	0.10	0.15	0.20	0.25	0.30
100～500	0.15	0.20	0.25	0.30	0.40

孔的刮削余量			
孔径	孔长		
	100	100～200	200～300
<80	0.05	0.08	0.12
80～180	0.10	0.15	0.25
180～360	0.15	0.20	0.35

4. 刮削的种类

刮削可分为平面刮削和曲面刮削两种。平面刮削有单个平面刮削（如平板、工作台面等）和组合平面刮削（如V形导轨面、燕尾槽面等）。曲面刮削有内圆柱面刮削、内圆锥面刮削和球面刮削等。

二、工具的认识和使用

刮削的工具主要有刮刀、校准工具和显示剂等。

1. 刮刀

刮刀是刮削的主要工具，要求刀头部分具有足够的硬度，刃口锋利，刀杆有足够的韧性。刮刀一般采用碳素工具钢锻制而成，经过热处理达到使用硬度。当刮削硬度很高的工件表面时，可焊接高速钢或硬质合金刀头。根据刮削表面的不同，刮刀可分为平面刮刀和曲面刮刀两大类。

（1）平面刮刀　平面刮刀用于刮削平面和刮花，一般用T12A钢制成。如图5-2所示，平面刮刀分为直头刮刀和弯头刮刀。刮刀头部的形状和角度如图5-3所示，按其结构分为粗刮刀、细刮刀和精刮刀。

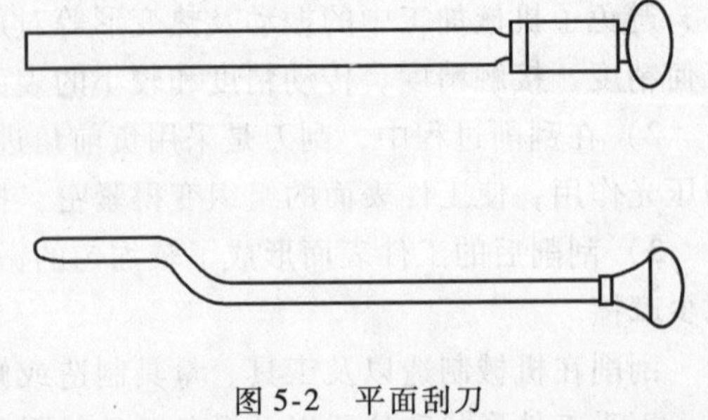

图5-2　平面刮刀

（2）曲面刮刀　曲面刮刀主要用来刮削内曲面，如滑动轴承内孔等。常用的曲面刮刀有三角刮刀、柳叶刮刀和蛇头刮刀等，如图5-4所示。

2. 校准工具

校准工具是用来研点和检查被刮面准确性的工具，也称为研具。常用的校准工具有校准平板、校准直尺、角度直尺以及根据被刮削表面形状设计制造的专用校准型板等。

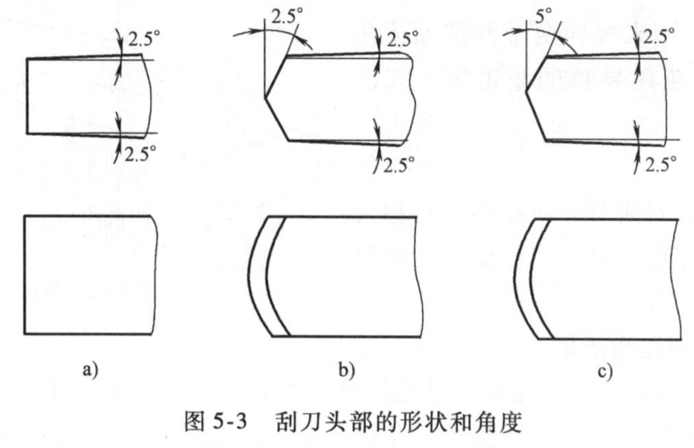

图 5-3　刮刀头部的形状和角度

a）粗刮刀　b）细刮刀　c）精刮刀

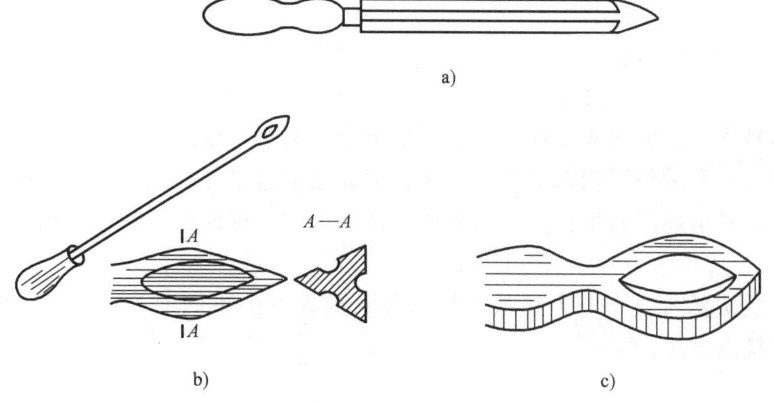

图 5-4　曲面刮刀

a）三角刮刀　b）柳叶刮刀　c）舌头刮刀

1）校准平板：用来校验较宽的平面。选用时，标准平板的面积应大于被刮削平面的3/4，如图 5-5 所示。

2）校准直尺：用来校验狭长的平面，如用来校验较大机床导轨的直线度误差等，如图 5-6 所示。

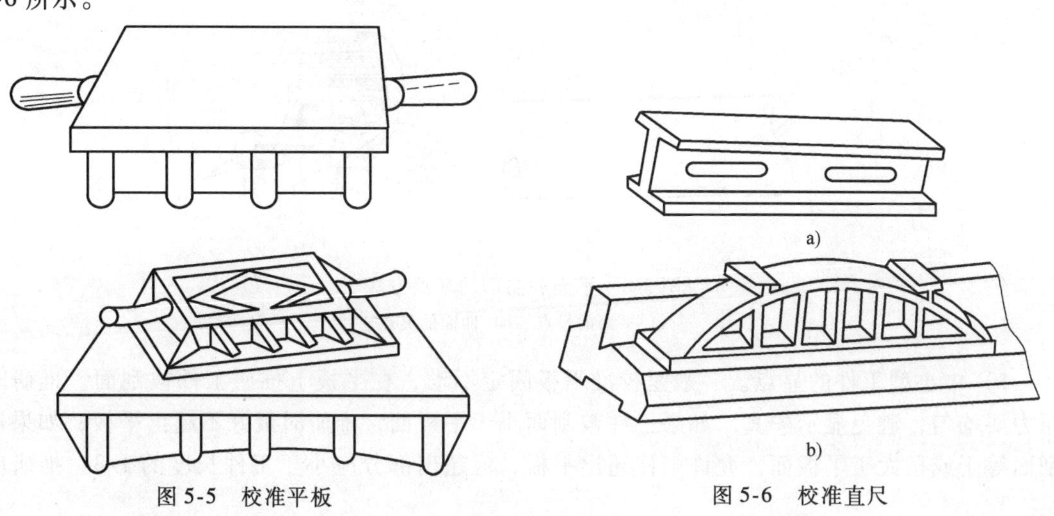

图 5-5　校准平板

图 5-6　校准直尺

3）角度直尺：用来校验两个刮削面成角度的组合平面，如燕尾导轨的角度等，如图5-7所示。

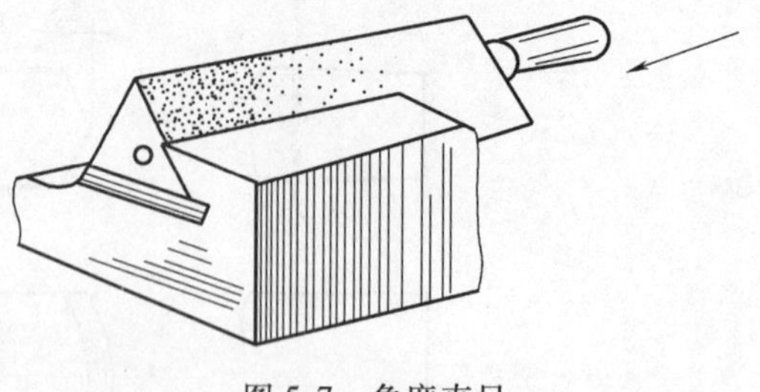

图 5-7 角度直尺

3. 显示剂

工件和校准工具对研时，所加的涂料称为显示剂。显示剂的作用是显示工件误差的位置和大小。

（1）显示剂的种类和使用

1）红丹粉：分为铅丹（氧化铅，呈橘红色）和铁丹（氧化铁，呈红褐色）两种，其颗粒较细，用机油调和后使用，显点清晰，没有反光，广泛用于钢和铸铁工件。

2）蓝油：是用蓝粉和蓖麻油及适量机油调和而成的，其研点小而清楚，多用于精密工件和非铁金属及其合金工件。

刮削时显示剂可以涂在工件表面上，也可以涂在校准件上。前者在工件表面上显示的结果是红底黑点，没有闪光，容易辨别，适用于精刮时选用；后者只在工件表面的高处着色，研点暗淡，不易辨别，但切屑不易粘附在切削刃上，刮削方便，适用于粗刮时选用。

通常粗刮时，显示剂可调得稀些，这样在刀痕较多的工件表面上便于涂抹，显示的研点也大；精刮时，显示剂应调得稠些，且涂抹要薄而均匀，这样显示的研点细小。否则，研点会模糊不清。

（2）显点的方法　显点的方法根据形状和刮削面积的不同而有所区别。图 5-8 所示为平面与曲面的显点方法。

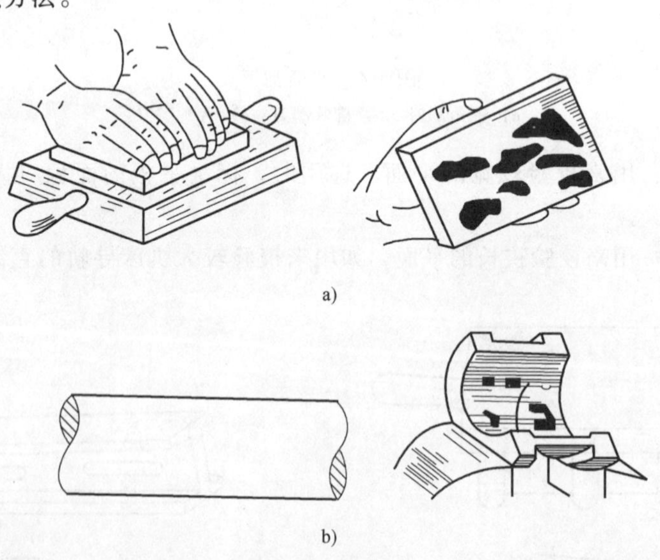

a)

b)

图 5-8　平面和曲面的显点方法

a）平面的显点　b）曲面的显点

1）中小型工件的显点。一般是校准平板固定不动，在平板上推研工件被刮面。推研时压力要均匀，避免显示失真。如果工件被刮面小于平板面，推研时最好不超出平板；如果被刮面等于或稍大于平板面，允许工件超出平板，但超出部分应小于工件长度的1/3。推研应

在整个平板上进行，以防止平板局部磨损，如图 5-9 所示。

2）大型工件的显点。将工件固定，在工件的被刮面上推研平板。推研时，平板超出工件被刮面的长度应小于平板长度的 1/5。对于面积大、刚性差的工件，平板的重量要尽可能减轻，必要时还可采取卸荷推研。

3）形状不对称工件的显点。推研时应在工件某个部位进行托或压，用力的大小要适当、均匀，如图 5-10 所示。如果两次显点有矛盾，应分析原因，认真检查推研方法，谨慎处理。

4）内曲面的显点。研点常用标准轴（也称工艺轴）或相配合的轴作为内曲面的校准工具。在校准时若使用蓝油，则均匀地涂在轴的圆周面上；若使用红丹粉，则均匀地涂在轴承孔表面上。用轴在轴承孔中来回旋转显示研点，根据研点进行刮削，如图 5-8b 所示。

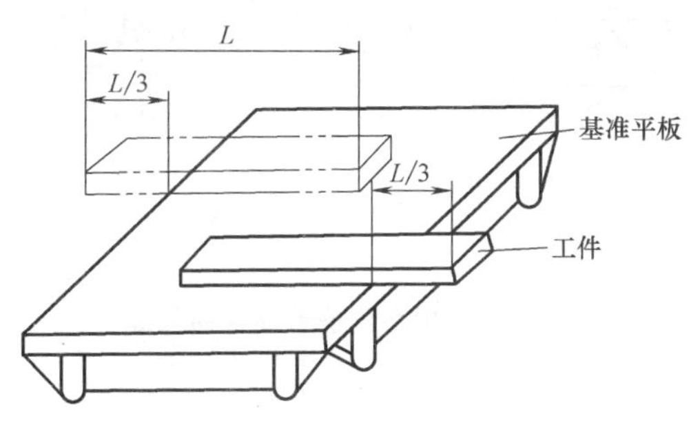

图 5-9　工件在平板上显点

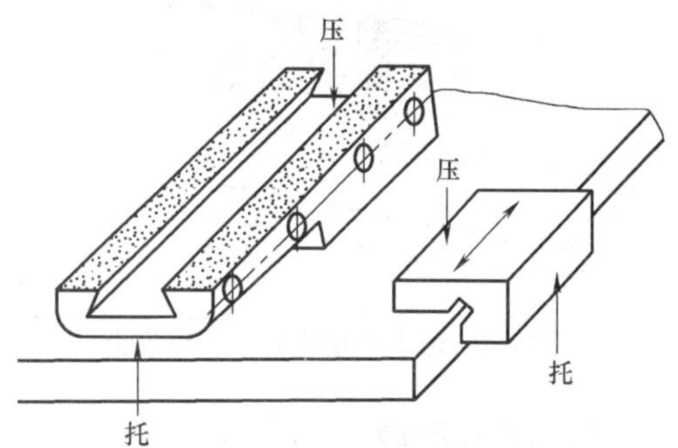

图 5-10　形状不对称工件的显点

4. 刮削精度的检验

刮削精度包括尺寸精度、几何精度、接触精度、配合间隙及表面粗糙度值等。接触精度常用 25 mm×25mm 正方形方框内的研点数进行检验，如图 5-11 所示。各种平面接触精度研点数见表 5-2。曲面刮削中，常见的滑动轴承内孔刮削的接触精度见表 5-3。

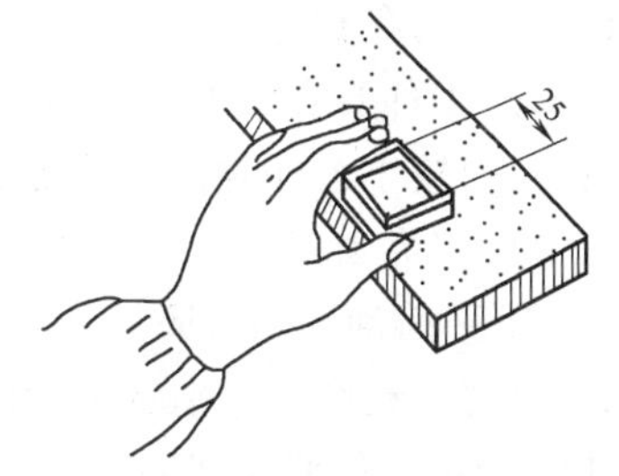

图 5-11　用正方形方框检验接触精度

大多数刮削平面还有平面度和直线度的要求，如机床导轨面的直线度等，这些误差可以用框式水平仪检验，如图 5-12所示。有些精度要求较低的机件，配合面间的间隙可用塞尺检验，如图 5-13 所示。

表 5-2　各种平面接触精度研点数

平面种类	每 25mm×25mm 范围内的接触研点数	应　用　范　围
普通平面	5～8	一般结合面
	8～12	一般基准面、机床导向面、密封结合面
	12～16	机床导轨面、工具及量具基准面
精密平面	16～20	精密机床导轨、钢直尺
	20～25	精密量具、一级平板
超精密平面	>25	零级平板、高精度机床导轨、精密量具

表 5-3 常见滑动轴承内孔刮削的接触精度

轴承直径/mm	机床或精密机械主轴轴承			锻压设备和通用机械的轴承		动力机械和冶金设备的轴承	
	高精度	精密	普通	重要	普通	重要	普通
	每 25mm × 25mm 范围内接触研点数						
≤120	25	20	16	12	8	8	5
>120		16	10	8	6	6	2

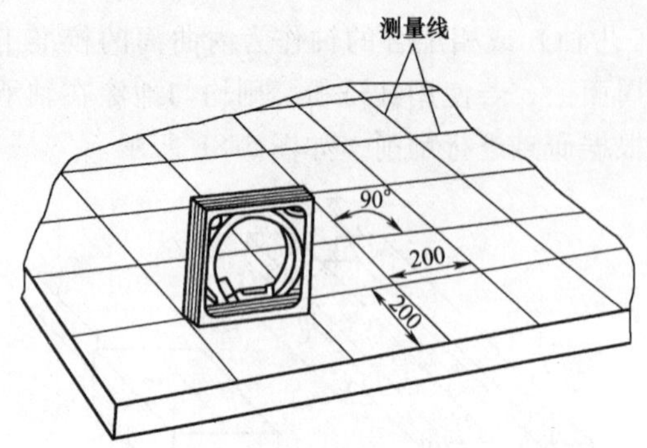

图 5-12 用水平仪检验平面度误差

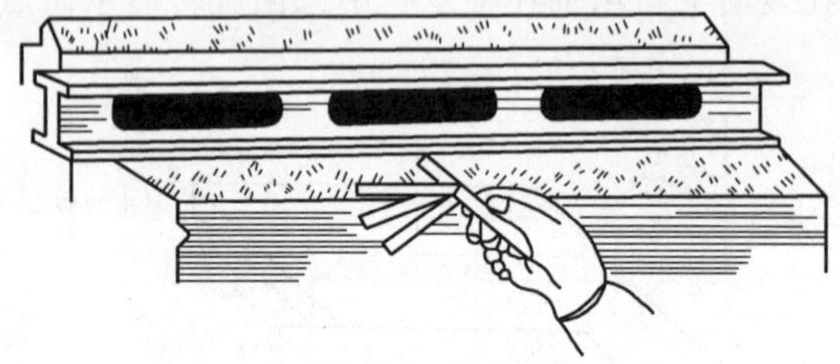
图 5-13 用塞尺检验配合面间隙

三、能力掌握

1. 刮削前的准备

1）刮削场地要清洁、平整，满足加工的条件；清除工件表面的杂质、油污和毛刺等，保证刮削的顺利进行。

2）工件要安放平稳，位置适宜。大型或重型工件要选好支撑点，保证位置的准确和平稳；刮削较小工件时，应用台虎钳等夹具将工件夹持牢固，再进行刮削。

3）刃磨刮刀。

① 平面刮刀的刃磨。

粗磨：粗磨时分别将刮刀两平面贴在砂轮侧面上，不断地前后移动刀具进行刃磨，如图 5-14a 所示，使两面都平整，要控制好刮刀的厚度和两平面的平行度，一般目测时看不出明显的厚薄差异即可。粗磨顶端面时，把刮刀的顶端放在砂轮轮缘上平稳地左右移动进行刃磨，如图 5-14b 所示，要保证刮刀的顶端与刀身中心线垂直。

热处理：为保证刮刀的切削部分有足够的硬度，粗磨后的刮刀要进行热处理。一般将刮刀的头部约 25mm 长在炉火中缓慢加热到 780 ~800℃（呈樱桃红色〉，取出后迅速放入冷水中冷却，浸入深度为 8 ~15mm。刮刀接触水面时应做缓缓平移和间断少许上下移动，防止在淬硬部分留下明显的界线或在淬硬与不淬硬的界线处发生断裂。当刮刀露出水面部分呈黑色，从水中取出观察其刃部颜色为白色时，即可把整个刮刀浸入水中冷却，直至常温时取出。热处理后刮刀切削部分硬度可达 60HRC，用于粗刮。精刮刀及刮花刀在淬火时应用油冷，防止产生裂纹，使金属的组织较细密，容易刃磨。

细磨：热处理后的刮刀要在细砂轮上进行细磨，使其达到刮刀的形状和几何角度要求。刃磨刮刀时必须经常蘸水冷却，防止切削部分退火。

精磨：精磨刮刀需在油石上进行，操作时在油石上加适量的润滑油，一般可用机油。通

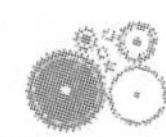

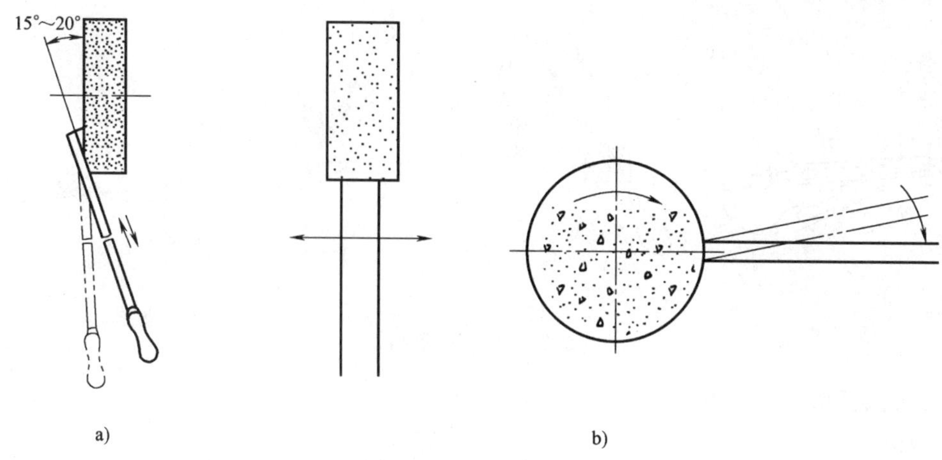

图 5-14　粗磨刮刀

常先磨出两平面，直至平面平整光洁，没有砂轮的刃磨痕迹为止，如图 5-15a 所示，注意要防止平面磨成弧形。精磨端面时，左手扶住刀柄，右手紧握刀身，使刮刀刀身中心线与油石平面基本垂直，略向前倾，前倾角度根据刮刀的角度不同而定，进行往返移动，向前推移要用力，拉回时刀身可略微提起一些，以免磨损切削刃，如图 5-15b 所示，如此反复，直到切削部分的形状和角度符合要求，刃口锋利为止。还可将刮刀上部靠在肩上，两手紧握刀身，向后拉动时刃磨切削刃，前移时将刮刀提起，如图 5-15c 所示，这种刃磨方法速度较慢，但容易掌握。

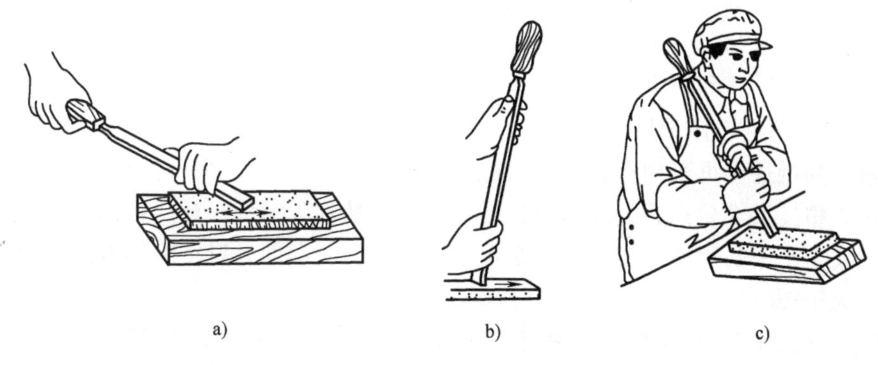

图 5-15　精磨刮刀

② 曲面刮刀的刃磨。

a. 刃磨三角刮刀：三角刮刀只需要进行精磨，刃磨时握持住刮刀柄，使它按切削刃形状进行弧形摆动，同时在砂轮宽度上来回移动，基本成形后将刮刀调转，顺着砂轮外圆柱面进行修整，如图 5-16a 所示。

三角刮刀的切削刃全长都需要进行淬火，方法和要求同平面刮刀，淬火后要在油石上进行最后的精磨，如图 5-16b 所示，用右手握刀柄，左手轻压刀头部分，保持两切削刃的刃边同时与油石接触，顺着油石长度方向来回移动进行磨削，并按切削刃弧形进行摆动，直至切削刃锋利，表面光洁，无砂轮痕迹为止。

b. 刃磨蛇头刮刀和柳叶刮刀：柳叶刮刀和蛇头刮刀两平面的粗、精磨方法与平面刮刀

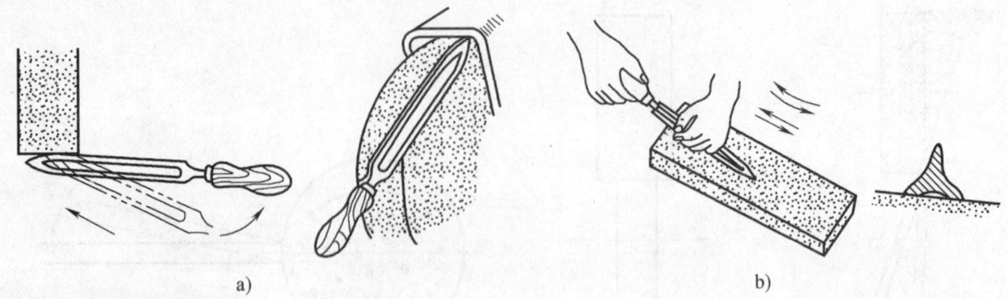

图 5-16 刃磨三角刮刀

相同，刀头两圆弧面的刃磨方法与三角刮刀相似，如图 5-17 所示。

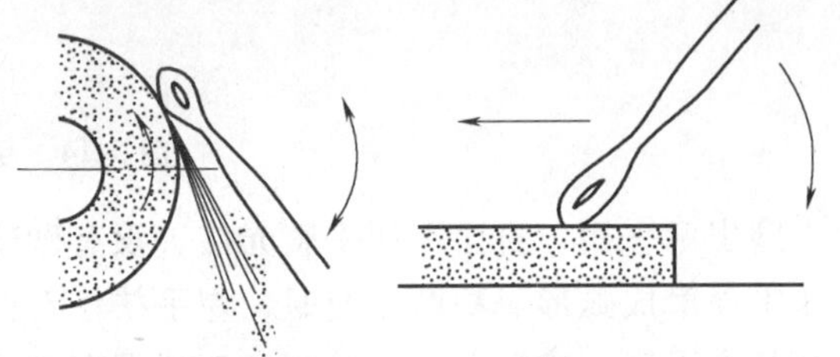

图 5-17 刃磨蛇头刮刀

2. 平面的刮削

平面刮削一般要经过粗刮、细刮、精刮和刮花四个过程。

① 粗刮：用粗刮刀在刮削面上均匀地铲去一层较厚的金属，目的是去余量、去锈斑、去上道工序的刀痕。粗刮可采用连续推铲法，用力要恰当，保证刀迹连成长片，不可重复，直到研点数为 2~3 点时，结束粗刮。

② 细刮：用细刮刀在刮削面上刮去稀疏的大块研点，以进一步改善不平现象。细刮可采用短刮法，使刀痕宽而短，一般刀痕宽为 6mm 左右，刮刀行程为 5~10mm。刮削时要按一定的方向进行，每刮完一遍，要变换一下方向，以形成 45°~60°的网纹，随着研点的增多，刀迹逐步缩短，直到研点数为 12~15 点时，结束细刮。

③ 精刮：用精刮刀仔细地刮削研点，以增加研点的数量，改善表面质量，使刮削面符合精度要求。精刮通常可采用点刮法，一般刀痕宽为 4mm 左右，刮刀行程为 5mm 左右，且刮面越窄小，精度要求越高，刀迹越短，力量越轻。精刮和细刮一样，每刮一遍，均须同向刮削，一般要与平面的边成一定角度，刮第二遍时应交叉刮削，以消除原方向的刀迹。精刮后研点数应大于 20 点。

④ 刮花：在刮削面或机器外观表面上刮出装饰性花纹，既可以使刮削面美观，又可以改善润滑条件，同时也可根据花纹的磨损和消失情况来判断表面的磨损程度。图 5-18 所示为常用的几种花纹。

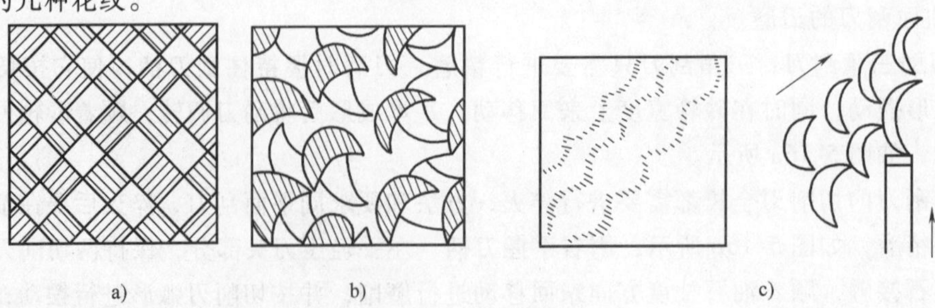

图 5-18 刮花的花纹

a）斜花纹 b）鱼鳞花纹 c）半月花纹

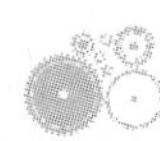

3. 曲面的刮削

图5-19所示为刮削内圆柱面。曲面刮削的原理和平面刮削一样，只是曲面刮削使用的刀具和刀具的使用方法与平面刮削有所不同。

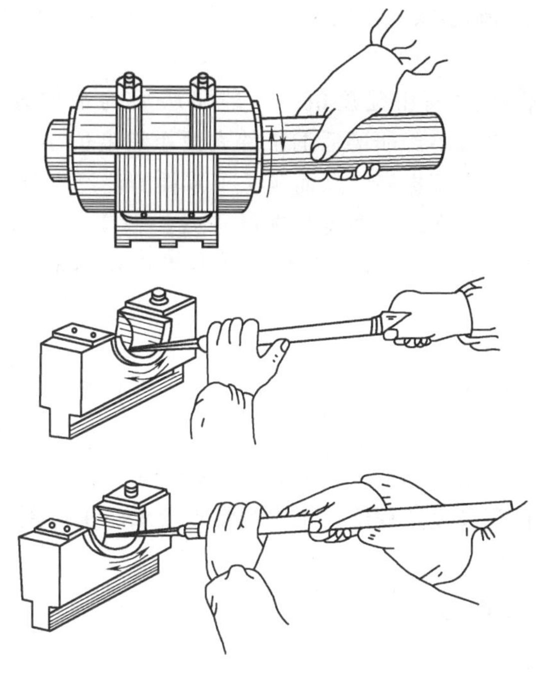

图5-19　曲面刮削

知识点二　研磨

一、知识点分析

1. 研磨的概念与原理

用研磨工具（研具）和研磨剂从工件表面磨掉一层极薄的金属，使工件表面获得精确的尺寸、形状和极小的表面粗糙度值的加工方法称为研磨。

研磨是一种微量的金属切削运动。研磨过程中，氧化膜迅速形成（化学作用），又不断被磨掉（物理作用），经过多次反复使工件表面很快达到预定的加工要求。因此，研磨加工实际上是物理作用和化学作用综合作用的结果。

（1）物理作用　物理作用即磨料对工件的切削作用。研磨时，要求研具材料比被研磨的工件软，这样受到一定的压力后，研磨剂中的微小颗粒即磨料，被压嵌在研具表面上，这些细微的磨料小颗粒具有较高的硬度，成为无数个切削刃，在研具和工件的相对运动下，半固定或浮动的磨粒在工件和研具之间做运动轨迹很少重复的滑动和滚动，对工件产生微量的切削作用，均匀地从工件表面切去一层极薄的金属，借助于研具的精确型面，使工件逐渐得到准确的尺寸精度及合格的表面质量。

（2）化学作用　当采用氧化铬、硬脂酸等配制的化学研磨剂进行研磨时，与空气接触的工件表面很快形成一层极薄的氧化膜，而氧化膜又很容易并且很快地被研磨掉，这就是研磨的化学作用。

2. 研磨的特点与作用

1）研磨能使工件达到较高的尺寸精度，研磨后的尺寸公差一般可达0.001～0.005mm，有些零件必须经过研磨才能达到其精度要求。

2）研磨能提高零件几何形状的准确性，通过研磨可以修正工件在上道工序中产生的形状误差。

3）研磨能降低工件的表面粗糙度值，一般研磨后的工件表面粗糙度值为*Ra*0.6～1.0μm，最小可达*Ra*0.012μm。经研磨后的工件表面粗糙度值小，形状准确，使其耐磨性、耐蚀性和疲劳强度也都相应得到提高，从而延长了零件的使用寿命。

4）手工研磨加工方法简单，不需要复杂的设备，但生产率低、成本高，因此只有当零件允许的形状误差小于0.005mm、尺寸公差小于0.01mm时，才用研磨的方法进行加工。

3. 研磨余量

研磨是微量切削，切削量很小，一般每研磨一遍，所能磨去的金属层不超过0.002mm。通常研磨余量不能太大，否则会使研磨时间增加，并降低研磨工具的使用寿命。研磨余量一般控制在0.005～0.03mm，有时研磨余量就留在工件的公差之内。

应根据工件的研磨面积及复杂程度、工件的精度要求、工件是否有工装及研磨面的相互关系等来确定研磨余量。

二、工具的认识和使用

1. 研具

研磨加工中，研具是保证被研磨工件几何精度的重要因素，因此对研具的材料、精度、表面质量的要求都比较高。

（1）研具材料　研具材料的组织要细致均匀，有很高的稳定性和耐磨性，工作面的硬度应比工件表面的硬度低，使磨料能嵌入研具而不嵌入工件，有较好的嵌存磨料的性能。常用的研具材料有以下几种。

1）软钢。软钢韧性较好，不容易折断，常用来制作小型的研具，如研磨螺纹和小直径的工具、工件等。

2）灰铸铁。灰铸铁有良好的润滑性，磨耗较慢、硬度适中、嵌入性好，研磨剂在其表面容易涂布均匀，研磨效果较好，价格低廉，因此得到了广泛的应用。

3）球墨铸铁。球墨铸铁比灰铸铁的嵌入性更好，且更加均匀、牢固和适度，润滑性能好、耐磨，广泛应用于精密工件的研磨。

4）铜。铜的硬度较低，嵌入性好，适于制作研磨软钢类工件的研具。

（2）研具类型　不同形状的工件需要用不同类型的研具进行研磨，常用的研具有研磨平板、研磨环和研磨棒等。

1）研磨平板。研磨平板主要用来研磨有平面的工件表面，如研磨量块和精密量具的平面等。研磨平板分为光滑平板和有槽平板，通常粗研磨时用有槽平板，以避免过多

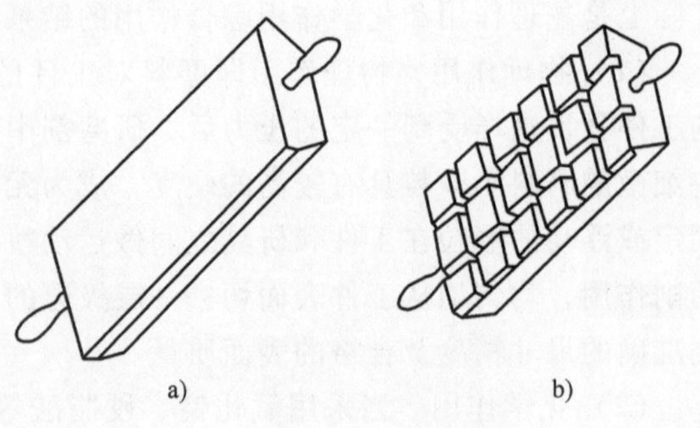

图5-20　研磨平板

a）光滑平板　b）有槽平板

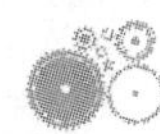

的研磨剂浮在平板上，精研磨时用光滑平板，如图 5-20 所示。

2）研磨环。研磨环主要用来研磨工件的外圆柱表面。研磨环的内径应比工件的外径大 0.025～0.05mm，研磨一段时间后，若研磨环内孔磨大，可拧紧调节螺钉使孔径缩小，以达到所需间隙，如图 5-21 所示。

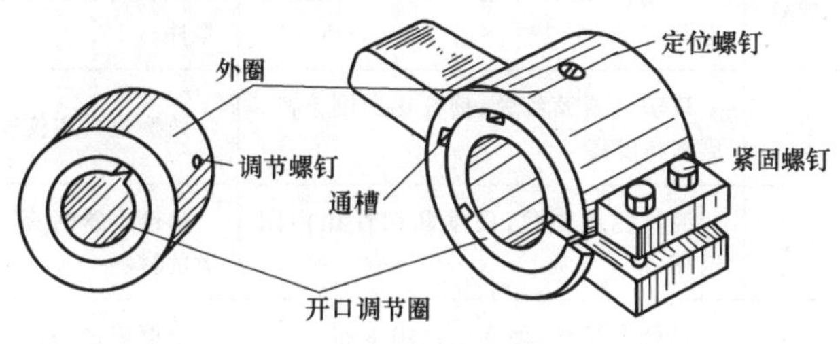

图 5-21　研磨环

3）研磨棒。研磨棒主要用于研磨工件的圆柱孔表面，有固定式研磨棒和可调式研磨棒两种，如图 5-22 所示。固定式研磨棒制造容易，但磨损后无法补偿，多用于单件工件的研磨或机修。可调式研磨棒的尺寸可在一定的范围内进行调整，适用于成批生产中工件孔的研磨，其寿命长，应用广。通常研磨工件上某一尺寸孔径，要预先制好两三个有粗研磨、半精研磨、精研磨余量的研磨棒，有槽的研磨棒用于粗研磨，光滑的研磨棒用于精研磨。

如果把研磨环的内孔、研磨棒的外圆做成圆锥形，则可用来研磨内、外圆锥表面。

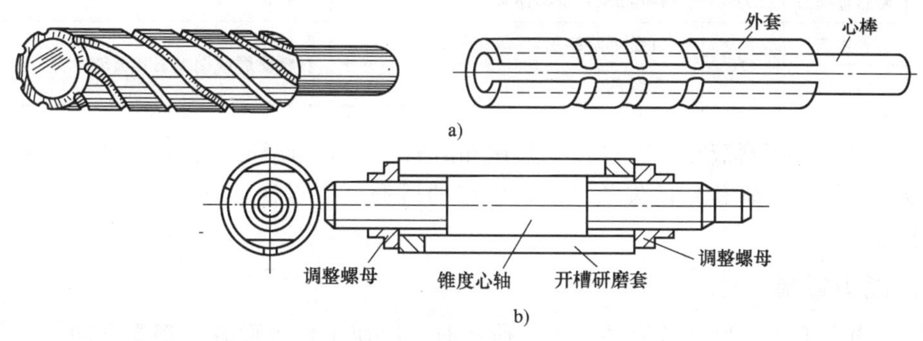

图 5-22　研磨棒

a）固定式　b）可调式

2. 研磨剂

研磨剂是由磨料和研磨液调和而成的混合剂。

（1）磨料　磨料是一种粒度很小的粉状硬质材料，在研磨中起切削作用，研磨的效率和精度都与磨料有密切的关系。常用的磨料有氧化物磨料、碳化物磨料和金刚石磨料等，其性能及适用范围见表 5-4。

磨料的粗细即为磨粒的粗细，是用粒度来表示的。磨粒的标记由字母“F”或字符“#”后跟表征粒度的数字组成，其中“#”只表示微粉。如碳化硅-F800：其中，碳化硅表示磨粒的种类，F800 为磨粒的标记，800 为磨粒的粒度号。

磨粒有粗磨粒和微粉两大类，F4～F220 表示粗磨粒，共有 26 个粒度号，主要用于粗研磨；F230～F1200 表示微粉，共有 12 个粒度号，主要用于精研磨。粒度号越大，磨粒越细，使用时，可根据工件材料和加工精度进行选取。

表 5-4 常用磨料的性能及适用范围

系列	磨料名称	代号	特性	适用范围
氧化铝系	棕刚玉	A	棕褐色，硬度高，韧性大，价格便宜	粗、精研磨钢、铸铁和黄铜
	白刚玉	WA	白色，硬度比棕刚玉高，韧性比棕刚玉差	精研磨淬火钢、高速钢、高碳钢及薄壁零件
	铬钢玉	PA	玫瑰红或紫红色，韧性比白刚玉高，磨削精度高	研磨量具和仪表零件等
	单晶刚玉	SA	淡黄色或白色，硬度和韧性比白刚玉高	研磨不锈钢、高钒高速钢等强度高、韧性大的材料
碳化物系	黑碳化硅	C	黑色有光泽，硬度比白刚玉高，脆而锋利，导热性和导电性良好	研磨铸铁、黄铜、铝、耐火材料及非金属材料
	绿碳化硅	GC	绿色，硬度和脆性比黑碳化硅高，具有良好的导热件和导电性	研磨硬质合金、宝石、陶瓷和玻璃等材料
	碳化硼	BC	灰黑色，硬度仅次于金刚石，耐磨性好	粗研磨和抛光硬质合金、人造宝石等硬质材料
金刚石系	人造金刚石	JR	无色透明或淡黄色、黄绿色、黑色，硬度高，比天然金刚石略脆，表面粗糙	粗、精研磨硬质合金、人造宝石、半导体等高硬度脆性材料
	天然金刚石	JT	硬度最高，价格昂贵	
其他	氧化铁		红色至暗红色，比氧化铬软	精研磨或抛光钢和玻璃等材料
	氧化铬		深绿色	

（2）研磨液　研磨液在加工过程中起调和磨料、冷却和润滑的作用，能防止磨料过早失效和减少工件（或研具）的发热变形。常用的研磨液有煤油、汽油、10 号和 20 号机械油、锭子油等。

三、能力掌握

研磨分为手工研磨和机械研磨。手工研磨时，应使工件表面各处都受到均匀的切削作用，选择合理的运动轨迹，这对提高研磨效率、工件的表面质量和研具的使用寿命都有直接的影响。手工研磨的运动轨迹有直线形、直线摆动形、螺旋形、8 字形和仿 8 字形等几种，可根据工件形状的不同，选择不同的研磨运动轨迹。

（1）直线形研磨轨迹　直线形研磨轨迹常用于窄长的平面或有台阶的窄长平面，可获得较高的几何精度，如图 5-23a 所示。

（2）直线摆动形研磨轨迹　直线摆动形研磨轨迹常用于研磨直线度要求较高的窄长刀口形工件，如图 5-23b 所示。

（3）螺旋形研磨轨迹　螺旋形研磨轨迹常用于研磨圆片形或圆柱形工件的表面，可获得较高的平面度和较小的表面粗糙度值，如图 5-23c 所示。

（4）8 字形或仿 8 字形研磨轨迹　8 字形或仿 8 字形研磨轨迹常用于小平面工件的研磨和研磨平板的修整，有利于提高工件的研磨质量，如图 5-23d 所示。

1. 平面的研磨

一般平面的研磨是在平整的研磨平板上进行的，要根据工件的特点，选择合适的研具、

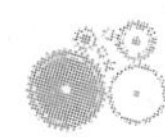

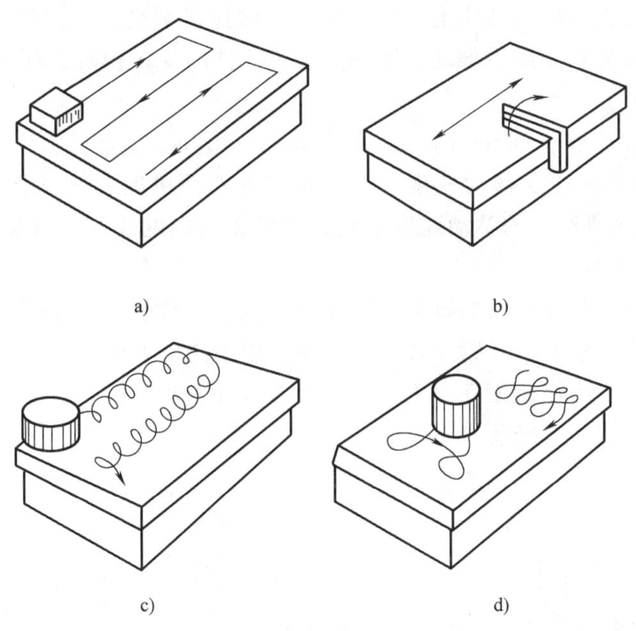

a)　b)　c)　d)

图 5-23　手工研磨的运动轨迹

研磨剂、研磨运动轨迹、研磨压力和研磨速度。通常工件沿平板全部表面采用 8 字形、螺旋形或螺旋形和直线形运动轨迹相结合的轨迹进行研磨。

狭窄平面的研磨，应采用直线形的运动轨迹，研磨时可用金属块做导靠，使金属块和工件紧紧地靠在一起，并跟工件一起研磨，以保证工件的垂直度和平面度，如图 5-24a 所示。研磨工件的数量较多时，可采用 C 形夹，将几个工件夹在一起研磨，既防止了工件加工面的倾斜，保证了研磨质量，又提高了加工效率，如图 5-24b 所示。

研磨分粗研、半精研和精研三个阶段。粗研完成后工件表面的机械加工痕迹基本消除，平面度接近图样的要求；半精研完成后工件加工表面机械加工痕迹完全消失，工件的精度达到图样的要求；精研完成后工件的精度和表面粗糙度值要完全符合图样的要求。

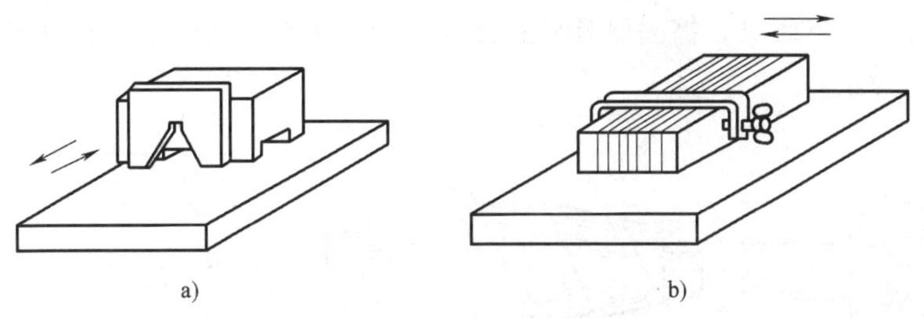

a)　b)

图 5-24　狭窄平面的研磨

2. 圆柱面的研磨

圆柱面的研磨一般是手工与机器配合进行的。圆柱面研磨分为外圆柱面研磨和内圆柱面研磨。外圆柱面的研磨一般是在车床或钻床上用研磨环进行研磨的，如图 5-25 所示。研磨时，工件可靠地装夹在车床或钻床上，其上均匀地涂抹研磨剂，套上研磨环并调整好间隙，以用手能转动研磨环为宜。用手推动研磨环，通过工件的旋转和研磨环在工件上沿轴线方向做往复运动进行研磨。

研磨时，一般直径小于80mm的工件，转速为100r/min；直径大于100mm的工件，转速为50r/min。研磨环的往复移动速度，可根据工件在研磨时出现的网纹来控制。当出现45°交叉网纹时，说明研磨环的移动速度适宜，移动太快则网纹与工件轴线的夹角较小，反之则较大，如图5-26所示。

内圆柱面的研磨与外圆柱面的研磨正好相反，是将工件套在研磨棒上进行的。研磨时，将研磨棒装夹在机床卡盘上，夹紧并转动研磨棒，用手扶持工件在研磨棒上沿轴线做直线往复运动，其松紧程度以手把持工件不感觉十分费力为宜。若工件上为大尺寸孔，则应尽量置于垂直地面的位置进行手工研磨。

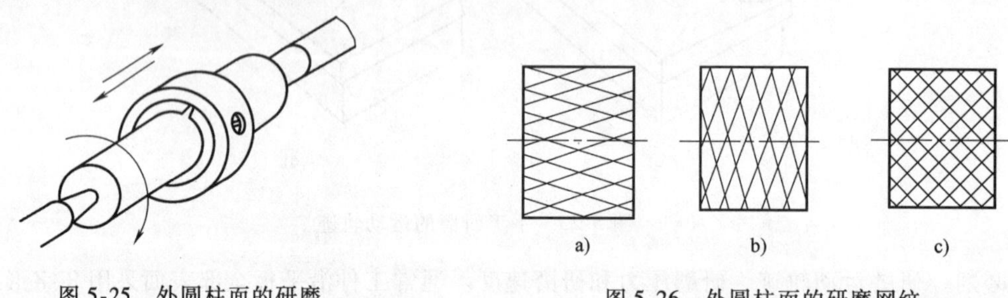

图5-25　外圆柱面的研磨

图5-26　外圆柱面的研磨网纹

a）太快　b）太慢　c）适当

3. 圆锥面的研磨

圆锥面的研磨包括圆锥孔的研磨和外圆锥面的研磨。研磨圆锥面使用带有锥度的研磨棒（或研磨环）进行研磨。研磨棒（或研磨环）应具有与研磨表面相同的锥度，其工作部分的长度应是工件研磨长度的1.5倍。研磨棒上开有螺旋槽，用来储存研磨剂，通常有右旋和左旋之分，如图5-27所示。

研磨时，一般在车床或钻床上进行，如图5-28所示。在研磨棒或研磨环上均匀地涂上一层研磨剂，将其插入工件锥孔中或套入工件的外表面并使其旋转，旋转方向应与研磨棒的螺旋槽方向相适应，转动4~5圈后，将研具稍微拔出一些，然后再推入进行研磨，当研磨接近要求的精度时取下研具，擦去研具和工件表面的研磨剂，再套上研具进行抛光，直到达到加工精度要求为止。

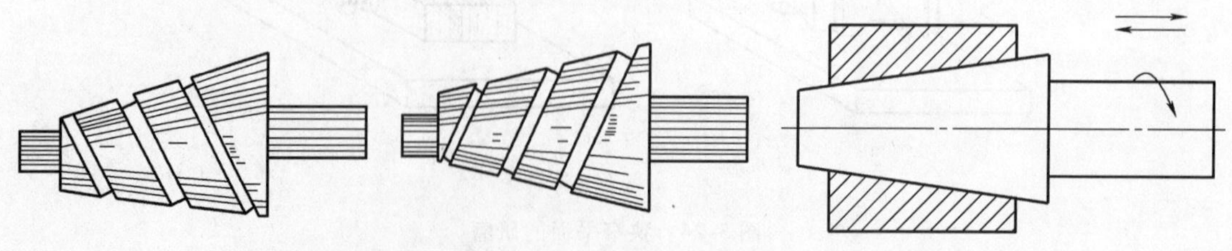

图5-27　圆锥面研磨棒

图5-28　圆锥面的研磨

研磨过程中，研磨的压力和速度对研磨效率及质量有很大影响。压力大、速度快，则研磨效率高。但压力和速度太大时，工件表面容易粗糙，工件容易因发热而变形，甚至会因磨

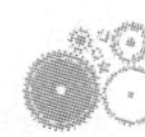

料被压碎而使工件表面划伤。一般研磨较小的硬工件或进行粗研磨时，可用较大的压力、较低的速度进行研磨；而研磨较大的软工件或进行精研磨时，则应用较小的压力、较快的速度进行研磨。另外，在研磨中，应防止工件因发热而引起变形。若工件发热，应暂停，待冷却后再进行研磨。

研磨中必须重视清洁工作，才能获得高质量的工件表面。若忽视了清洁工作，轻则使工件表面拉毛，重则会拉出深痕而造成废品。另外，研磨后应及时将工件清洗干净并采取防锈措施。

知识拓展　切削液

金属切削过程中合理选择切削液，不仅可以降低工件的表面粗糙度值，减小切削力，还可以使切削温度降低，延长刀具的使用寿命以及保证加工精度，提高生产率。

（1）切削液的作用

1）冷却作用。切削液能带走切削区大量的切削热，改善切削条件，起到冷却工件和刀具的作用。

2）润滑作用。切削液可以渗入到工件表面与刀具后刀面之间、切屑与刀具前刀面之间的微小间隙中，减小切屑与前刀面和工件与后刀面之间的摩擦。

3）清洗作用。具有一定压力和流量的切屑液，可把工件和刀具上的细小切屑冲掉，防止拉毛工件，起到清洗作用。

4）防锈作用。切削液中加入防锈剂，可以保护工件、机床和刀具免受腐蚀，起到防锈的作用。

（2）切削液的种类

常用切削液有乳化液和切削油两种。

1）乳化液。由乳化油加注 15～20 倍的水稀释而成。乳化液的特点是比热容大、黏度小、流动性好，可吸收切削热中的大量热量，主要起冷却作用。

2）切削油。切削油的成分是矿物油。切削油的特点是比热容小、黏度大、流动性差，主要起润滑作用。常用的矿物油有 10 号机油、20 号机油、煤油和柴油等。

（3）切削液的选择　切削液主要根据工件的材料、刀具材料、加工性质和工艺要求进行合理选择。

1）粗加工时因背吃刀量大、进给速度快、产生热量多，所以应选以冷却为主的乳化液。

2）精加工主要是保证工件的精度、表面质量和延长刀具使用寿命，应选择以润滑为主的切削油。

3）使用高速钢刀具应加注切削液，使用硬质合金刀具一般不加注切削液。

4）加工脆性材料如铸铁，一般不加切削液，若加只能加注煤油。

5）加工镁合金时，为防止燃烧起火，不加切削液，若必须冷却时，应用压缩空气进行冷却。

任务评价

见表 5-5。

表 5-5 刀口形直尺刀口面研磨的检测与评价

序号	检测内容	配分	评分标准	教师评分
1	涂抹研磨粉(两次)	10	不均匀扣5分	
2	粗研	30	只移动扣10分;只摆动扣10分	
3	精研	30	未清洗或更换研磨板扣10分;未经常调头研磨刀口面扣10分	
4	直线度0.005mm	10	超差酌情扣2~8分	
5	$Ra0.025\mu m$	10	升高一级扣3分;升高三级及以上不得分	
6	洁净度	10	未擦拭干净不得分	
7	文明生产		违纪一项扣20分,违纪两项不得分	
合计		100		

复习与思考

1. 什么是刮削加工?说明其特点和应用。
2. 平面刮刀和曲面刮刀有什么不同?
3. 简述常用显示剂的种类及使用场合。
4. 叙述不同表面的显点方法。
5. 简述刮削的操作过程。
6. 粗刮、细刮、精刮和刮花各有什么作用?
7. 研磨的原理和作用是什么?
8. 对研具材料有哪些要求?研具有哪些类型?
9. 哪些因素对研磨质量有影响?
10. 了解平面、圆柱面和圆锥面的研磨方法。

任务六

一级减速器的装配

能力目标

1. 掌握螺纹联接的装配方法及预紧和防松的措施。
2. 能对普通平键联接、销联接和过盈连接进行装配。
3. 掌握齿轮传动的特点及圆柱齿轮的装配方法。
4. 能对带传动机构进行装配并进行张紧力的调整。
5. 了解蜗杆传动和螺旋传动的装配方法。
6. 掌握滚动轴承的特点和装配方法，正确进行固定与密封。
7. 通过本任务的学习和训练，完成一级减速器的装配。

任务内容

按图 6-1 所示的减速器传动原理图及减速器装配图完成减速器的装配及带传动的装配。

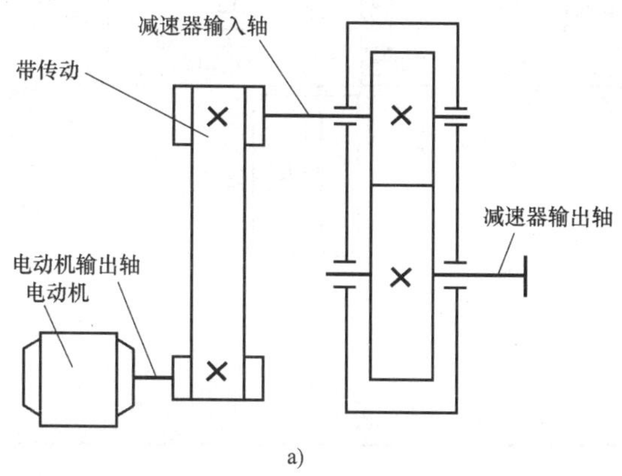

图 6-1　减速器

a）减速器传动原理图

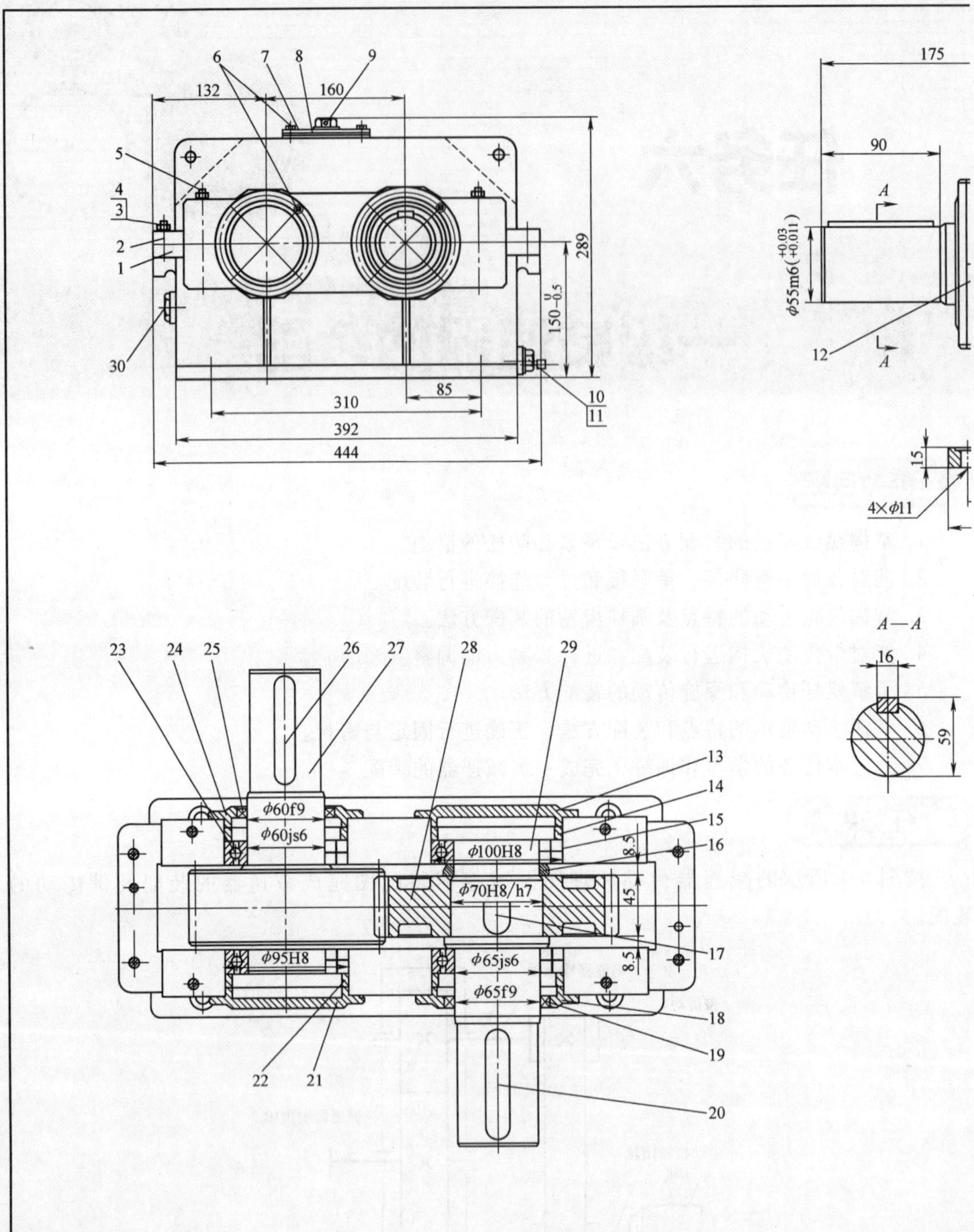

b)

图 6-1　减

b）减速器

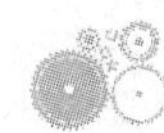

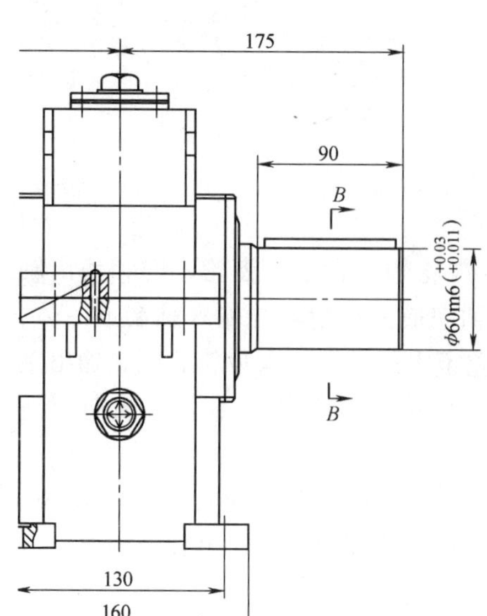

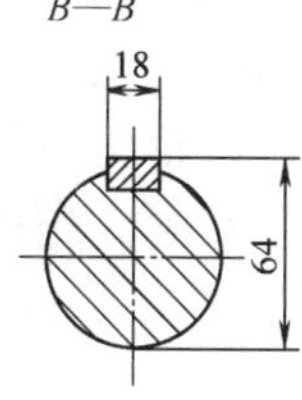

序号	名称	数量	材料	备注
30	油标A10 M16×1.5	1	H59	JB/T 7941.2—1995
29	轴	1	45	
28	齿轮	1	45	
27	齿轮轴	1	45	
26	键16×80	1	45	GB/T 1096—2013
25	骨架油封	1	成品	GB/T 9877—2008
24	透盖	2	HT200	
23	轴承6012	2	成品	GB/T 276—2013
22	调整环	1	45	
21	端盖	1	HT200	
20	键20×40	1	45	GB/T 1096—2013
19	骨架油封	1	成品	GB/T 9877—2008
18	透盖	1	HT200	
17	键18×80	1	45	GB/T 1096—2013
16	定距环	2	45	
15	轴承6013	2	HT200	GB/T 276—2013
14	调整环	1	45	
13	端盖	2	HT200	
12	销8×30	1	45	GB/T 117—2000
11	密封垫20×24	1	纯品	
10	螺塞M20×1.5	1	标准部件	
9	通气塞M20×1.5	1	标准部件	
8	垫片	1	耐油橡胶石棉	
7	视孔盖	1	Q235	
6	螺栓M6×16	20	35	GB/T 5783—2000
5	螺栓M8×60	4	35	GB/T 898—1988
4	螺栓M8	8	35	GB/T 6170—2000
3	螺栓M8×45	4	35	GB/T 5782—2000
2	箱盖	1	Q235	
1	箱体	1	Q235	

标记	处数	分区	更改文件号	签名	年、月、日	减速器		
设计	(签名)	(年月日)	标准化	(签名)	(年月日)	阶段标记	重量	比例
审核								
工艺			批准			共 张 第 张		

速器（续）

装配图

任务实施

1. 操作要求

1）完成一级减速器的装配。

2）完成带传动的装配。

2. 减速器的结构介绍

（1）减速器的传动装置　减速器的传动机构由输入齿轮轴、轴承、齿轮、键和输出轴等组成，其减速及传动功能由输入齿轮轴、齿轮和输出轴完成。小齿轮与输入轴制成一体，采用齿轮轴结构。这种结构用于齿轮直径和轴的直径相差不大的情况。大齿轮装配在输出轴上，利用平键进行周向固定，两轴均采用深沟球轴承，承受径向载荷和不大的轴向载荷作用。

（2）轴向定位及调整装置　轴向定位装置由端盖、透盖、调整环和定位轴环等组成。输入齿轮轴的轴向定位由两端端盖和透盖完成，间隙调整由调整环完成。输出轴的轴向定位由其两端的端盖、透盖和定位轴环完成，间隙调整由调整环完成。

（3）固定连接装置　固定连接装置由螺栓联接件、垫圈、螺母和销等组成。为了使减速器的箱体、箱盖以及端盖和透盖能重复拆装，并保证安装精度，本减速器在箱体与箱盖之间采用锥销定位和螺栓联接的方式，端盖、透盖与箱体间以及视孔盖与箱盖之间采用了螺钉联接的方式。

（4）润滑装置　本减速器需要润滑的部位有齿轮轮齿和轴承。齿轮轮齿的润滑方式为齿轮携带润滑油做自润滑；轴承润滑由齿轮甩出的油，通过箱盖内壁流入箱体上方的油槽内，再从油槽流入轴承对其进行润滑。

（5）密封装置　密封装置由透盖、端盖、密封圈和密封垫片等组成。减速器应保证良好的密封性。本减速器采用骨架油封，防止箱内润滑油泄漏以及外界灰尘、异物进入箱体，并在视孔盖、油塞等与箱体的接缝处加密封垫片。为了防止上、下箱体结合面渗漏油，装配时在箱体结合面上涂有密封胶。

（6）观察装置　观察装置由箱盖上方的观察孔及箱体下部的油标组件组成。观察孔主要用来观察齿轮的运转情况及润滑情况，油标的作用是监视箱体内的润滑油面是否在适当的高度。油面过高，会增大齿轮运转的阻力，从而损失过多的传动功率；油面过低则齿轮、轴承的润滑会不良，甚至不能润滑，使减速器加速磨损和损坏。

（7）通气平衡装置　箱盖上方的通气螺钉用来平衡箱体内外的气压，使其基本相等，因为箱体内的压力过高会增加运动阻力，同时增加润滑油的泄漏。

（8）箱体结构　减速器的箱体由箱盖与箱体组成。箱体是安置齿轮、轴及轴承等零件的机座，并存放润滑油，起到润滑和密封箱体内零件的作用。箱体与箱盖常采用剖分式结构（剖分面通过轴线），这样，轴及轴上的零件可预先在箱体外组装好再装入箱体，拆卸方便。箱盖与箱体通过一组螺栓联接，并通过两个定位销确定其相对位置。为保证箱体上的轴承孔与轴承的配合要求，剖分面之间不允许放置垫片，但可以涂上一层密封胶或水玻璃，以防箱体内的润滑油渗出。减速器的箱体是采用地脚螺栓固定在机架或地基上的。

3. 减速器装配的技术要求

1）装配前，应清除箱体内壁和所有铸件不加工面上的铁屑和杂物，并涂防锈油漆。

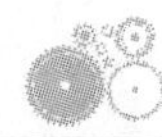

2）测量零件主要配合尺寸。

3）在装配前必须用煤油清洗零件，并将配合面洗净、擦干、涂油后进行装配。

4）在装配前需用煤油清洗滚动轴承，并擦干涂油；安装时严禁用锤子直接敲击，应垫以铜管或软铁管，并使力量均匀地分布在套圈上；轴承内圈必须紧贴轴肩或定位轴环，用0.05mm 的塞尺检查不得通过。

5）轴系零件安装后，用手转动输入轴，观察有无零件干涉，齿轮啮合的最小齿侧间隙应不大于0.16mm，齿面接触斑点沿齿高方向应不小于70%，沿齿长方向应不小于90%，经检查无误后，方可合上箱盖。

6）减速器各剖分面、各接触面及密封处，均不允许漏油，箱体剖分面允许涂密封胶，紧固螺栓涂防松胶，不允许使用其他任何填料，外表应抛光喷漆。

7）使用减速器前应根据说明书规定的油量加注机油，油量不得超过或低于机油标尺上的最高或最低刻线。

8）减速器装配完成后要进行试车，正反转均需运转2h 以上，并注意监测油温的变化和运转噪声，如发现油温升得过高或声音不正常，应停车分析原因，排除故障后才能继续使用。

4. 装配过程

（1）清理箱体　检查箱体内有无零件及其他杂物，并清理干净箱体内部，如图6-2 所示。

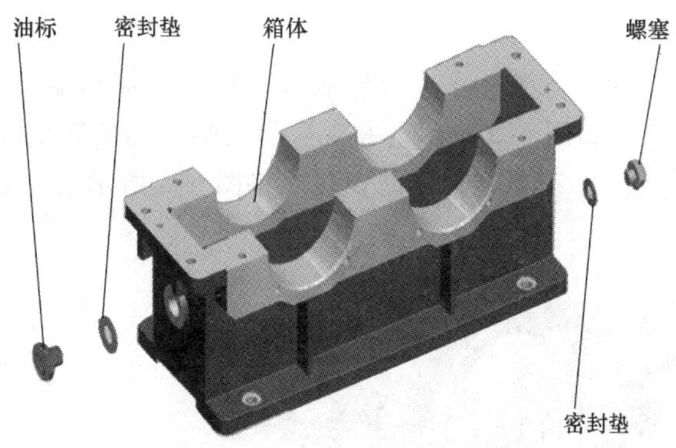

图6-2　箱体

（2）装配输出轴系　在输出轴上安装用于连接齿轮的平键，安装齿轮到要求位置，安装定位轴环、轴承、调整环，如图6-3 所示。

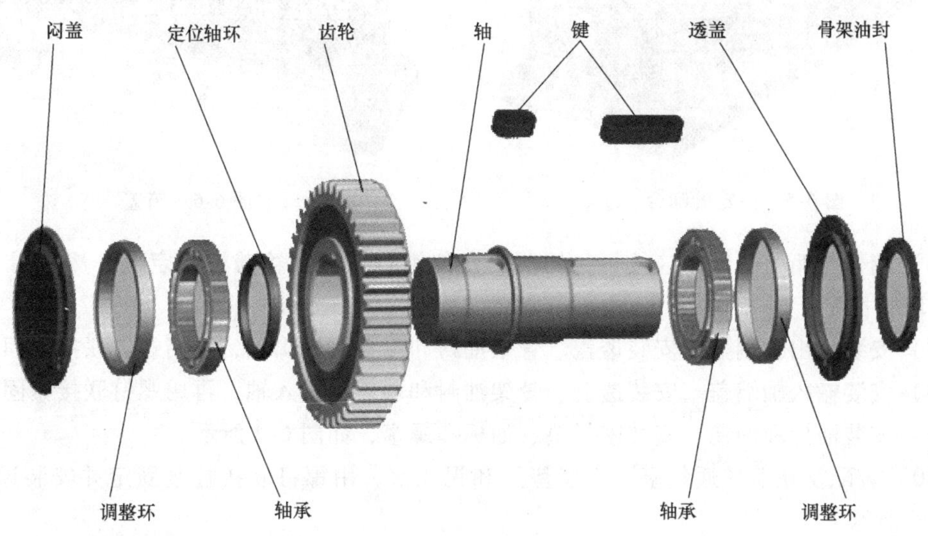

图6-3　输出轴系

（3）装配输入轴系　在输入齿轮轴上安装轴承和调整环，如图 6-4 所示。

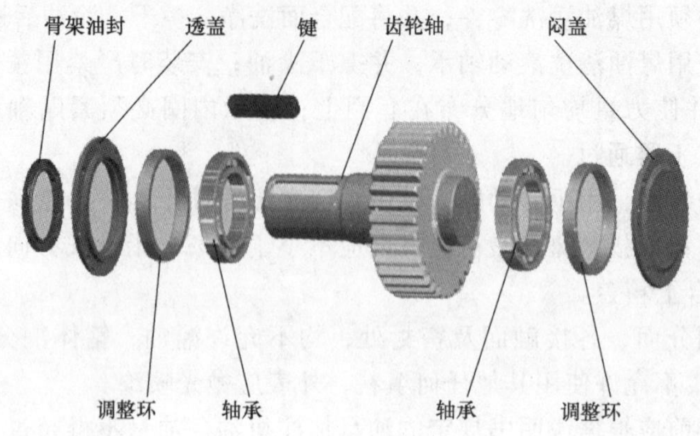

图 6-4　输入轴系

（4）安装轴系、齿轮啮合　将输入轴和输出轴系安装到箱体指定位置，使两齿轮正确啮合，如图 6-5 所示，并观察齿轮啮合的旋转情况。

（5）箱盖与箱体的安装　将图 6-6 所示上箱盖安装到下箱体上（接合处涂密封胶）。

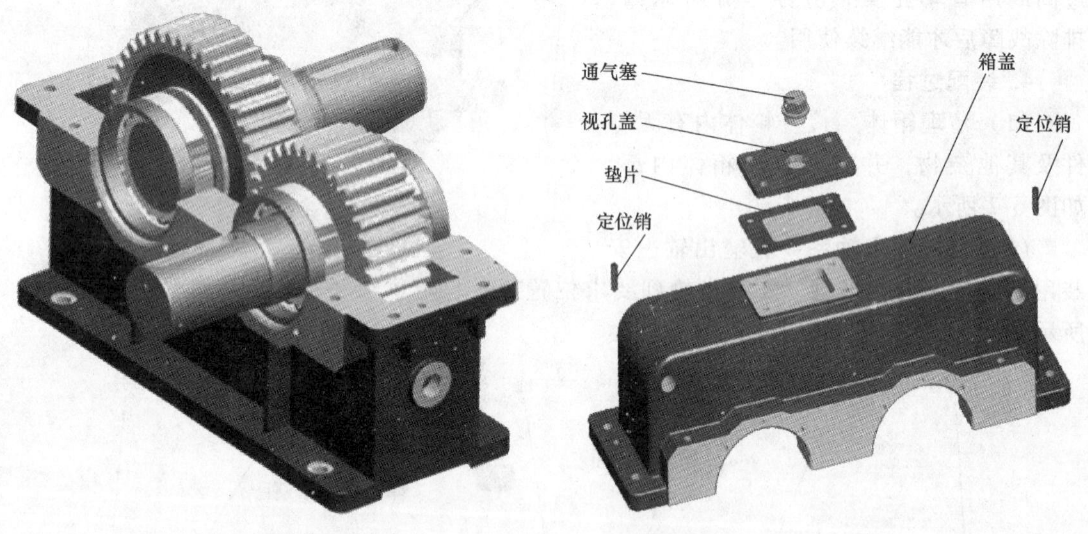

图 6-5　齿轮的啮合　　图 6-6　箱盖

（6）箱体与箱盖的固定连接　先用两个定位销对箱体和箱盖进行定位，然后用一组螺栓进行联接固定。

（7）安装输出轴端盖　安装透盖、骨架油封和端盖到输出轴，再用螺钉联接紧固。

（8）安装输入轴端盖　安装透盖、骨架油封和端盖到输入轴，再用螺钉联接紧固。

（9）安装油标和油塞　安装密封垫、油标和螺塞，如图 6-2 所示。

（10）装配视孔盖和通气塞　安装垫片和视孔盖，用螺钉联接拧紧固定并安装通气塞，如图 6-6 所示。

（11）装配完成　图 6-7 所示为装配完成的减速器。

（12）带传动的装配　安装电动机输出轴和减速器输入轴上的键；安装电动机输出轴上

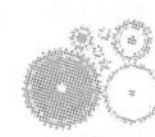

带传动的主动轮；安装减速器输入轴上带传动的从动轮；安装传动带并使其位置正确、张紧适度。

装配时，按轮毂键槽和轴上键槽修配平键，同时在安装面上涂润滑油，用锤子将带轮轻轻打入或用压入工具将带轮压到轴上，使之配合良好，并检查带轮的轴向圆跳动和径向圆跳动误差，以保证带轮在轴上安装的正确性，同时保证两带轮相互位置的正确性，防止带轮倾斜或错位。

（13）减速器的试车　起动电动机，逐步加载至额定载荷，试运转不得少于2h，运转过程中应平稳、无冲击和振动，无渗漏油，油池最高温度不得超过80℃，油温升高不得超过60℃，轴承温度不得超过80℃。试车过程中如有异常情况，应及时停机，然后按操作程序查明原因予以排除。

图6-7　减速器

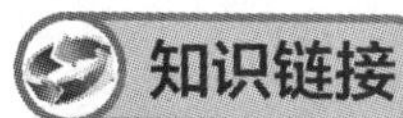

知识链接　组件的装配

知识点一　固定连接的装配

在机器装配中，许多零部件之间需要通过连接来确定彼此之间的正确位置。组成连接的零件工作时相对位置不发生变化的连接，称为固定连接，也称为静连接，例如减速器中齿轮与轴的连接、上箱体与下箱体的连接等。组成连接的零件工作时相对位置发生变化（即构成运动副）的连接，称为活动连接，也称为动连接，例如车床主轴箱中滑移齿轮与轴的连接。常见的固定连接有螺纹联接、键联接、销联接、过盈连接、管道连接及铆接、焊接、粘接等。

一、螺纹联接的装配

1. 知识点分析

利用具有螺纹的零件将需要相对固定的零件联接在一起，这种联接称为螺纹联接。螺纹联接要求保证连接强度，有时还要求紧密性。螺纹联接是一种可拆的固定连接，具有结构简单、工作可靠、装拆方便、成本低等优点，在机械制造中应用广泛。

螺纹联接的技术要求是：应保证获得一定的预紧力；螺母、螺钉等联接件不产生歪斜，保证螺纹联接的配合精度；具有可靠的防松装置等。

常用的螺纹联接主要有螺栓联接、双头螺柱联接、螺钉联接以及紧定螺钉联接等，如图6-8所示，其中图6-8a所示为螺栓联接，图6-8b所示为双头螺柱联接，图6-8c所示为螺钉联接。

2. 工具的认识和使用

（1）旋具　旋具是用来拧紧或松开头部带沟槽螺钉的工具，常用的旋具有一字螺钉旋具、十字螺钉旋具和弯头旋具等。

1）一字螺钉旋具。一字螺钉旋具的规格有100mm、150mm、200mm、300mm和400mm等几种，其规格是以旋具体部分的长度来表示的，使用时，应按螺钉一字形沟槽的宽度来选

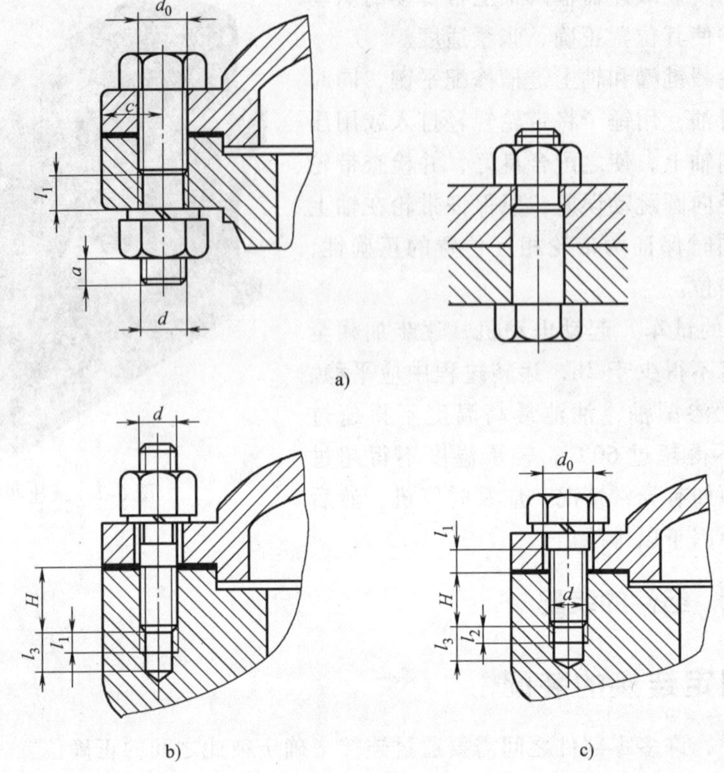

图 6-8　螺纹联接

择相适宜的螺钉旋具，如图 6-9a 所示。

2）十字螺钉旋具。十字螺钉旋具主要用来装拆头部带有十字槽的螺钉，使用时，旋具不易从十字沟槽中滑出，保证了操作的可靠性，如图6-9b所示。

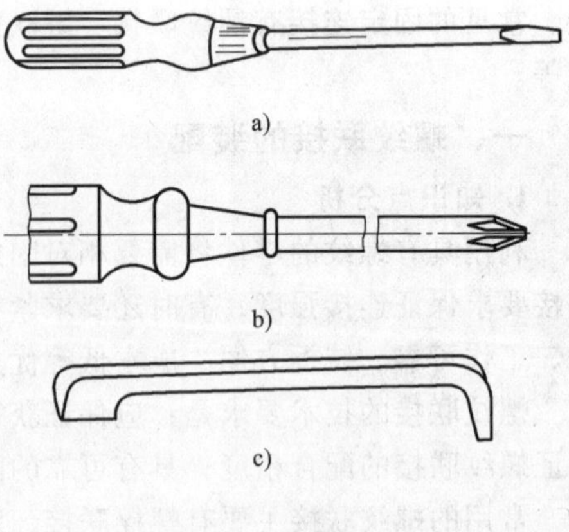

3）弯头旋具。弯头旋具的两端各有一个刃口且互相垂直，适用于螺钉头顶部空间受到限制的拆装场合，如图 6-9c 所示。

（2）扳手　扳手是用来装拆六角形、正方形螺钉及各种螺母的，常用工具钢、合金钢或可锻铸铁制成。扳手分为通用扳手、专用扳手和特种扳手三类。

a)

b)

c)

图 6-9　旋具

1）通用扳手。通用扳手又称活扳手，钳口的开口尺寸可在一定范围内调节，以适应不同的螺母尺寸。使用通用扳手时应让其固定钳口承受主要作用力，以防止歪斜，否则容易损坏扳手或损伤螺母头部的表面，如图 6-10 所示。通用扳手的规格用长度表示，不同规格的螺母应选择相应规格的通用扳手。

2）专用扳手。专用扳手指只能扳动一种规格的螺母或螺钉的扳手，如图 6-11 所示。

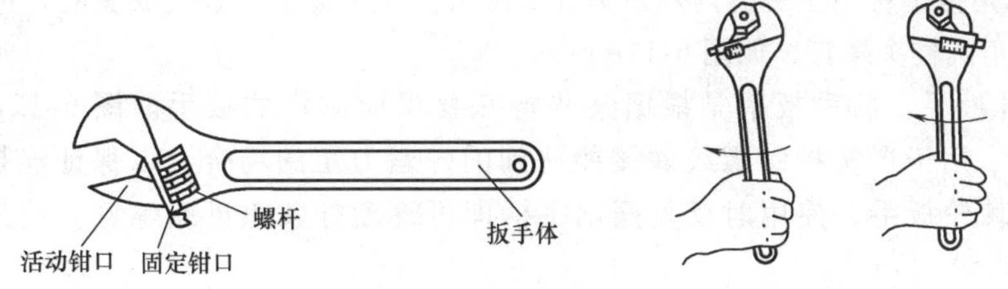

图 6-10　通用扳手

① 呆扳手：用于装拆六角形或方头的螺母或螺钉，有单头和双头之分。其开口尺寸与螺母或螺钉对边间距的尺寸相适应，通常根据标准尺寸做成一套，如图 6-11a 所示。

② 整体扳手：分为正方形、六角形、十二角形（梅花扳手）等。整体扳手只要转过较小的角度，就可以改换方向再用力，适用于工作空间狭小、不能容纳普通扳手的场合，如图 6-11b 所示。

③ 套筒扳手：由一套尺寸不等的梅花套筒组成，用于受结构限制无法用其他扳手装拆的场合或为了节省装拆时间时采用，其使用方便，工作效率较高，如图 6-11c 所示。

④ 钳形扳手：专门用来锁紧各种结构的圆螺母，如图 6-11d 所示。

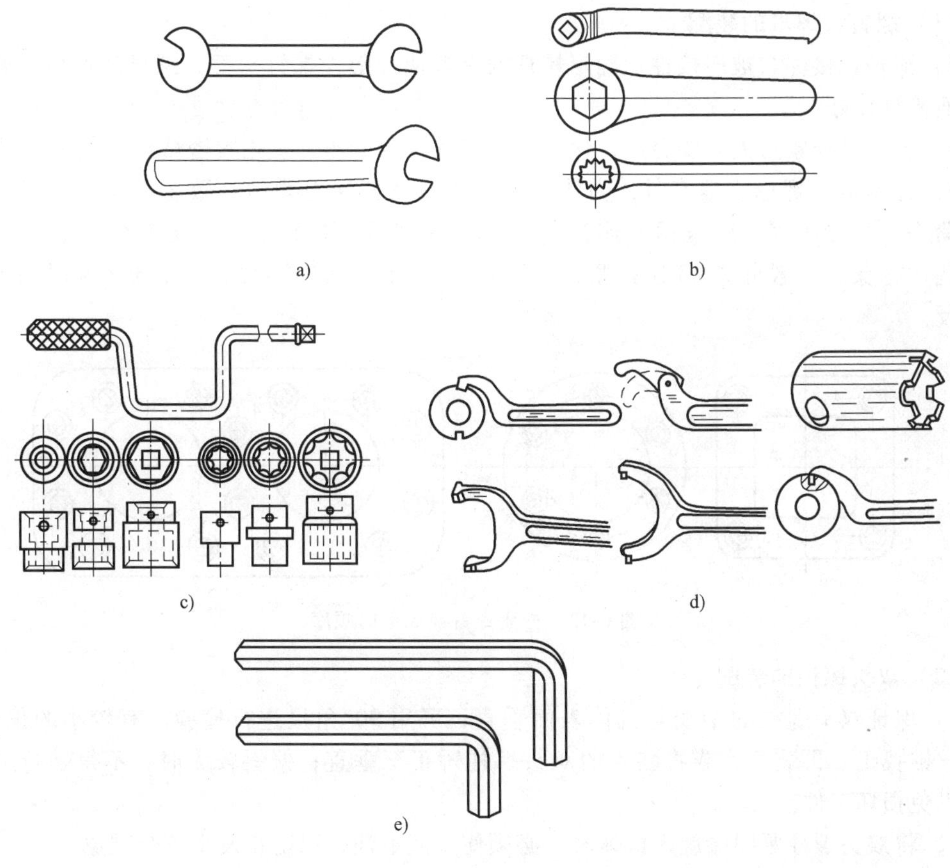

图 6-11　专用扳手

⑤ 内六角扳手：用于装拆内六角圆柱头螺钉。这种扳手一般是成套的，可供装拆 M4 ~ M30 的内六角圆柱头螺钉，如图 6-11e 所示。

3）特种扳手。特种扳手是根据某些特殊要求而制作的扳手。图 6-12a 所示为指针式测力扳手，用于严格控制螺纹联接能达到的拧紧力矩的场合，以保证连接可靠。图 6-12b 所示为棘轮扳手，使用时反复摆动手柄即可逐渐拧紧螺母或螺钉，使用方便，效率较高。

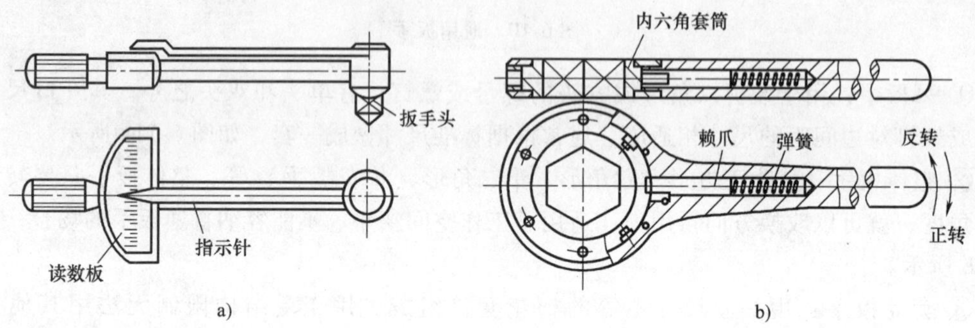

图 6-12　特种扳手

3. 能力掌握

（1）螺钉、螺母的装配

1）清理连接件与被连接件，确定螺杆没有弯曲变形，螺钉头部、螺母底面应与被连接件表面接触良好。

2）装配时拧紧力大小要合适，保证被连接件均匀受压，互相紧密贴合，连接牢固。

3）拧紧成组螺母或螺钉时，为使被连接件及螺杆受力均匀一致、不产生变形、互相贴合紧密、连接牢固，应根据被连接件的形状和螺母或螺钉的实际分布情况，按一定的顺序逐次拧紧，一般分 2 ~ 3 次拧紧，如图 6-13 所示，而拆卸时的顺序与装配时的顺序刚好相反。

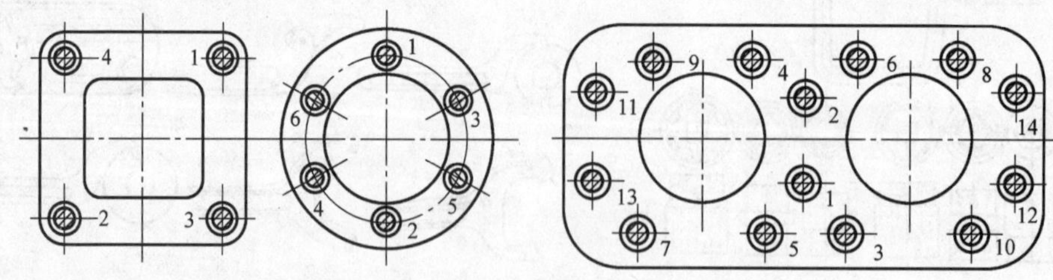

图 6-13　拧紧螺钉或螺母的顺序

（2）双头螺柱的装配

1）保证双头螺柱的轴线与机体表面垂直，可用 90°角尺进行检验。有较小的偏斜时，可用丝锥找正后再装配，或将装入的双头螺柱矫正至垂直；偏斜较大时，不得强行进行装配，以免损坏工件。

2）将双头螺柱紧固端旋入机体时，必须使用润滑油，以防止发生咬合现象。

3）保证双头螺柱与机体螺纹的配合有足够的紧固性。常用的双头螺柱紧固端的紧固方

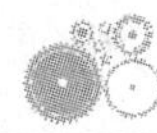

式如图 6-14 所示，拧紧双头螺柱的方法如图 6-15 所示。

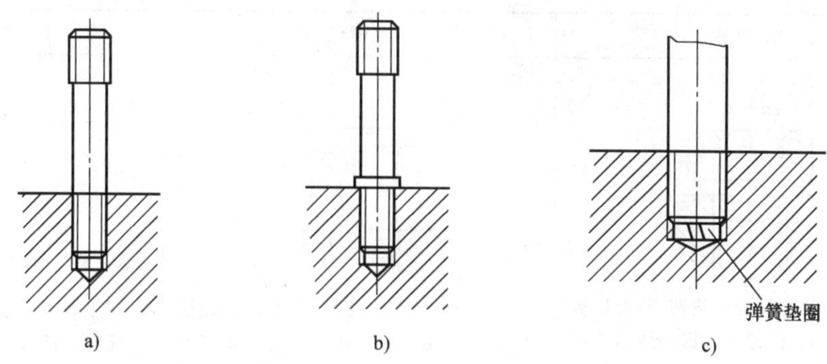

图 6-14　双头螺柱紧固端的紧固形式

a）具有足够的过盈量　b）带有台肩紧固　c）用弹簧垫圈止退

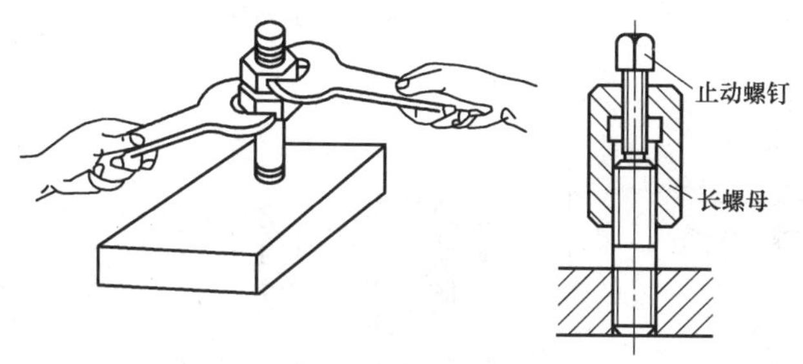

图 6-15　拧紧双头螺柱的方法

（3）螺纹联接的预紧与防松

1）螺纹联接的预紧。绝大多数螺纹联接在装配时都必须拧紧，使连接件和被连接件在承受工作载荷之前预先受到力的作用，这个预加作用力称为预紧力。

预紧的目的在于增强连接的可靠性和紧密性，以防止受载后被连接件间出现缝隙或发生相对滑移。特别是对于有气密性要求的管路、压力容器等的连接，选用较大的预紧力对螺纹联接的可靠性以及连接件的疲劳强度都是有利的。但过大的预紧力会导致整个连接的结构尺寸增大，也会使连接件在装配或偶然过载时被拉断。因此，对于重要的螺栓联接，装配时应严格控制预紧力。预紧力可以通过拧紧螺母获得，其大小由螺栓联接的要求确定。控制预紧力的方法很多，通常是借助测力矩扳手或定力矩扳手，利用控制拧紧力矩的方法来控制预紧力的大小。重要的螺栓联接应尽量不采用小于 M12 的螺栓，以免装配时由于预紧力过大而被拧断。

2）螺纹联接的防松。螺纹联接在设计上都是满足自锁条件的，在静载荷作用下或温度变化不大的情况下，螺纹联接不会松脱，这种性能称为螺纹的自锁性。联接螺纹大多采用单线螺纹，能满足自锁要求，但在冲击、振动、变载荷、温度变化等因素的影响下，螺纹副间的摩擦力有可能减小或瞬时消失，使螺纹联接松动，甚至松开，导致机器不能正常工作，甚至发生严重事故，造成很大危害。所以螺纹联接必须采取有效的防松措施，以保证连接的安全、可靠性。

常见的几种防松装置和防松方法见表 6-1。

表 6-1　螺纹联接常用的防松方法

	弹簧垫圈	双螺母	尼龙圈锁紧螺母
摩擦防松	弹簧垫圈的材料为弹簧钢，装配后被压平，其反弹力使螺纹间保持压紧力和摩擦力；同时切口尖角也有阻止螺母反转的作用；其结构简单，尺寸小，工作可靠，应用广泛	利用两螺母的对顶作用，把该段螺纹拉紧，保持螺纹间的压力。由于需要多用一个螺母，外廓尺寸大，且不十分可靠，目前已很少使用	利用螺母末端的尼龙圈箍紧螺栓，横向压紧螺纹
	槽形螺母和开口销	圆螺母和止退垫圈	串金属丝
机械方法防松	槽形螺母拧紧后，用开口销穿过螺栓尾部小孔和螺母槽，使螺母和螺栓不能产生相对转动；安全可靠，应用较广	使垫圈内舌嵌入螺栓或轴的槽内，拧紧螺母后将外舌之一折嵌于圆螺母槽内；常用于滚动轴承的固定	螺钉紧固后，在螺钉头部小孔中串入铁丝，但应注意串孔方向为旋紧方向；此法简单、安全，常用于无螺母的螺钉组联接

二、键联接的装配

1. 知识点分析

键主要用于联接轴和轴上的传动零件（齿轮、带轮、凸轮等），实现周向固定并传递转矩；有的键也可以实现零件的轴向固定或轴向移动，用作动联接。这种用键将轴及轴上传动零件联接起来的方式称为键联接。键联接具有结构简单、工作可靠、装拆方便及已经标准化等特点，在生产中得到了广泛的应用。

根据结构特点和用途不同，键联接可分为松键联接、紧键联接和花键联接三大类。

（1）松键联接　松键联接指靠键的侧面来传递转矩，对轴上零件只做周向固定，不能承受轴向力，能保证有较好的对中性和较高的传动精度的键联接。松键联接主要有普通平键联接，如图 6-16a 所示；半圆键联接，如图 6-16b 所示；导向键联接，如图 6-16c 所示；滑键联接，如图 6-16d 所示。

松键联接的技术要求是保证键与键槽的配合要求；键与键槽应具有较小的表面粗糙度值；装配后应保证键与轴上键槽的底面贴合，接触良好，键的顶面应与轮毂上键槽的顶面留有一定的间隙，并符合图样的要求；键与键槽的两侧面应均匀接触，配合尺寸符合图样的要求。

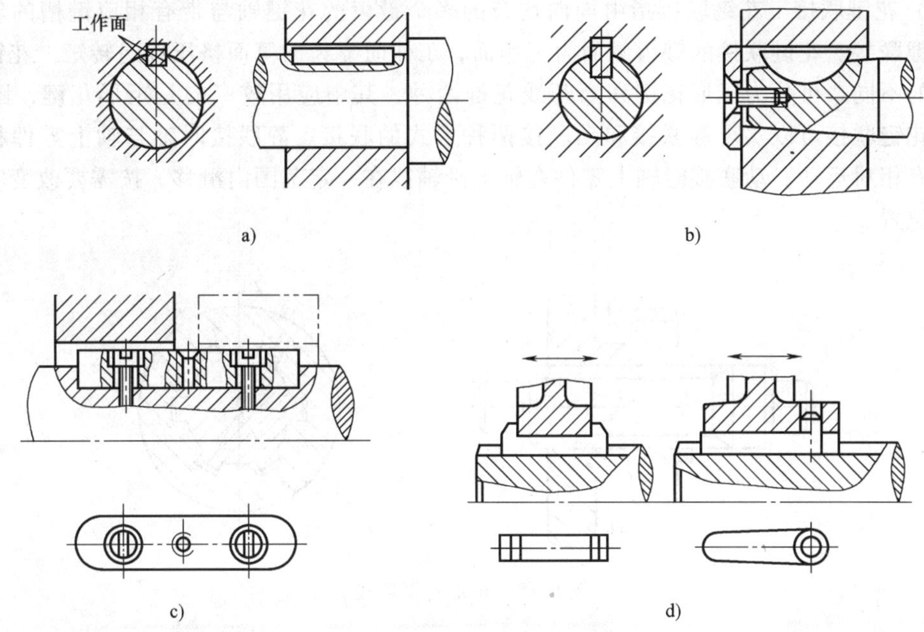

图 6-16　松键联接

(2) 紧键联接　紧键联接指利用键的上、下两表面作为工作面来传递转矩的键联接。常用的紧键联接有楔键联接和切向键联接，如图 6-17 所示。

紧键联接的技术要求是键的斜度应与轮毂上键槽的斜度一致；键与键槽的两侧面留有一定的间隙；装配时应保证拆卸时的工艺要求。

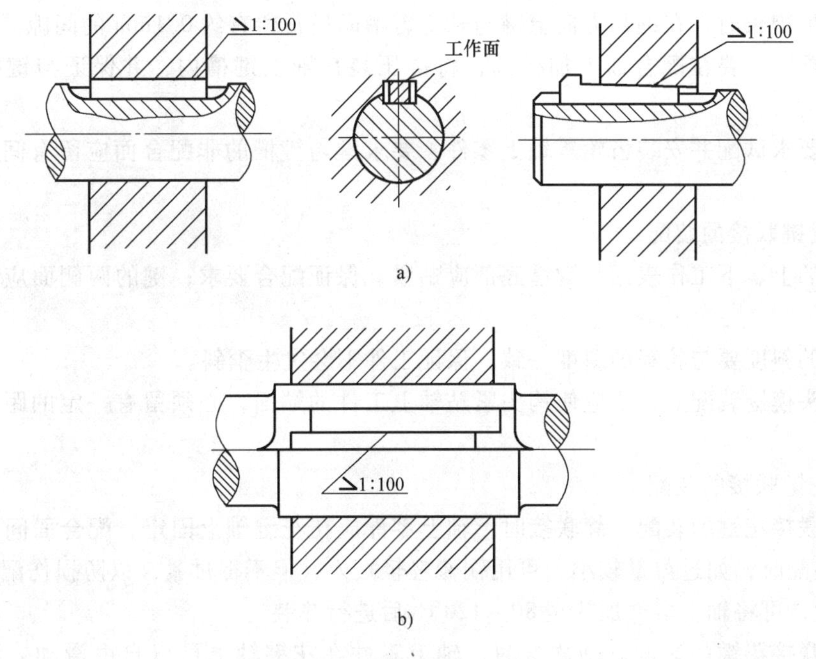

图 6-17　紧键联接
a) 楔键联接　b) 切向键联接

（3）花键联接　花键联接指由周向均布的多个键齿的花键轴与带有相应键槽的轮毂相配合的键联接。花键联接的键齿侧面为工作面，工作时靠齿的侧面挤压传递转矩。花键根据其齿形的不同，可分为矩形花键和渐开线花键两种，其中应用较广的是矩形花键，图 6-18 所示的花键联接可以实现静联接和动联接两种形式的联接。静联接时轴与轴上零件相对固定，没有相对运动；动联接时轴上零件在轴上沿轴线在一定范围内滑移，按需要改变零件在轴上的位置。

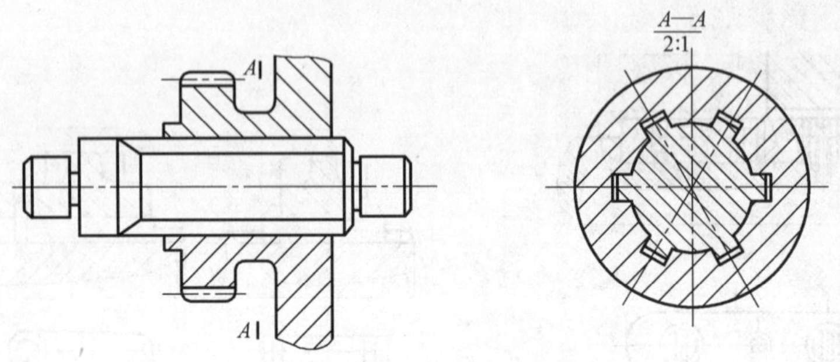

图 6-18　矩形花键联接

2. 能力掌握

（1）松键联接的装配

1）清理键及键槽上的毛刺，保证配合的正确性。

2）检查键的质量。对于重要的键联接，装配前应检查键槽对轴线的对称度和平行度误差以及键侧面的直线度误差。

3）用键的头部与轴上键槽进行试配，保证其配合性质。

4）锉配键长时，在键长方向上键与轴上键槽间通常留有约 0.1mm 的间隙。

5）装配时，要在配合面上加机油，将键压装在轴上键槽内，并保证与键槽底面接触良好。

6）按要求试配并安装齿轮等轴上零件，要求键与键槽的非配合面应留有间隙，达到使用要求。

（2）紧键联接的装配

1）键的上、下工作表面与键槽底部应贴紧，保证配合要求；键的两侧面应留有一定的间隙。

2）键的斜度要与轮毂的斜度一致，保证工件不会发生歪斜。

3）钩头楔键装配后，不应使钩头紧贴轴上工件的端面，必须留有一定的距离，以方便拆卸。

（3）花键联接的装配

1）静联接花键的装配。静联接时，轴上零件应在花键轴上固定，配合面间应有一定的过盈量。装配时，如过盈量较小，可用铜棒轻轻敲入，但不得过紧，以防损伤配合表面；如过盈量较大，可将轴上零件加热至 80 ~ 120℃ 后进行热装。

2）动联接花键的装配。动联接时，轴上零件在花键轴上可以自由滑动，没有阻滞现象，因此装配时应保证适当的间隙，以用手感觉不到明显的周向间隙为宜。

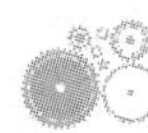

三、销联接的装配

1. 知识点分析

销联接指用销将两个零件联接起来的连接方式。销是一种标准件，其形状和尺寸均已标准化，有圆柱销、圆锥销、开口销等几种结构形式，应用最多的是圆柱销和圆锥销。

销联接结构简单，装拆方便，主要起定位、联接和安全保护的作用。用作确定零件之间相互位置的销，通常称为定位销，如图 6-19a 所示；用来传递动力或转矩的销称为联接销，使用圆柱销或圆锥销可传递不大的横向力或转矩，依靠过盈配合而使连接紧固，工作时受剪切和挤压作用，如图 6-19b 所示；当传递的动力或转矩过载时，用于联接的销首先被切断，从而保护被联接的零件免受损坏，这种销称为安全销，如图 6-19b 所示。

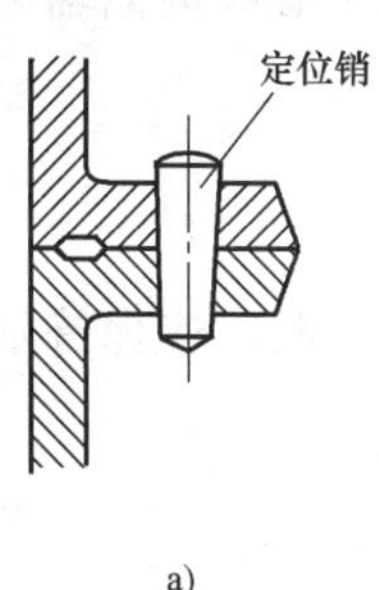

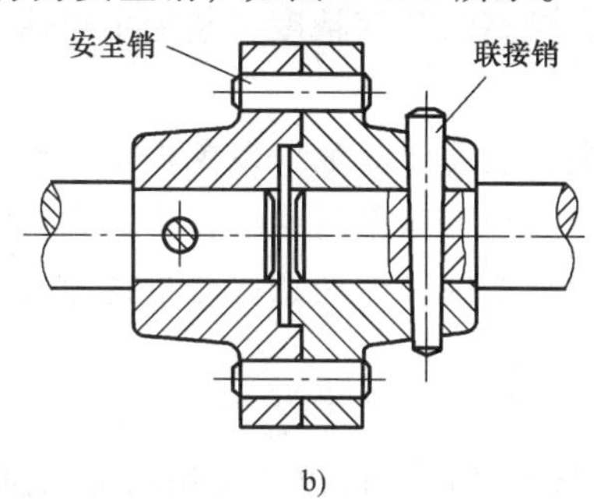

图 6-19　销联接

2. 能力掌握

（1）圆柱销的装配　圆柱销一般是通过过盈配合固定在销孔中的，以实现定位和连接。装配前，被连接件的各孔应进行配钻和配铰，以保证各孔的同轴度和表面质量，同时要控制好过盈量，以保证连接的紧固性和准确性。装配时，将孔清理干净，在销的表面涂上机油，用铜棒将销轻轻敲入配合孔中，或用 C 形夹头把销压入孔内，如图 6-20 所示。圆柱销不宜多次装拆，否则会降低定位精度和连接的紧固程度。

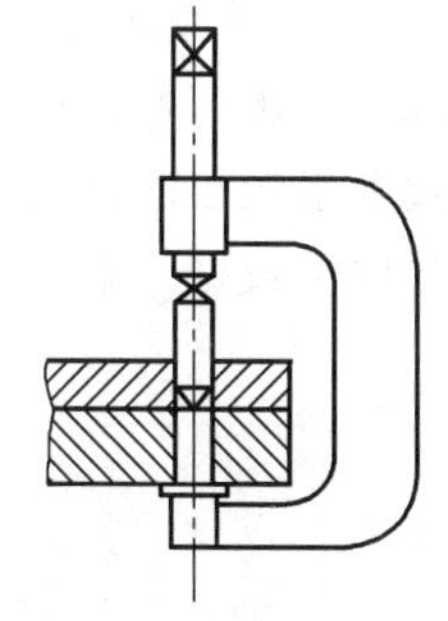

图 6-20　用 C 形夹头压装圆柱销

（2）圆锥销的装配　圆锥销以小端直径和长度代表其规格。装配前，以小端直径选择钻头，被连接件的各孔应进行配钻和配铰，以保证各孔的同轴度和表面质量。铰孔时，用压装法控制孔径，孔径大小以圆锥销长度的 80% 左右能自由插入为宜；装配时，可用锤子敲入，销的大头可稍微露出或与被连接件表面平齐，如图 6-21 所示。在拆卸圆锥销时，一般从一端向外敲击即可，有螺尾的圆锥销可用螺母旋出、拆卸带内螺纹的销时，可采用拔销器将其拔出。圆锥销具有 1∶50 的锥度，定位准确，可多次拆装而不影响其定位精度。

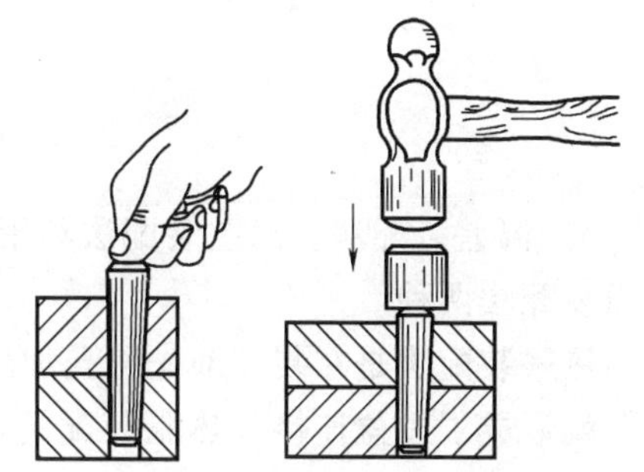

图 6-21　圆锥销的装配

四、过盈连接的装配

1. 知识点分析

过盈连接是利用零件上相互配合的孔和轴之间

的过盈量实现连接的一种连接方法。装配后，轴的直径被压缩，孔的直径被胀大，二者因变形而使配合面间产生压力；工作时，由此压力产生摩擦力来传递转矩和轴向力。

过盈连接的结构简单、定心精度高、承载能力强，在冲击和振动载荷的作用下能可靠地工作，但过盈连接装配较困难，对配合表面的尺寸精度及表面质量要求较高。过盈配合常用于较重载荷和不经常拆卸的场合。

过盈连接装配的技术要求如下。

1）按连接要求的紧固程度确定准确的过盈量，过盈量过大会使装配困难，过小不能满足传递转矩的要求，因此实际过盈量应能保证两个零件的正确位置和连接的可靠性。

2）配合表面应具有较小的表面粗糙度值，并保证配合表面洁净。

3）配合件应有较高的几何精度，装配中要注意保持轴孔中心线的同轴度，以保证装配后有较高的对中性。

4）装配前，配合表面要涂油，以免损伤工件表面。

5）装配时，压入过程应平缓连续，不宜太快。

6）对细长件或薄壁件，需注意检查过盈量和几何偏差。装配时应保持垂直位置，以免发生变形。

2. 能力掌握

常用的过盈连接有圆柱面过盈连接和圆锥面过盈连接。

（1）圆柱面过盈连接的装配　圆柱面的过盈连接是通过轴、孔尺寸差获得的过盈来实现的。根据过盈量的大小，可采用不同的装配方法。

1）压入装配法。当过盈量及配合尺寸较小时，在常温下一般采用压入装配法。可用锤子加垫块进行冲击压入，如图 6-22a 所示，适用于配合要求较低或配合长度较短的小型工件或过盈量较小的连接；也可采用工具进行压入，图 6-22b 所示为用 C 形夹头和压力机压入，其导向性较好，适用于大中型工件或过盈量较大的连接。

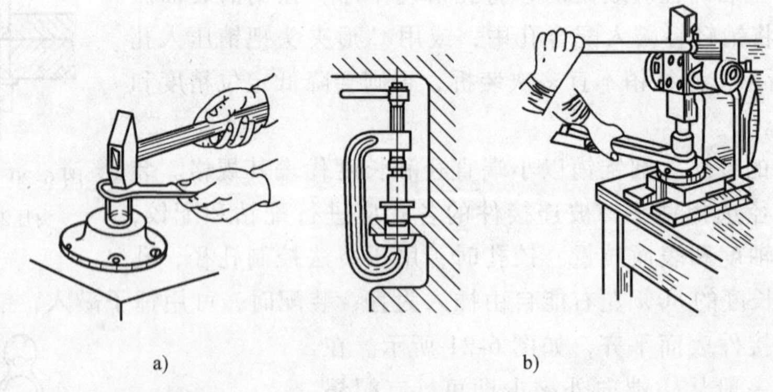

图 6-22　压入装配法

2）温差装配法。温差装配法利用的是金属材料热胀冷缩的物理特性，有热胀装配法和冷缩装配法两种。

热胀装配法是在装配前先将孔加热，使之胀大，然后将其套装在轴上，待孔冷却后，轴和孔就形成了过盈连接。热胀装配的加热方法应根据配合处过盈量及工件尺寸的大小来选择。过盈量较小的零件可放在沸水槽（80～100℃）、蒸汽加热槽（120℃）或热油槽（90～

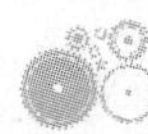

320℃）中加热；过盈量较大的中小型零件可放在电阻炉或红外线辐射加热箱中加热；过盈量大的大中型零件可用感应加热器加热。

冷缩装配法是在装配前先对轴进行低温冷却，使之缩小，然后与常温孔装配，得到过盈连接。冷却方法应根据配合处过盈量及工件尺寸的大小来选择：过盈量小的小型零件和薄壁衬套等零件的装配可采用干冰将轴冷却至 -78℃进行装配；过盈量较大的零件可采用液氮将轴冷却至 -195℃进行装配。

（2）圆锥面过盈连接的装配　圆锥面的过盈连接是利用锥轴和锥孔产生相对位移而相互挤压，从而获得过盈连接，常采用螺母压紧装配法和液压装配法。

1）螺母压紧装配法。螺母压紧装配法是通过拧紧螺母使配合面压紧形成过盈连接。配合面的锥度小时，所需轴向力小，但不宜拆卸；配合面的锥度大时，拆卸方便，但拉紧轴向力增大。通常锥度可取 1:30 ~ 1:8，如图 6-23 所示。

2）液压装配法。液压装配法是在装配时用高压油泵将油由包容件上的油孔或油沟压入到配合面，也可以由被包容件上的油孔或油沟压入到配合面，如图 6-24 所示。此时，高压油使包容件内径胀大，被包容件外径缩小，当施加一定的轴向力时，就能使轴和孔互相压入。当压入至预定的轴向位置后，排出高压油，即可形成过盈连接。同理，也可以利用高压油进行拆卸。采用液压装配法不需要很大的轴向力，配合面不容易损伤，但对配合面的接触精度要求较高，且需要高压油泵等专用设备。液压装配法多用于承载较大且需要多次装拆的场合，尤其适用于大型零件的装配。

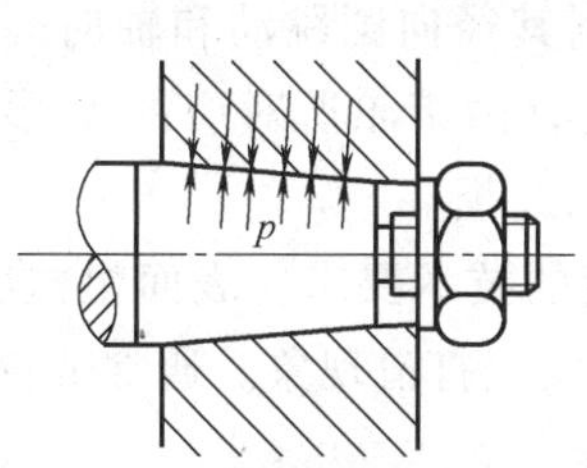

图 6-23　螺母压紧装配法

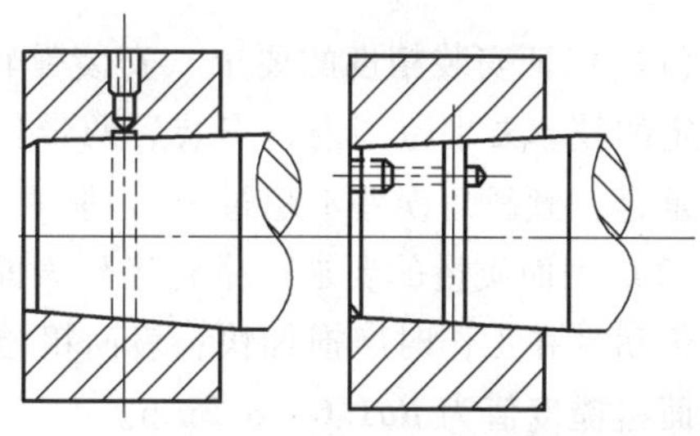

图 6-24　液压装配法

知识点二　传动机构的装配

一、带传动机构的装配

1. 知识点分析

带传动由主动带轮、从动带轮和传动带组成。带传动指依靠张紧在带轮上的带与带轮之间的摩擦力或啮合来传递运动和动力的一种传动。

带传动属于挠性传动，传动平稳、噪声小、结构简单、制造方便、过载时能起到保护的作用，且制造和安装精度要求不高，适用于两轴中心距较大的场合。

带传动分为摩擦型带传动和啮合型带传动，如图 6-25 所示。摩擦型带传动又分为 V 带传动、平带传动、多楔带传动和圆带传动，如图 6-26 所示。啮合型带传动又称为同步带传动。其中 V 带传动应用广泛。下面主要介绍 V 带传动的装配。

带传动机构装配的技术要求如下。

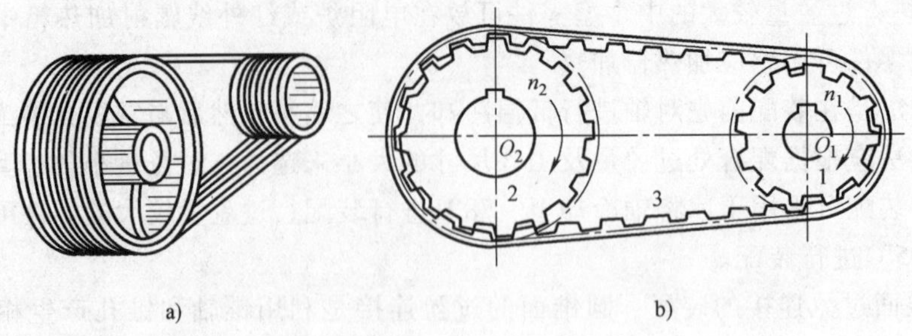

图 6-25 带传动

a）摩擦型带传动 b）啮合型带传动

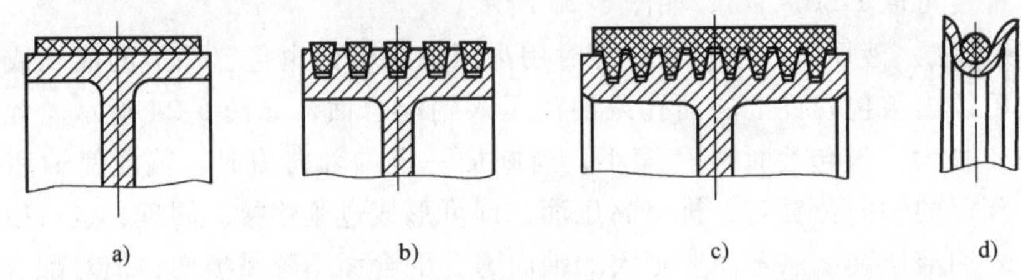

图 6-26 摩擦型带传动的分类

a）平带传动 b）V 带传动 c）多楔带传动 d）圆带传动

（1）保证安装精度的要求　安装带轮时，要严格控制其径向圆跳动和轴向圆跳动误差在规定的技术要求范围内；安装后两带轮轴线应相互平行，两带轮所对应的 V 形槽的对称面应重合，倾斜角误差不超过 20′，防止带的脱落或侧面的磨损。

（2）表面质量的要求　带轮工作表面质量要符合规定的技术要求，表面粗糙度值过大，会使传动带在工作时磨损加快；表面粗糙度值过小，容易发生打滑现象。通常带轮工作表面的表面粗糙度值为 $Ra1.6 \sim 3.2\mu m$。

（3）张紧力的要求　带的张紧力要适当，且要便于调整。张紧力过大，会造成带的磨损加快，也会使轴和轴承上的载荷增大而加速磨损；张紧力过小，则会造成因张紧力不足而不能传递一定的功率，同时也会因打滑而加剧带的磨损。

（4）包角的要求　当张紧力一定时，包角越大，摩擦力也越大，因此包角不宜太大，但为了保证要求的传动能力，带轮的包角也不能太小。一般情况下，小带轮的包角不能小于 120°，否则也容易打滑。

2. 能力掌握

（1）带轮的装配　带轮孔与轴的连接通常采用过渡配合，有少量过盈，这样能保证带轮与轴有较高的同轴度，要用紧固件进行周向固定和轴向固定，以传递较大的转矩。图 6-27 所示为各种轴和带轮的固定形式。

装配前，应用煤油清洗零件，修去毛刺。对于质量较大或运转速度较高的带轮，要做静平衡或动平衡处理。

装配时，按轮毂孔键槽和轴上键槽修配键，同时在安装面上涂上润滑油，用锤子将带轮轻轻打入或用压入工具将带轮压到轴上，使其配合良好，图 6-28 所示为用螺旋压入工具安

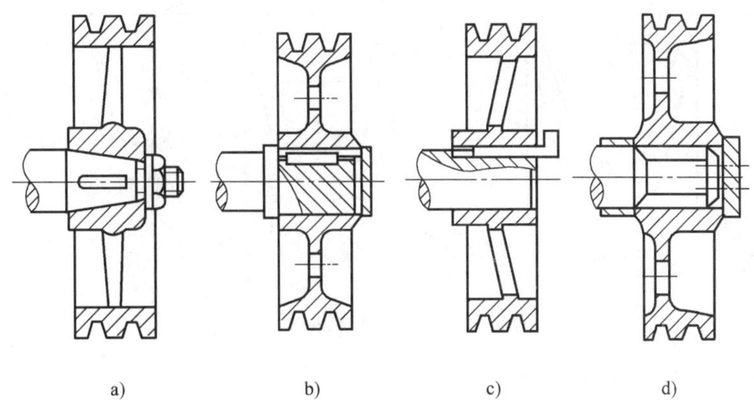

图 6-27　带轮与轴的各种固定形式

a）圆锥形轴头连接　b）平键联接　c）楔键联接　d）花键联接

装带轮。装配好的轴与带轮应采用适当的形式进行固定。

装配后，要检查带轮的轴向圆跳动误差和径向圆跳动误差，以保证带轮在轴上安装的正确性，同时保证两带轮相互位置的正确性，防止由于两带轮倾斜或错位引起带张紧不均匀而过快磨损。图 6-29 所示为检查带轮相互位置的正确性，图 6-30 所示为检查带轮的圆跳动误差。

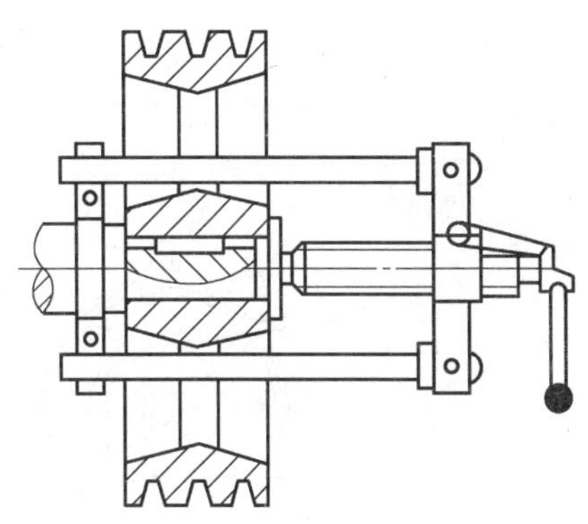

图 6-28　用螺旋压入工具安装带轮

（2）V 带的装配　安装 V 带时，先将其套在小带轮的轮槽中，然后套在大带轮边缘上，边转动大带轮边用一字螺钉旋具将带拨入到大带轮槽中。装配好后的 V 带在槽中的正确位置如图 6-31 所示。

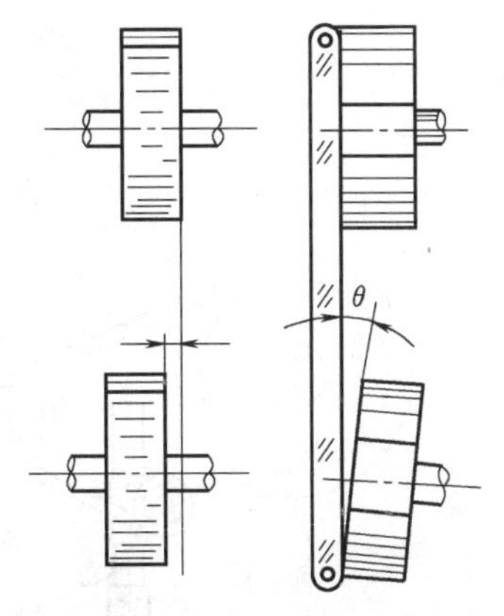

图 6-29　带轮相互位置的检查

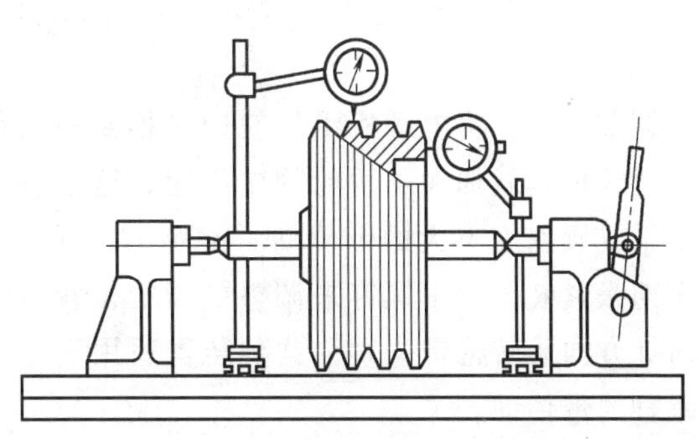

图 6-30　带轮圆跳动误差的检查

安装带轮时，要保持两带轮轴线平行，两带轮相对的 V 形槽的对称面重合；套装带时可将中心距缩小，待 V 带进入轮槽后再张紧，不得强行撬入；同时要注意新旧带不得混装

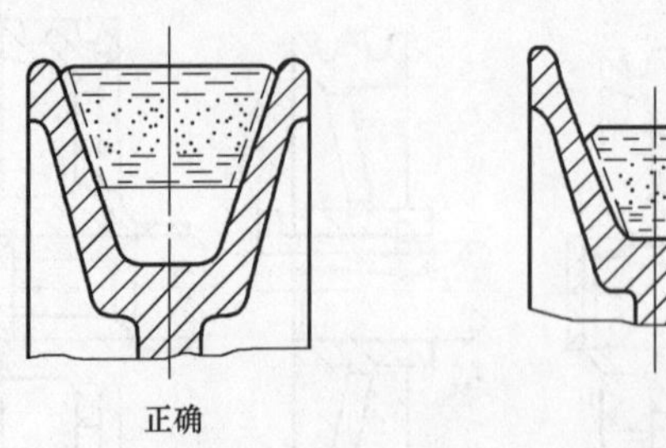

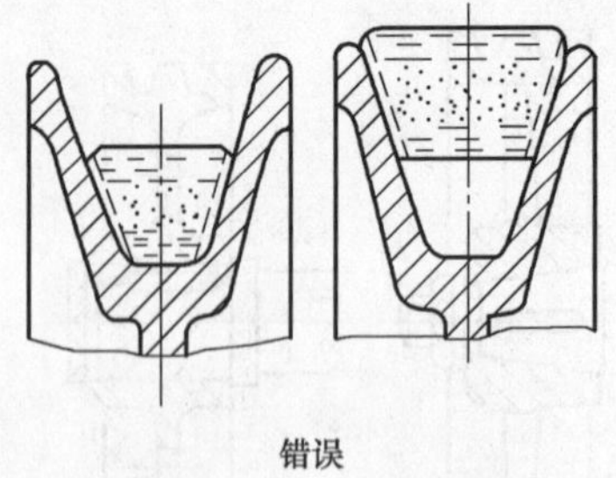

图 6-31　V 带在轮槽中的位置

使用，一根带损坏，应全部换用新带。

(3) 带的张紧　带传动是靠摩擦来传递运动的，因此，为保证带传动能正常地工作，就必须使带保持一定的张紧力。张紧力可以通过改变两轮的中心距来实现，也可以利用张紧轮来调整。

当中心距可调时，可以加大中心距使带张紧。调节中心距的张紧装置有移动式定期张紧装置和摆动式定期张紧装置。图 6-32a 所示为移动式定期调整装置，调整时，松开螺母，旋动调节螺钉，将电动机沿导轨向右推到所需位置，再拧紧螺母，就加大了两轮的中心距，这种装置适用于水平或倾斜度不大的带传动。图 6-32b 所示为摆动式定期张紧装置，用螺钉来调整摆架的位置，使摆架顺时针方向旋转将带张紧，这种装置适用于垂直或接近垂直的带传动。

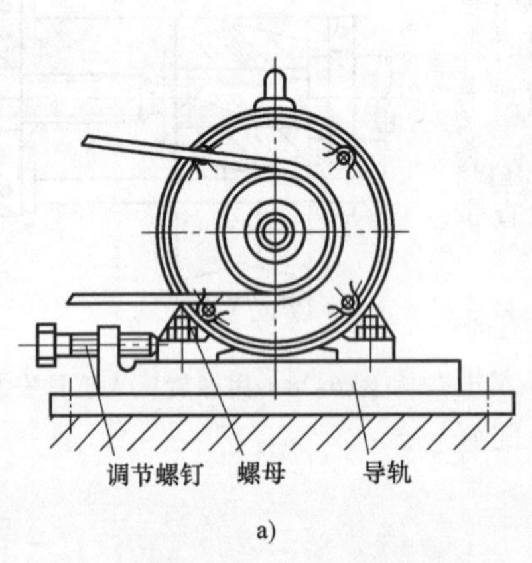

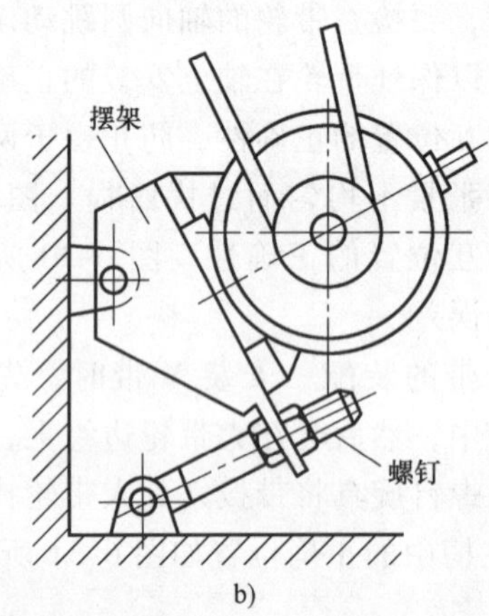

图 6-32　定期张紧装置

a) 移动式　b) 摆动式

当中心距不可调时，可采用张紧轮装置，如图 6-33所示，旋转螺杆，带动螺母转动，使张紧轮上下移动，压紧或放松带，从而达到调整张紧力的目的。通常张紧轮应置于松边内侧靠近大带轮处。

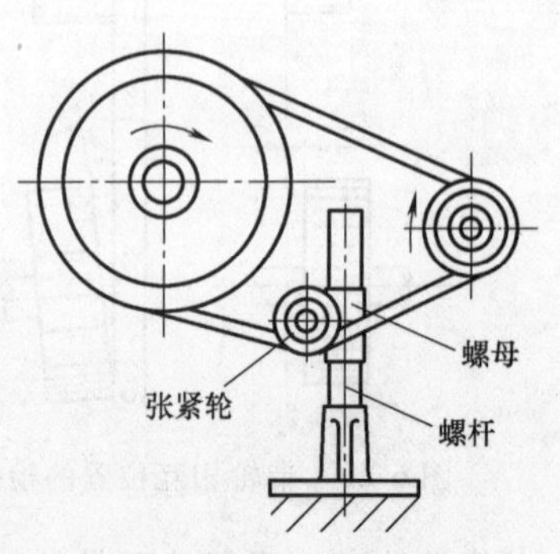

图 6-33　张紧轮装置

二、链传动机构的装配

1. 知识点分析

链传动由主动链轮、从动链轮和绕在链轮上的链条组成，如图 6-34 所示。它靠链条与链轮轮齿的啮合来传递平行轴间的运动和动力。

链传动为具有中间挠性体的啮合传动，其挠性体为链条。因此，与带传动相比，链传动没有弹性打滑和打滑现象，平均传动比准确；传动效率较高；承载能力较大；链条对轴的作用力较小；在同样使用条件下，传动结构较带传动紧凑；能在高温、有水或有油等恶劣环境下工作。但链传动的平稳性差，噪声大，链磨损后易发生脱链。因此，链传动适用于远距离传动或温度变化大的场合。

链传动按用途分为传动链、输送链、曳引链和专用特种链；根据结构不同，传动链可分为滚子链、套筒链、弯板链和齿形链等，常用的是滚子链。

链传动机构装配的技术要求如下。

1）两链轮的轴线必须平行，两轮轮宽中心平面的轴向位移误差不大于 0.002 倍的中心距，两轮旋转平面间的夹角不大于 0.006rad，否则会加剧链条和轮链的磨损，降低传动的平稳性，使噪声增大。

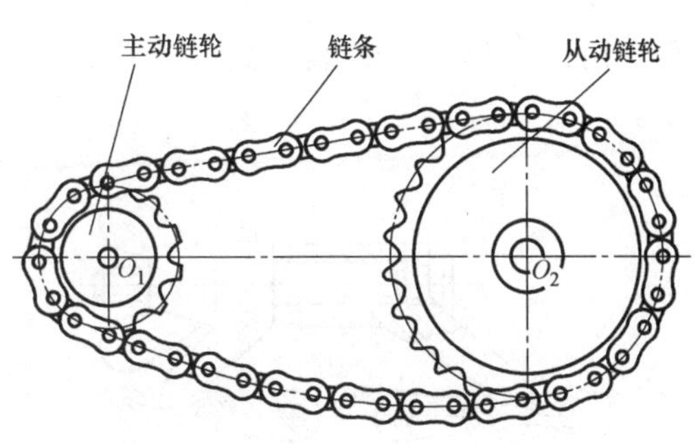

图 6-34　链传动

2）两链轮之间的轴向偏移量不能太大，必须在要求范围内。通常当两链轮中心距小于 500mm 时，允许轴向最大偏移量为 1mm；当两链轮中心距大于 500mm 时，允许轴向最大偏移量为 2mm。

3）链轮的径向圆跳动误差和轴向圆跳动误差必须符合相关的技术要求。圆跳动量可用百分表检测。

4）链条的松紧程度要适当。链条过紧，会使载荷增大，加剧磨损；链条过松，则容易产生振动或脱链现象。检查链条下垂度 f 的方法如图 6-35 所示，对于水平或倾角小于 45° 的链传动，链的下垂度 f 应小于两链轮中心距 L 的 2%；倾斜角度增大或当链垂直传动时，下垂度 f 应小于 0.2%L。

5）链轮在轴上必须保证轴向和周向紧固。

2. 能力掌握

（1）链轮的装配　链轮的装配与带轮的装配基本相同，首先要清除链轮孔和与其配合轴上的毛刺、杂物等。对用键联接的链轮，应先锉配平键，将锉配好的键装入轴的键槽内，将链轮孔及轴涂上润滑油，将链轮压入（或敲入）轮轴的正确位置，最后拧紧紧固螺钉进行固定，如图 6-36a 所示；对于用圆柱销固定的链轮，应先将链轮装入轮轴的正确位置，然后对连接用销孔进行配钻和配铰至配合要求，清除销孔内切

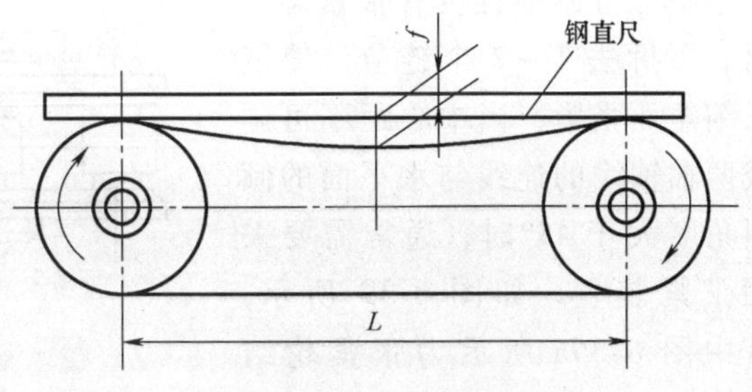

图 6-35　链条下垂度的检查

屑，将销涂上润滑油后用铜棒敲入销孔，完成连接，如图 6-36b 所示。

装配后检查链轮的径向圆跳动误差和轴向圆跳动误差并调整至合格；检查两链轮轴线的平行度误差和两链轮的轴向偏移量并调整至合格。

(2) 链条的装配　装配链条前，用煤油对链条和接头零件进行清洗，并用纱布擦拭干净；装配时，将链条套到链轮上，把链条的接头部分转到方便装配的位置，用拉紧工具拉紧到适当的距离，如图 6-37所示，再将接头零件圆柱销、挡板等安装好，完成连接，如图 6-38 所示。用弹簧卡片连接时，要使弹簧卡片的开口方向和链条的运动方向相反，如图 6-38b 所示。当两链轮的中心距可调时，可预先将链条接好，再装到链轮上，调整好中心距即可。

装配齿形链条时，必须先将链条套到链轮上，再用专用的拉紧工具拉紧后进行连接，如图 6-37b 所示。

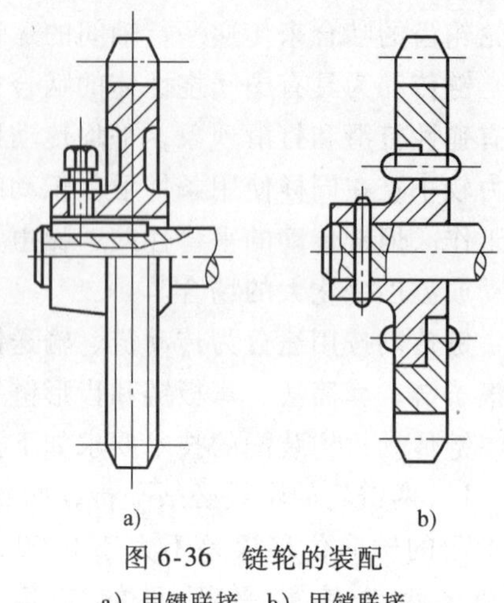

图 6-36　链轮的装配

a）用键联接　b）用销联接

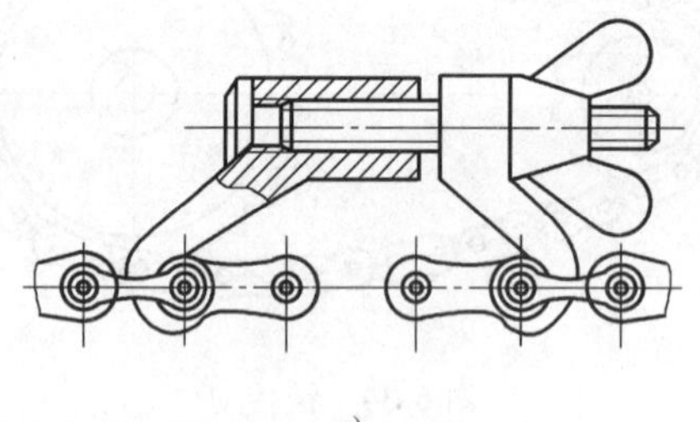

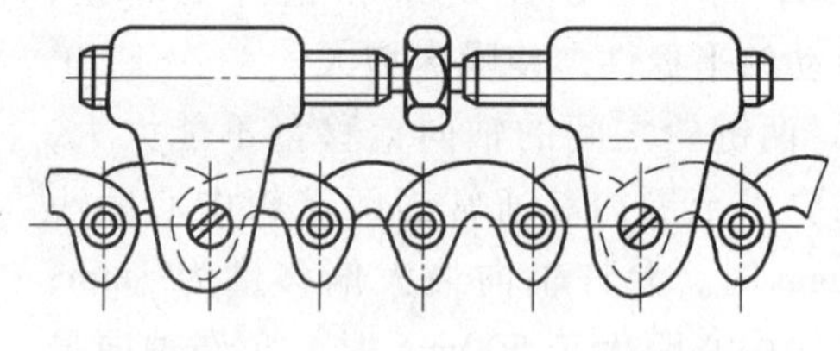

图 6-37　用拉紧工具装配链条

a）拉紧套筒滚子链　b）拉紧齿形链

(3) 链传动的张紧和润滑

1) 链传动的张紧。链传动张紧的目的是为了避免链条的垂直度过大造成啮合不良和链条的振动，同时也为了增大链条与链轮的啮合包角。

链传动张紧的方法很多，可通过调整中心距控制张紧程度，中心距可调整量为两倍的节距。中心距不可调整且没有张紧装置时，可拆去 1 ~ 2 个链节，使链长缩短而张紧；当中心距不可调或两轴轴线的连线与水平面的倾斜角度大于 45°时，通常需要采用张紧装置，如图 6-39 所示，其中图 6-39a 所示为张紧轮结构，张紧轮一般置于松边靠近小

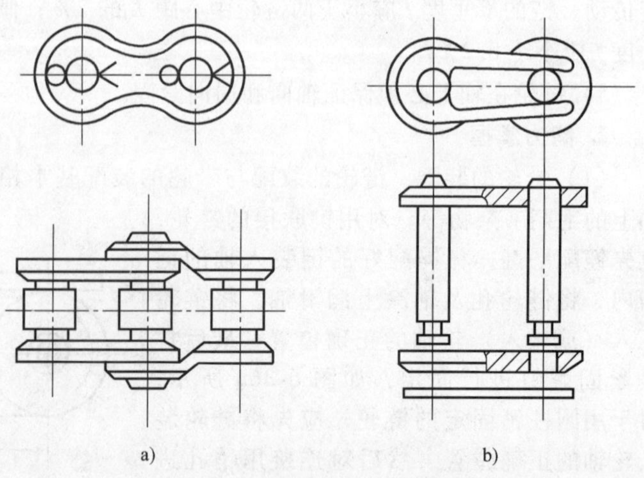

图 6-38　套筒滚子链的装配

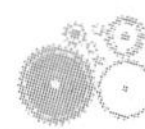

链轮处的外侧，图 6-39b 所示为压板结构，图 6-39c 所示为托板结构，适宜于中心距较大的链传动。

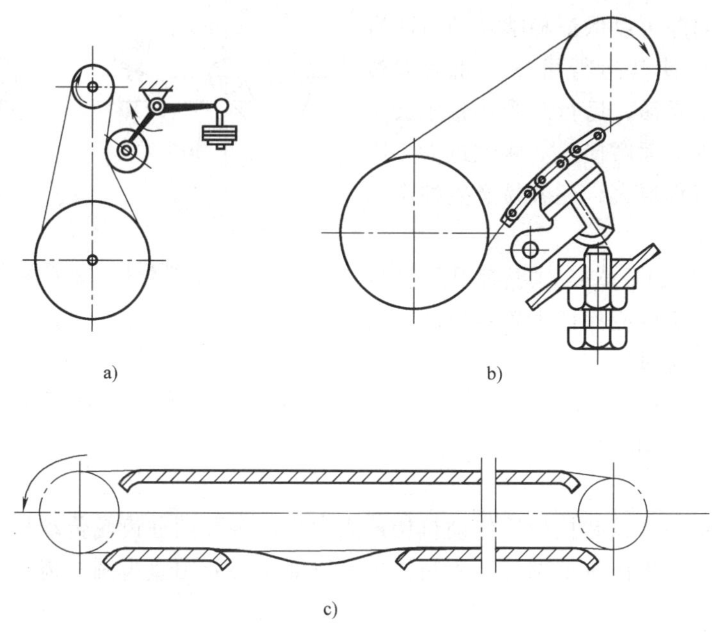

图 6-39　链传动的张紧装置

2）链传动的润滑。链传动润滑的目的是减少磨损，降低噪声，提高效率和延长使用寿命。链传动的润滑方式一般根据链速和链号来确定，润滑方式有人工润滑、滴油润滑、油浴润滑、飞溅润滑和喷油润滑等。

三、齿轮传动机构的装配

1. 知识点分析

齿轮传动是依靠主动齿轮与从动齿轮的啮合来传递运动和动力的传动机构，如图 6-40 所示。齿轮传动的适用范围很广，圆周速度可以从很低到 300m/s；传递功率可以从 1W 到 60MW 以上；齿轮直径可以从不足 1mm 到 20m 以上，因此广泛应用在各种机器中。

齿轮传动与带传动和链传动相比，瞬时传动比恒定、结构紧凑、工作可靠、可传递空间任意位置两轴间的运动以及功率和速度，且传递运动平稳，冲击、振动和噪声小，使用寿命长、效率高。但齿轮传动的制造和安装精度要求较高，因此成本也较高。

齿轮传动有平行轴齿轮传动（即圆柱齿轮传动）、相交轴齿轮传动（即锥齿轮传动）和交错轴齿轮传动。

齿轮传动机构装配的技术要求如下。

1）对配合的要求：齿轮孔与轴的配合要满足使用要求。固定连接的齿轮不能有偏心和歪斜现象；空套在轴上的齿轮不能有晃动现象；滑移齿轮不能有咬死或阻滞现象。

2）对齿面接触精度的要求：保证相接触的两齿轮有正确的接触位置和一定的接触面

积，以保证两齿轮相互位置的准确性。

3）对中心距和侧隙的要求：保证齿轮有准确的安装中心距和适当的侧隙。准确的中心距和适当的齿侧间隙可以保证相啮合的齿面有良好的接触精度，使其运行可靠。如侧隙过小，则齿轮传动不灵活，运行时受热膨胀会产生卡齿现象，加剧齿面磨损；如侧隙过大，不但会使换向时空行程增大，还容易产生冲击和振动，使噪声增大。

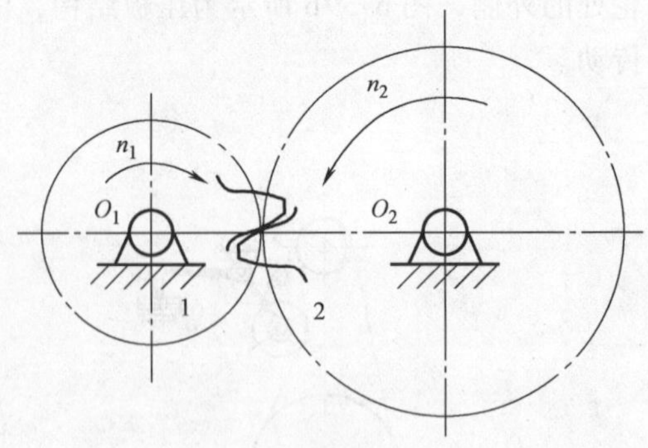

图 6-40　齿轮传动

4）对齿轮定位的要求：对于有滑移换位机构的齿轮，变换机构应保证齿轮定位的准确性，其错位量不得超过规定值。

5）对平衡的要求：对转速高、直径和质量大的齿轮，装配前要进行平衡检查，以免在传动时产生过大的振动。

2. 能力掌握

齿轮传动机构中，以圆柱齿轮传动机构最为常用。装配圆柱齿轮传动机构时，通常是先将齿轮装在轴上，再将齿轮轴部件装入箱体中。下面主要介绍直齿圆柱齿轮传动机构的装配过程。

（1）齿轮与轴的装配　齿轮与轴的连接方式有齿轮在轴上的固定连接、空套以及滑移。

在轴上空套或滑移的齿轮，与轴的配合均为间隙配合，装配比较方便，装配精度基本取决于零件本身的加工精度。装配后，要保证间隙的要求，但间隙也不能过大，以齿轮在轴上不晃动为宜。

在轴上固定连接的齿轮，通常与轴为过渡配合，有少量过盈，齿轮与轴套装时需加一定的外力。若配合处的过盈量较小，可用手工工具敲击装入；若配合处的过盈量较大，可用压力机或液压设备压装。安装时，要避免安装不到位以及齿轮偏心、歪斜和产生变形等，如图 6-41 所示。

对于精度要求较高的齿轮传动机构，在装配后要进行径向圆跳动误差和轴向圆跳动误差的检验。检验径向圆跳动误差是把圆柱规放在齿轮的轮齿间，将百分表测头靠在圆柱规上，在齿轮旋转一周内，百分表的最大读数与最小读数之差，就是齿轮分度圆上的径向圆跳动误差，如图 6-42a 所示。检验轴向圆跳动误差是将百分表测头靠在齿轮端面上，在齿轮旋转一周范围内，百分表的最大读数与最小读数之差即为轴向圆跳动误差，如图 6-42b所示。

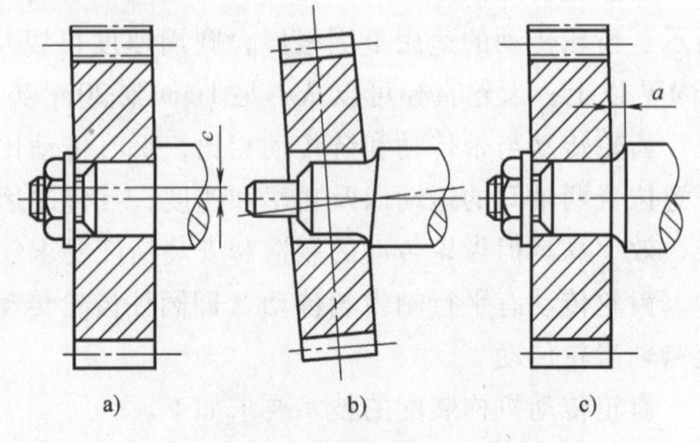

图 6-41　齿轮的安装误差

a）齿轮轴线偏心　b）齿轮歪斜

c）齿轮端面与轴肩未贴紧

（2）齿轮轴部件与箱体的装配　半开式及闭式齿轮传动的装配是在箱体内

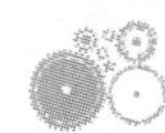

进行的，即在齿轮装入轴上的同时也将轴组装入箱体内。装配时，箱体孔的尺寸精度、形状精度及位置精度直接影响着齿轮的啮合质量，因此在装配前应对箱体上的孔距、孔系平行度、孔中心线与基面尺寸平行度及孔中心线与端面垂直度进行检验，以保证装配质量。

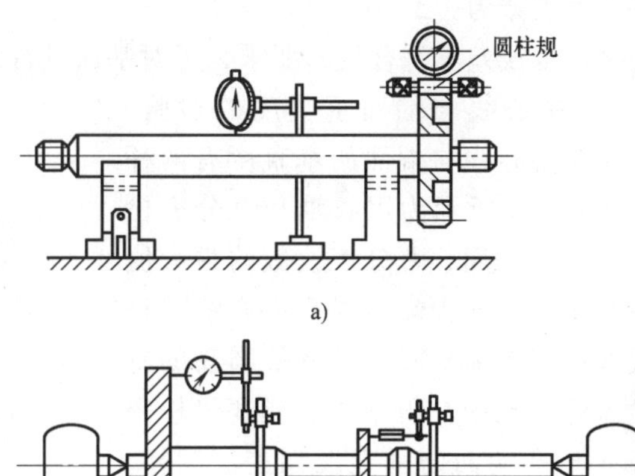

a)

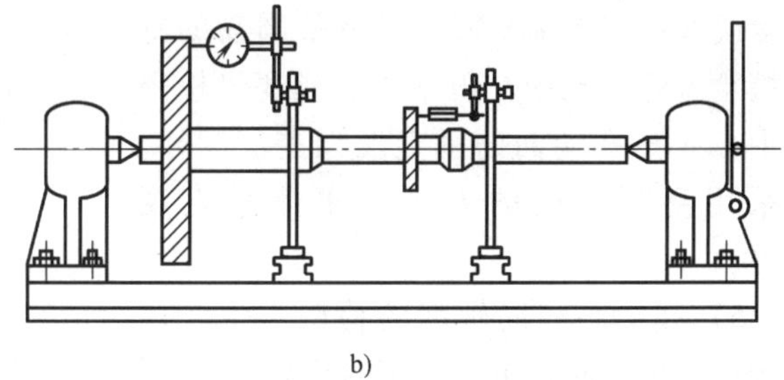

b)

图 6-42　齿轮误差的检验

a）齿轮径向圆跳动误差的检验　b）齿轮轴向圆跳动误差的检验

1）孔距的检验。孔距指相互啮合的一对齿轮的安装中心距，它是影响齿侧间隙的主要因素，安装时应保证齿距符合规定的技术要求。如图 6-43 所示，用游标卡尺或游标卡尺加检验棒测得 L_1、L_2、d_1、d_2，然后可用下列公式之一计算出孔距 A

$$A = L_1 + \frac{d_1}{2} + \frac{d_2}{2}$$

$$A = L_2 + \left(\frac{d_1}{2} + \frac{d_2}{2}\right)$$

$$A = \frac{L_1 + L_2}{2} - \frac{d_1 + d_2}{2}$$

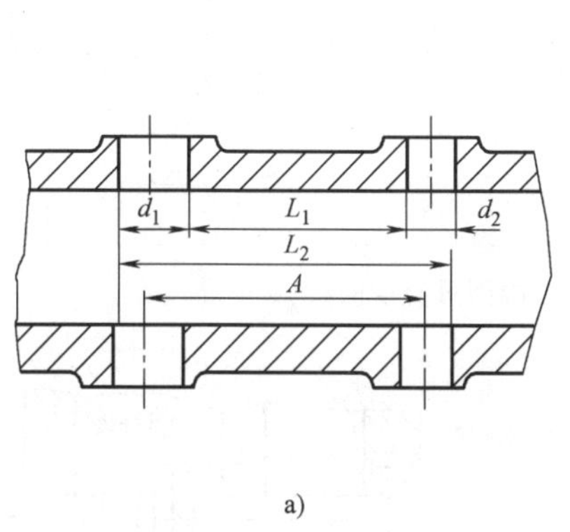

a)

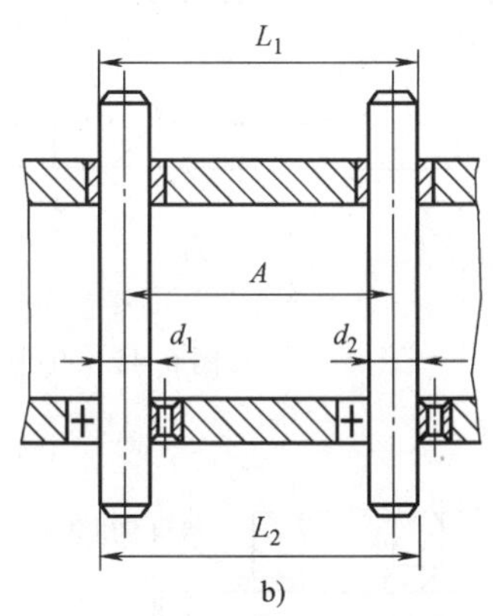

b)

图 6-43　测量孔距

2）孔系（轴系）平行度的检验。用外径千分尺分别测量检验棒两端的尺寸 L_1、L_2，其差值（$L_1 - L_2$）就是两孔轴线在所测长度内的平行度误差。

3）孔中心线与基面距离的尺寸精度和平行度的检验。将箱体基面用等高的垫块支承在平板上，检验棒与孔紧密配合，用游标高度尺（或用量块和百分表）测量检验棒两端尺寸 h_1 和 h_2，如图 6-44 所示，则轴线与基面的距离 h 为

$$h = \frac{h_1 + h_2}{2} - \frac{d}{2} - a$$

平行度误差为：$\Delta = h_1 - h_2$。

若平行度误差不符合技术要求，可对基面进行刮削修整。

4）孔中心线与端面垂直度的检验。通常检验孔中心线与端面的垂直度有两种方法。图 6-45a 所示为用心轴和百分表检查，心轴转动一周，百分表读数的最大值与最小值之差，即为端面对孔中心线的垂直度误差；图 6-45b 所示是将带圆盘的专用检验棒插入孔中，用涂色法或塞尺检查孔中心线与孔端面的垂直度误差。同样，可采用刮削端面的方法找正此垂直度误差。

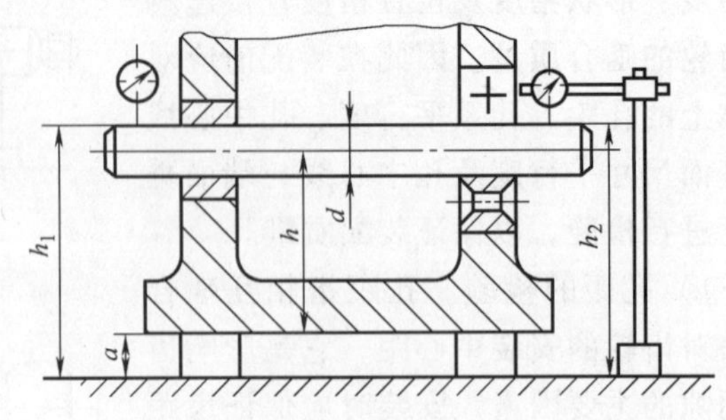

图 6-44　孔中心线与基面距离的尺寸精度和平行度的检验

5）孔中心线同轴度的检验。生产规模为批量生产时，可用专用的检验棒进行检验。若检验棒能自由地推入几个孔中，则表明孔同轴度合格，如图 6-46a 所示。有不同直径的孔时，可用不同外径的检验套配合检验，以减少检验棒的数量。图6-46b 所示为用百分表和检验棒检验，将百分表固定在检验棒上，检验棒转动一周，百分表读数最大值与最小值之差的一半即为同轴度误差值。

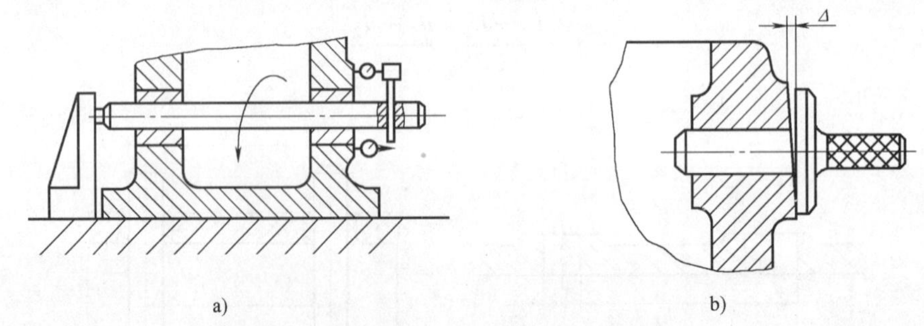

图 6-45　孔中心线与端面垂直度的检验

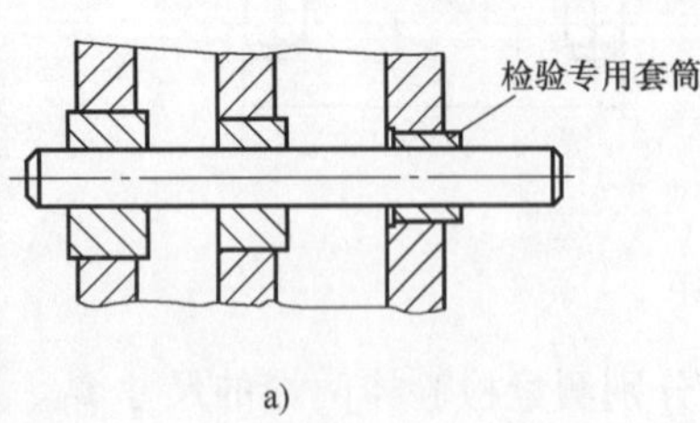

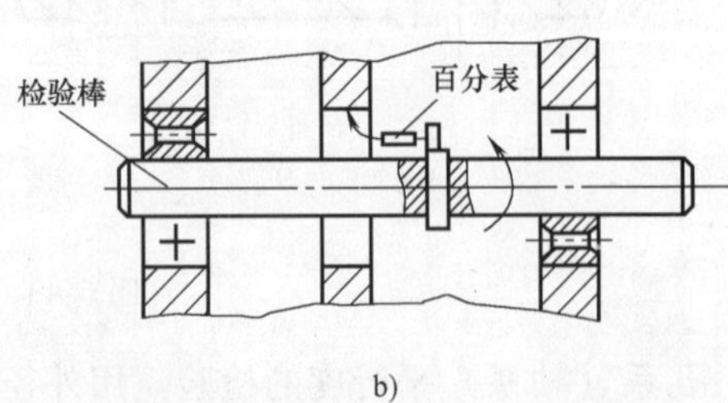

图 6-46　孔中心线同轴度的检验

（3）圆柱齿轮传动机构装配精度的检验　圆柱齿轮传动机构装配完成后，要对其装配质量进行检验，检验项目包括齿侧间隙的检验和齿面接触精度的检验。

齿侧间隙的检验：对于精度不高的齿轮，一般可用塞尺直接测量；对于精度较高的齿轮，可以用百分表测量，如图 6-47 所示；对于较重要的齿轮传动，可采用压铅法测量，如

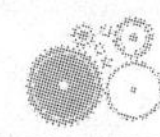

图 6-48 所示，经齿轮滚动挤压后，测量铅丝最薄处的厚度，即为齿轮副的齿侧间隙。

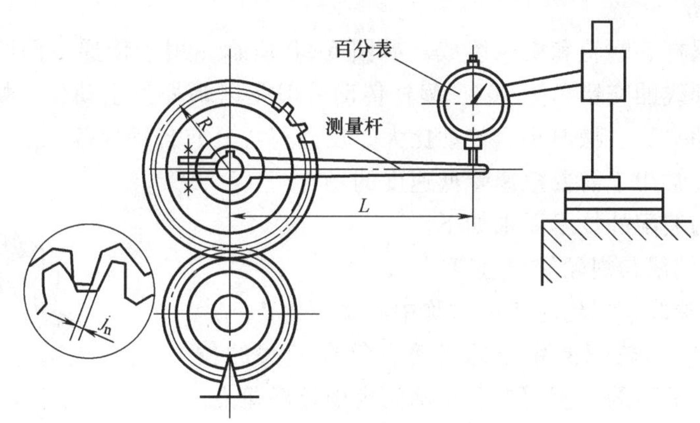

图 6-47　用百分表测量齿侧间隙

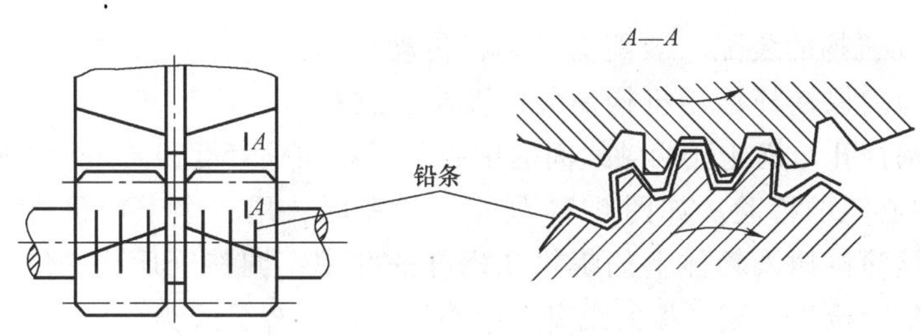

图 6-48　用压铅法测量齿侧间隙

齿面接触精度的检验，可根据齿面金属光亮度检验，也可以用涂色法检验。根据金属光亮状况或色迹的多少判断齿轮的接触情况，如图 6-49 所示。接触面积偏小、不均匀或位置不正确时，通常可通过调整轴承座、齿轮轴线位置或修整齿形等进行矫正。

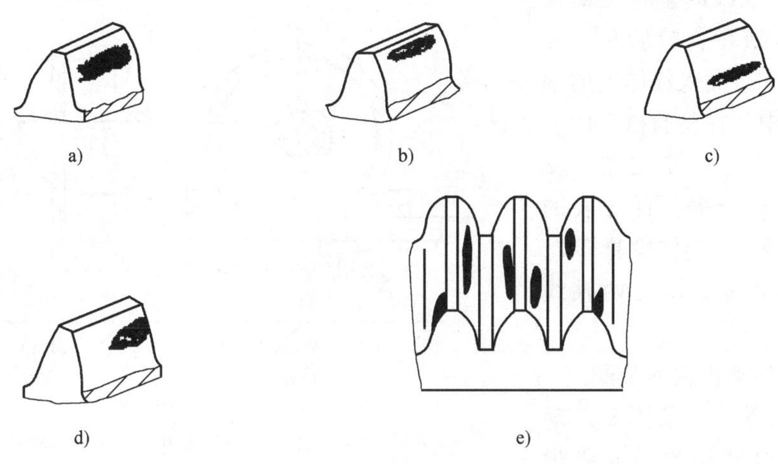

图 6-49　齿面接触状态

a）正确啮合　b）中心距过大　c）中心距过小

d）两轴线不平行　e）齿轮端面与回转中心不垂直

四、蜗杆传动机构的装配

1. 知识点分析

蜗杆传动由蜗杆、蜗轮和机架组成，如图 6-50 所示，用于传递空间两交错轴间的运动和动力，通常两轴线的交错角为 90°。蜗杆传动一般是以蜗杆为主动件、蜗轮为从动件，具有结构紧凑、传动平稳、噪声小、传动比大、反向行程具有自锁性等优点，缺点是摩擦损失大，传动效率低，常用于需要急速降低速度的场合。

蜗杆传动机构装配的技术要求如下。

1）保证蜗杆轴线与蜗轮轴线垂直。

2）保证蜗杆轴线在蜗轮轮齿的对称中心平面内。

3）保证蜗杆与蜗轮间的中心距准确，符合相关的技术要求，以保证有适当的齿侧间隙和正确的齿面接触斑点。

4）保证蜗轮和蜗杆转动的灵活性，使其在任意位置时均无卡死现象。

图 6-50　蜗杆传动

2. 能力掌握

（1）蜗杆传动机构的装配　装配前对蜗杆传动机构的箱体进行检验。为确保蜗杆传动机构的装配要求，在蜗杆副装配前，要对蜗杆孔与蜗轮孔两轴线间的中心距误差和垂直度误差进行检验。

1）箱体孔中心距的检验。如图 6-51 所示，检验时，用三个千斤顶将箱体支承在平板上，分别将两个检验棒插入箱体上的蜗轮和蜗杆的孔中，调整千斤顶，使检验棒与平板平行，用百分表测量两检验棒至平板的距离，中心距 A 的计算公式为

$$A=\left(h_1-\frac{d_1}{2}\right)-\left(h_2-\frac{d_2}{2}\right)$$

式中　h_1、h_2——检验棒至平板的距离（mm）；

d_1、d_2——检验棒的直径（mm）。

2）箱体孔轴线间垂直度的检验。如图 6-52 所示，检验时，分别将检验棒 1 和 2 插入箱体上的蜗杆和蜗轮的孔中，在检验棒 2 的一端用螺钉联接固定一个支架，支架上安装一个百分表，百分表的测头抵住检验棒 2，旋转检验棒 2，百分表上的读数差，即为两轴线的垂直度误差。

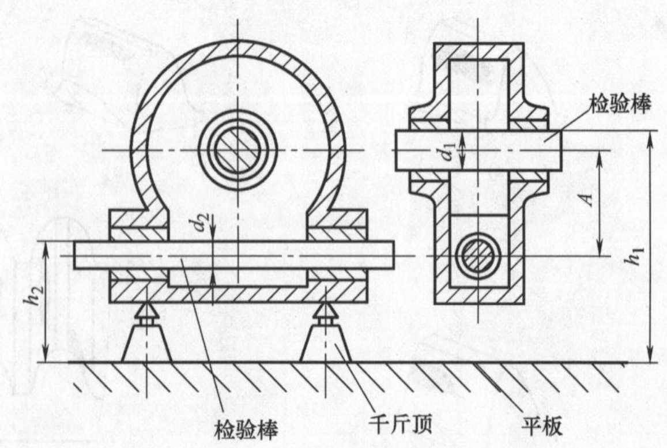

图 6-51　箱体孔中心距的检验

（2）蜗杆传动机构的装配

1）一般情况下，装配是从蜗轮开始的，组合式蜗轮是先将齿圈压装在轮毂上，方法与过盈配合的齿轮传动机构的装配相同，并用螺钉紧固，如图 6-53 所示。

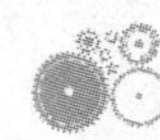

2）将蜗轮装在轴上，其安装及检验方法与圆柱齿轮相同。

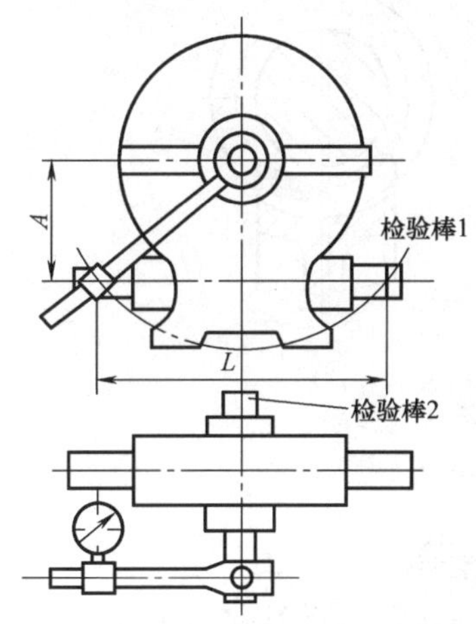

图 6-52　箱体孔轴线间垂直度的检验

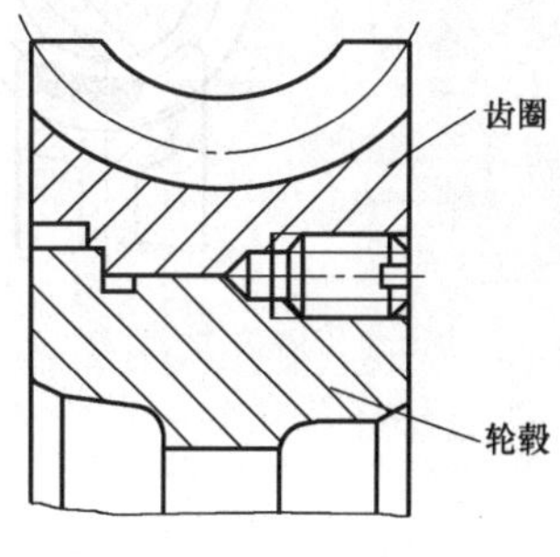

图 6-53　组合式蜗轮装配

3）把蜗轮组件装入箱体，然后装入蜗杆。一般蜗杆轴线的位置是由箱体上孔的位置确定的，要确保蜗轮与蜗杆轴线的相对位置，通常是通过改变调整垫片的厚度等方法来实现。

（3）对装配质量的检验

1）蜗轮的轴向位置及接触斑点的检验。通常用涂色法检验蜗轮和蜗杆的啮合质量。先将红丹粉涂在蜗杆的螺旋面上，转动蜗杆，可在蜗轮齿面上获得接触斑点，如图 6-54 所示。当接触斑点不正确时，可配磨垫片来调整蜗轮的轴向位置。当蜗杆传动为空载或轻载时，接触斑点的长度应为齿宽的 25% ~50%，满载时应为齿宽的 90% 左右。

2）蜗轮和蜗杆齿侧间隙的检验。通常用百分表测量。在蜗杆轴的一端固定一个专用的刻度盘，将百分表测头靠在蜗轮齿面上，用手转动蜗杆，在百分表指针不动的条件下，用刻度盘相对固定指针的最大转角来判断齿侧间隙的大小。如用百分表直接与蜗轮齿面接触有困难，可在蜗轮轴上装一测量杆进行检验，如图 6-55 所示。齿侧间隙与转角之间的关系为

$$j_n = \frac{\pi z_1 m_x \alpha}{360°}$$

式中　j_n——齿侧间隙（mm）；

z_1——蜗杆头数；

m_x——蜗杆的轴向模数（mm）；

α——转角（°）。

五、螺旋传动机构的装配

1. 知识点分析

螺旋传动机构由螺杆、螺母和机架组成，可以将回转运动转变为直线运动，以传递动力、运动或实现差动等。螺旋传动机构具有结构简单、工作平稳、无噪声、传动精度高、能传递较大的转矩等优点，在机床传动系统中得到了广泛的应用，如螺杆螺母传动机构就是一种典型的螺旋传动机构。

螺旋传动机构装配的技术要求如下。

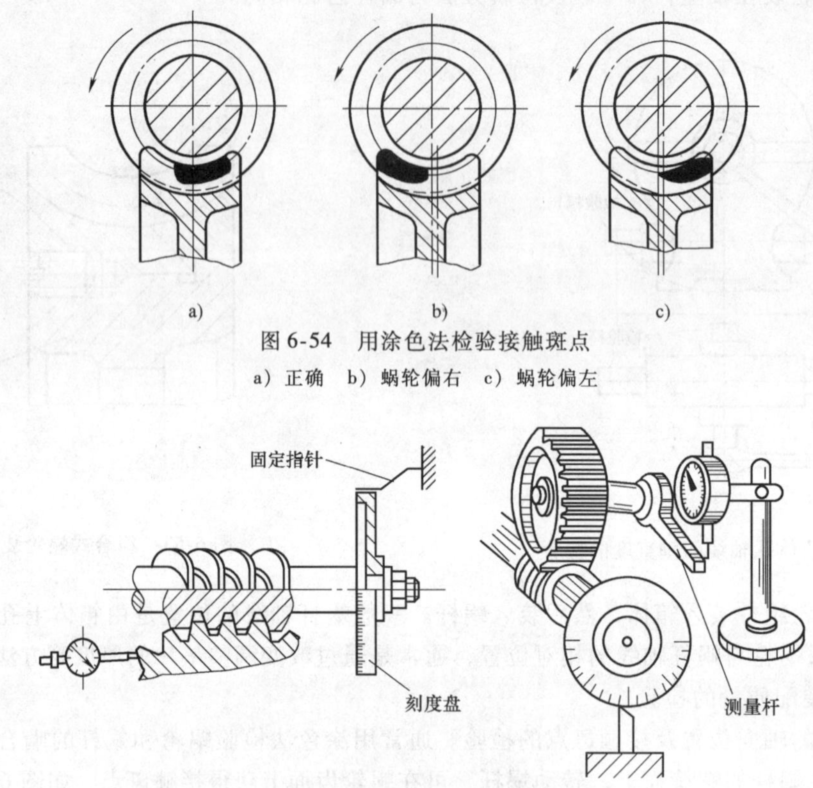

图 6-54　用涂色法检验接触斑点

a）正确　b）蜗轮偏右　c）蜗轮偏左

图 6-55　蜗杆传动啮合时齿侧间隙的检验

1）保证螺杆与螺母具有较高的配合精度以及准确的配合间隙。

2）保证螺杆与螺母的同轴度以及螺杆轴线与基准面的平行度符合相关的技术要求。

3）保证螺杆与螺母相互转动的灵活性，无阻滞现象。

4）保证螺杆的回转精度符合规定的技术要求。

2. 能力掌握　螺旋传动机构的装配

（1）装配前进行螺杆直线度误差的检查与校直　将螺杆擦净，放在大型工作平台上，用透光法检查螺杆是否平直，如缝隙不均匀，要进行校直。一般来说，需要校直的螺杆，其弯曲程度不是很大，甚至用肉眼几乎看不出来，这时可以将螺杆的弯曲点置于两 V 形架的中间，在螺旋压力机上沿弯曲点和弯曲方向的反方向施加一定的力，就可以达到校直的目的。校直过程中要随时进行测量，直至符合技术要求。

（2）螺杆和螺母配合间隙的测量和调整　螺杆和螺母的配合间隙包括径向间隙和轴向间隙。轴向间隙直接影响螺杆和螺母的传动精度，因此需要采用消隙机构进行调整。径向间隙比轴向间隙更能准确地反映螺杆和螺母的配合精度，因此配合间隙常用径向间隙表示。

1）径向间隙的测量：将螺母旋到螺杆的适当位置，离螺杆的端部不要太近，把百分表测头靠在螺母上，用稍大于螺母重量的力压下和提起螺母，则百分表指针的摆动量即为径向间隙值，如图 6-56 所示。

2）轴向间隙的调整。

① 单螺母消隙机构：当螺旋传动机构只有一个螺母时，采用消隙机构的目的是使螺母

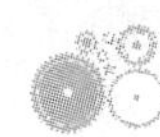

与螺杆始终保持单向接触，图6-57所示为常用的单螺母消隙机构。需要注意的是，消隙机构的消隙力方向应与切削分力 F_x 的方向一致，以防止进给时产生爬行，影响进给精度。

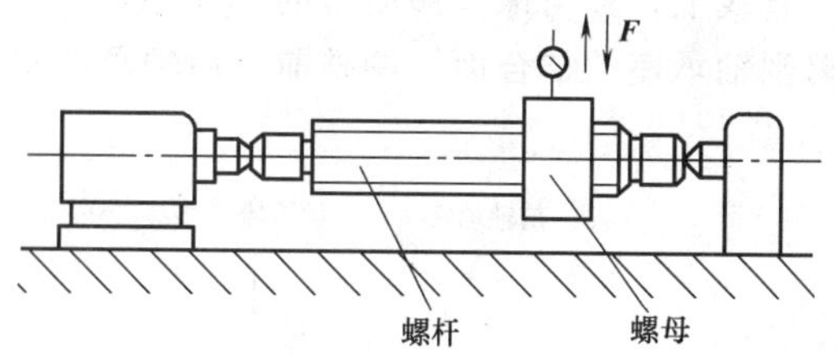

图6-56　测量径向间隙

② 双螺母消隙机构：当螺旋传动机构有两个螺母时，采用消隙机构的目的是消除螺母与螺杆双向的轴向间隙，避免反转时的空行程。常用的双螺母消隙机构如图6-58所示。

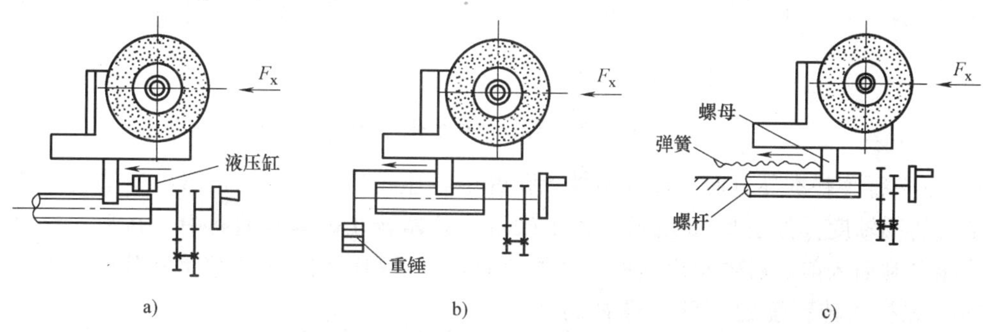

图6-57　单螺母消隙机构

a）液压缸压力消隙　b）重锤重力消隙　c）弹簧拉力消隙

图6-58a所示的消隙机构为楔块式消隙机构，调整时，先松开螺钉1，再旋紧螺钉2，楔块将螺母的左半部推开，直到消除间隙为止；然后再旋紧螺钉1将左半部螺母固定。

图6-58b所示的消隙机构为垫片消隙机构，利用垫片的厚度来调整两螺母轴向的相对位置，以消除螺杆与螺母之间的轴向间隙并实现预紧。

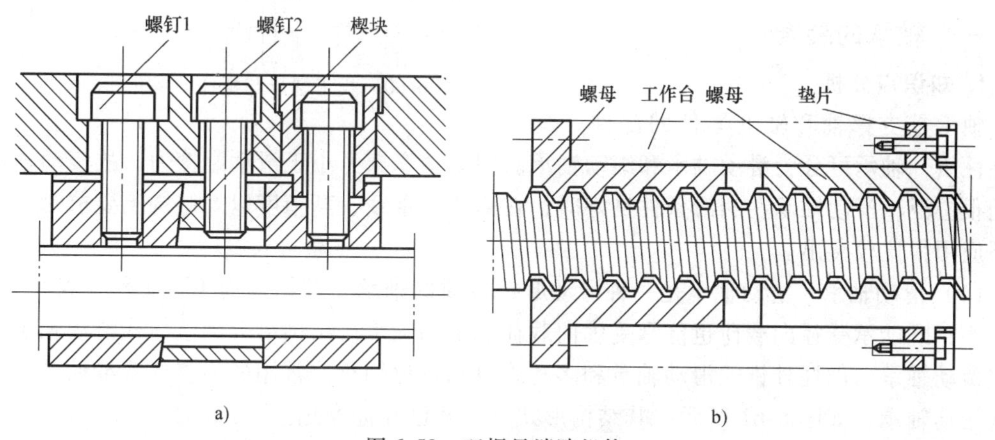

图6-58　双螺母消隙机构

a）楔块式消隙机构　b）垫片消隙机构

（3）螺杆与螺母轴线的同轴度及螺杆轴线与基准面的平行度的找正　螺杆与螺母轴线的同轴度及螺杆轴线与基准面的平行度的找正可以采用专用工具进行，也可以用螺杆直接找正，下面介绍使用专用工具进行找正。

1）正确安装螺杆的两轴承支座，用专用检验棒和百分表进行找正，使两轴承孔轴线在同一直线上，且与螺母移动时的基准导轨面平行，如图 6-59 所示。找正时可以根据实测数值修刮轴承座的结合面，调整前、后轴承的水平位置，使其达到精度要求。

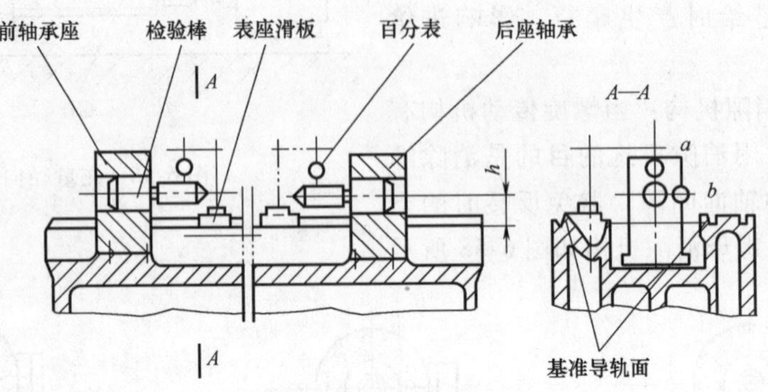

图 6-59　找正螺杆两轴承孔的同轴度

2）以平行于基准导轨面的螺杆两轴承孔的中心连线为基准，找正螺母座轴线与螺杆轴承孔轴线的同轴度，如图 6-60 所示。找正时将检验棒装在螺母座的孔中，移动工作台，如检验棒能顺利插入前、后轴承座孔中，即符合要求；否则应按尺寸 h 修磨垫片的厚度。

（4）螺杆回转精度的调整　螺杆的回转精度指螺杆的径向跳动误差和轴向窜动量的大小。通常是在装配时，通过正确安装螺杆两端的轴承座、消除轴承座孔间隙或采用减小累积误差等方法来保证此精度。

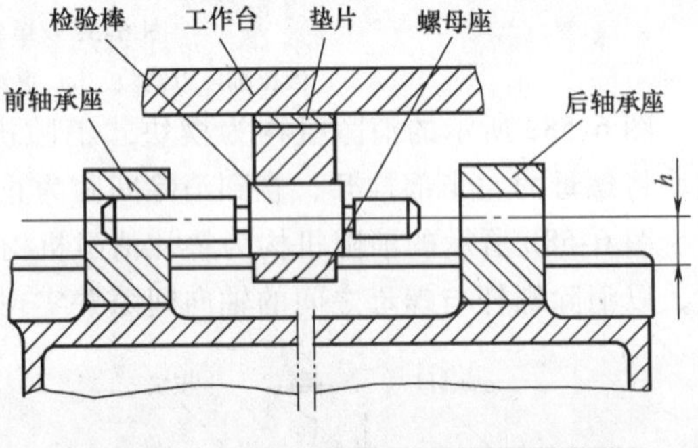

图 6-60　找正螺母与螺杆轴承孔的同轴度

知识点三　轴承和轴组的装配

一、轴承的装配

1. 知识点分析

轴承是支撑轴和轴上零件的部件。按摩擦性质，轴承可分为滑动轴承和滚动轴承。因滚动摩擦力小于滑动摩擦力，故滚动轴承的应用很广泛，滑动轴承在润滑条件良好时，在高速、重载、高精度以及结构上要求对开的情况下应用得比较突出。

（1）滑动轴承　滑动轴承是一种滑动摩擦性质的轴承，其结构简单，工作平稳、可靠，噪声小，既能承受径向载荷也能承受轴向载荷。滑动轴承按结构可分为整体式滑动轴承、剖分式滑动轴承、内柱外锥式滑动轴承和多瓦式自动调位轴承。常用的为整体式滑动轴承和剖分式滑动轴承，如图 6-61 所示，其结构形式及尺寸已经标准化。

滑动轴承装配的技术要求如下。

1）保证滑动轴承与轴配合表面的接触精度达到规定的技术要求。

2）保证滑动轴承与轴的配合间隙符合技术标准，避免其在工作条件下因摩擦力过大而发热，使轴或轴承烧损。

3）保证润滑油道畅通，能够形成油膜，使轴与轴承润滑充分，保证传动精度，延长使

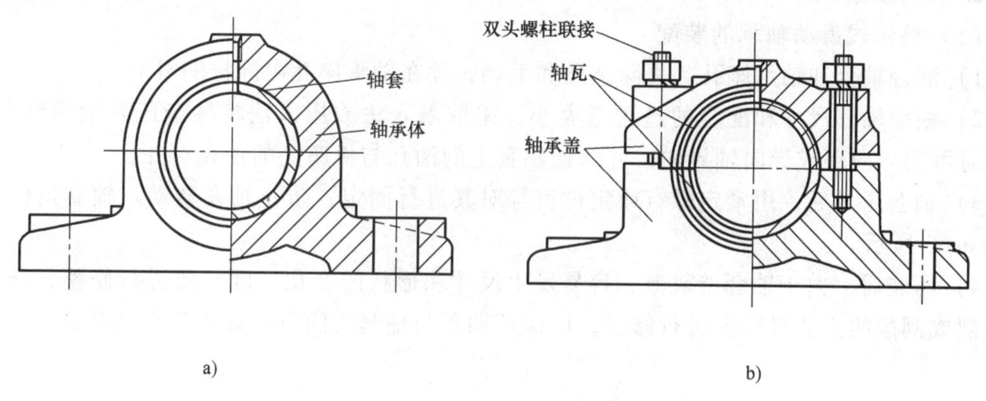

图 6-61　滑动轴承
a）整体式滑动轴承　b）剖分式滑动轴承

用寿命。

（2）滚动轴承　滚动轴承一般由内圈、外圈、滚动体和保持架组成，如图 6-62 所示。当内、外圈相对旋转时，滚动体沿内、外圈滚道滚动，保持架的作用是把滚动体均匀隔开。滚动轴承具有摩擦阻力小、启动灵敏、效率高、润滑简便、互换性好等优点，在机械制造中应用广泛。但滚动轴承抗冲击能力较差，高速运转时易出现噪声，使用寿命也不及润滑条件良好的滑动轴承。

滚动轴承按承受载荷的方向分，有向心轴承和推力轴承两大类，向心轴承主要承受径向载荷，推力轴承主要承受轴向载荷。按滚动体形状分，有球轴承和滚子轴承两大类。

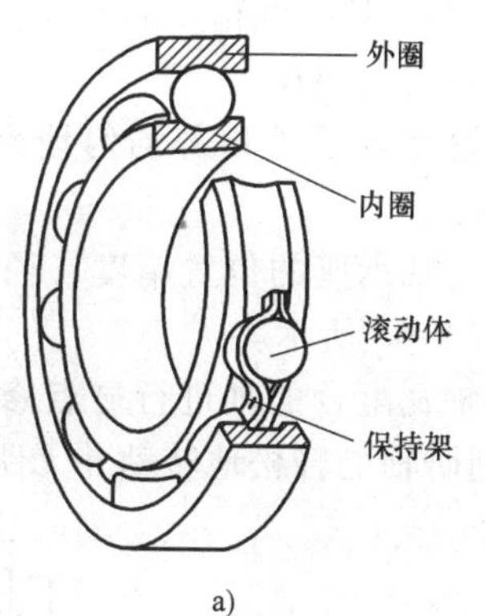

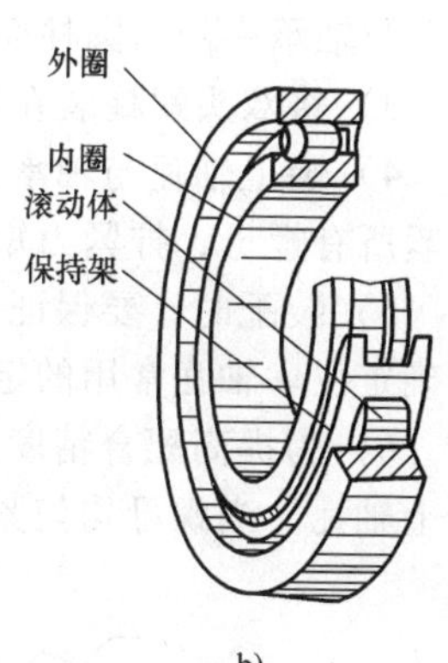

图 6-62　滚动轴承
a）球轴承　b）圆柱滚子轴承

滚动轴承装配的技术要求如下。

1）保证在装配滚动轴承时，压力或冲击力直接作用在待配合套圈的端面上，而不是通过滚动体来传递压力。

2）保证在安装滚动轴承时，将轴承上带有标记代号的端面装在可见位置，便于更换时核对。

3）保证滚动轴承在装配过程中始终保持清洁，没有污物进入轴承内。

4）保证滚动轴承装在轴上或装入机座轴承孔后，没有歪斜的现象。

5）保证装配在同一根轴上的两个滚动轴承中，有一个轴承在受热膨胀时可以有轴向移动的余地，防止轴承因附加应力的作用而损坏。

6）保证装配后的轴承转动灵活，噪声小，工作温度不超过 50℃。

2. 能力掌握

（1）整体式滑动轴承的装配

1）清理轴套和轴承座孔，去除杂质和毛刺，并在轴承座孔内涂抹润滑油。

2）根据轴套尺寸和配合的过盈量大小，采取敲入法或压入法将轴套压入轴承座孔内，压入时可用导向环或导向轴导向，并保证轴套上的油孔与机座上的油孔对齐。

3）轴套压入后，用紧定螺钉或定位销等对其进行固定，防止轴套转动。轴套定位方式如图 6-63 所示。

4）压装后，由于轴套壁较薄，容易发生尺寸和形状的变化，因此要进行修整，通常采用铰削或刮削的方法对轴套进行修整，以保证轴颈与轴套之间有良好的配合精度。

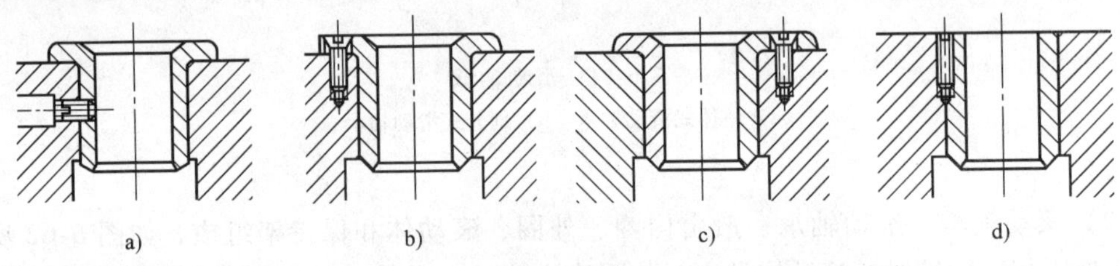

图 6-63　轴套的定位方式

（2）剖分式滑动轴承的装配　剖分式滑动轴承的结构组成如图 6-64 所示，其装配过程如下。

1）清理零件，去除杂质和毛刺。

2）将下轴瓦装入轴承座内，可在剖分面垫上木板，用锤子轻轻敲入，保证轴瓦的外圆柱面与轴承座的内圆柱面接触良好，保证其接触精度的要求。

3）将双头螺柱装在轴承座上，再装上垫片。

4）装上轴瓦与轴承盖，可用木锤在轴承盖顶部均匀地敲打，保证轴承盖更好地定位，拧紧所有螺母，拧紧力矩大小要一致。

5）装配时，要保证上、下轴瓦与轴承座的位置精度，径向和轴向均不能出现位移，要准确定位。轴瓦常用的定位结构如图 6-65 所示。

6）为提高配合精度，通常用与轴瓦配合的轴进行显点修刮。一般先刮研下轴瓦、再刮研上轴瓦。当螺母均匀紧固后，配刮研轴能轻松地转动并无明显间隙时，即可完成修配。

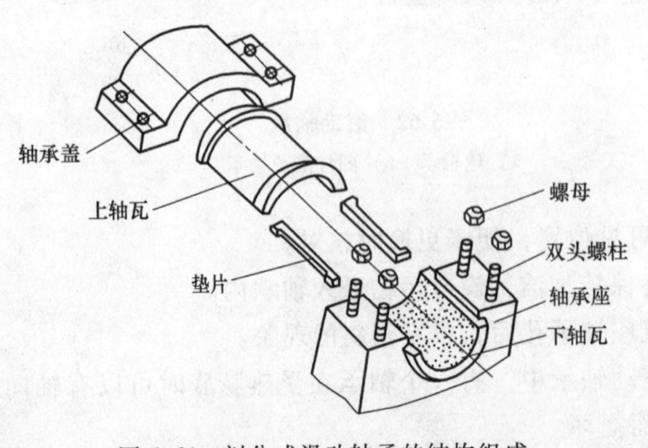

图 6-64　剖分式滑动轴承的结构组成

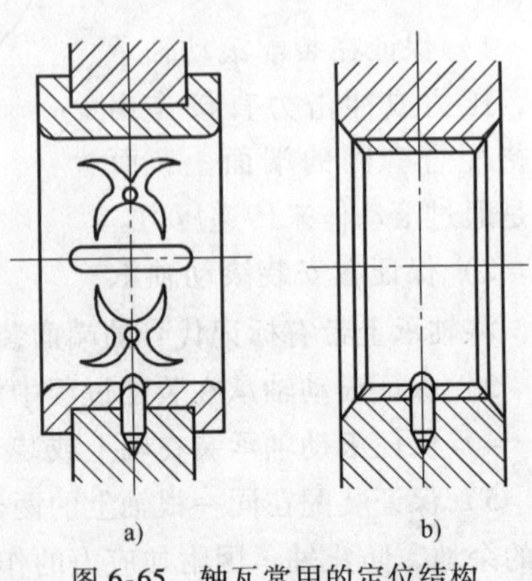

图 6-65　轴瓦常用的定位结构
a）台肩定位　b）定位销定位

（3）滚动轴承的装配　滚动轴承的内圈与轴颈为基孔制配合，外圈与轴承座孔为基轴制配合，其装配方法应根据轴承的结构、尺寸大小和配合性质来确定。一般滚动轴承常用的装配方法有锤击法、压力机压装法和热装法等。

1）深沟球轴承的装配　深沟球轴承是不可分离型轴承，其内、外圈不能分离。由于装配时不能使滚动体受到力的作用，因此通常按照内、外圈配合的松紧程度来确定其装配顺序和装配方法。

当轴承内圈与轴配合较紧，轴承外圈与轴承座孔配合较松，则应先将轴承安装在轴上，然后将轴连同轴承一起安装到轴承座孔内。若轴承外圈与轴承座孔配合较紧，轴承内圈与轴配合较松，则应先将轴承压装在轴承座孔内，然后再把轴装入轴承。压装轴承内圈与轴时，压力应作用在轴承内圈端面上；压装轴承外圈与轴承座孔时，压力应作用在轴承外圈端面上。当轴承内、外圈装配的松紧程度相同时，可用专用安装套使力同时作用在轴承内、外圈端面上，把轴承压入轴颈和轴承座孔中，如图 6-66 所示。

当配合处过盈量较小时，可采用锤击法压装，但不能用锤子直接敲击轴承的内圈或外圈；当配合处过盈量较大时，可用压力机械进行压装；当配合处过盈量较大且轴颈尺寸也较大时，可采用热装法进行装配，即将轴承用油或设备加热到 80～100℃后，再与常温下的轴进行装配。

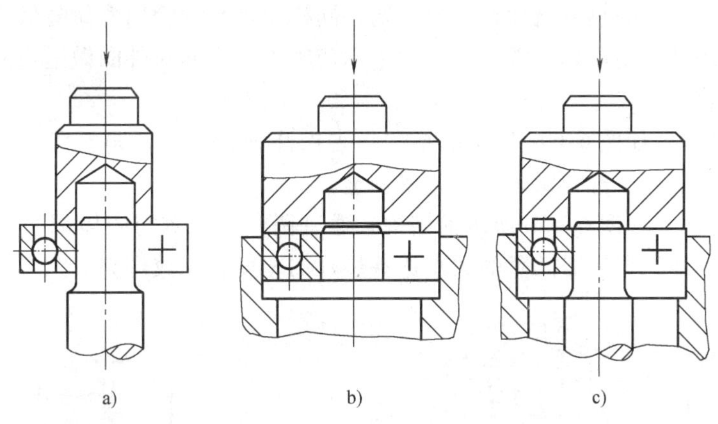

图 6-66　深沟球轴承的压装

a）压装轴承内圈　b）压装轴承外圈　c）同时压装轴承的内、外圈

2）推力球轴承的装配。在装配推力球轴承时应注意区分紧圈和松圈的位置，松圈的内孔径比紧圈的内孔径大，且松圈不随轴运动，装配时一定要使紧圈靠在转动零件的端面上，松圈靠在静止零件的端面上，否则会使滚动体失去作用，造成轴承发热或卡死，从而加速配合零件的磨损，如图 6-67 所示。

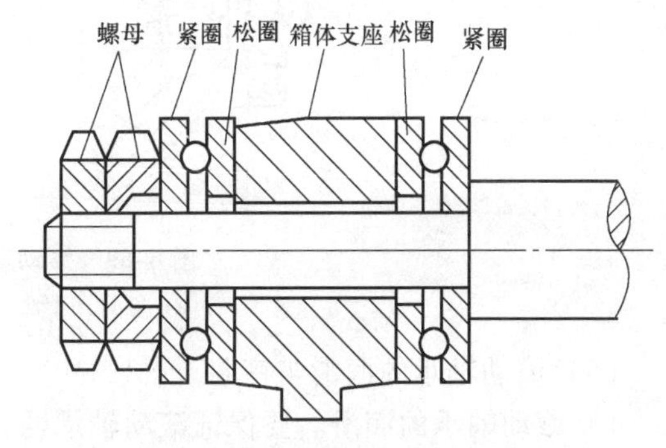

图 6-67　推力球轴承的装配

3）圆锥滚子轴承的装配。圆锥滚子轴承的内、外圈是可以分离的。装配时，将内圈安装到轴上，外圈安装到机座轴承孔内。在轴颈上安装内圈时，将内圈装在轴颈上，

要摆正放平，用敲入法从四周对称地轻轻敲打，当装入 1/3 以上时，可以加大敲击力，直至内圈装配到位。将装好内圈的轴装入轴承孔中，再将轴承外圈从轴承孔座的另一端装入孔中，使之与内圈配合，装配方法与内圈相同，但装配时要对正轴心，如图 6-68 所示。

（4）滚动轴承游隙的调整　滚动轴承内、外圈与滚动体之间存在一定的间隙，因此内、外套圈之间可以有相对位移，其最大位移量称为轴承游隙，分为轴向游隙和径向游隙。游隙的存在是润滑膜形成的必要条件，它影响轴承的载荷分布、振动、噪声和使用寿命。滚动轴承的游隙不能太大或太小。游隙太大，会造成同时承受载荷的滚动体的数量减少，使单个滚动体的载荷增大，从而降低了轴承的旋转精度和使用寿命；游隙太小，会使摩擦力增大，产生的热量增加，磨损加剧，同样使轴承的使用寿命降低。因此，许多轴承在装配时都要严格控制和调整游隙。通常采用使轴承的内圈对外圈做适当的轴向相对位移的方法来调整游隙。

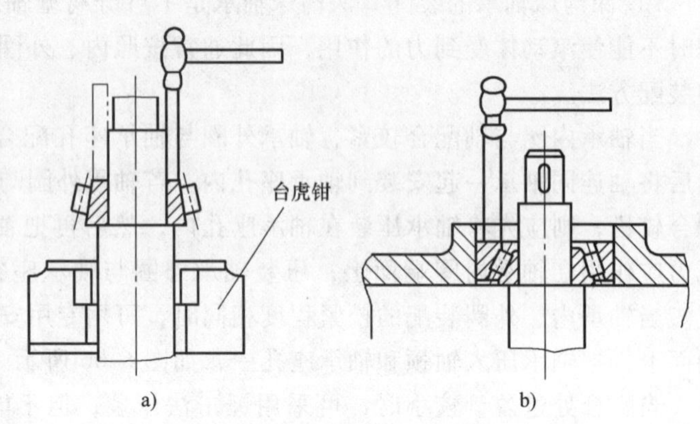

图 6-68　圆锥滚子轴承的装配
a）安装轴承内圈　b）安装轴承外圈

1）螺钉调整法。如图 6-69a 所示的结构，先松开锁紧螺母，调整螺钉，使其顶紧或放松盖板，待游隙调整好后再拧紧螺母，完成调整。

2）调整垫片法。如图 6-69b 所示的结构，通过调整轴承盖与壳体端面间的垫片厚度来调整轴承的游隙，即根据所需间隙的大小选择垫片的厚度，完成调整。

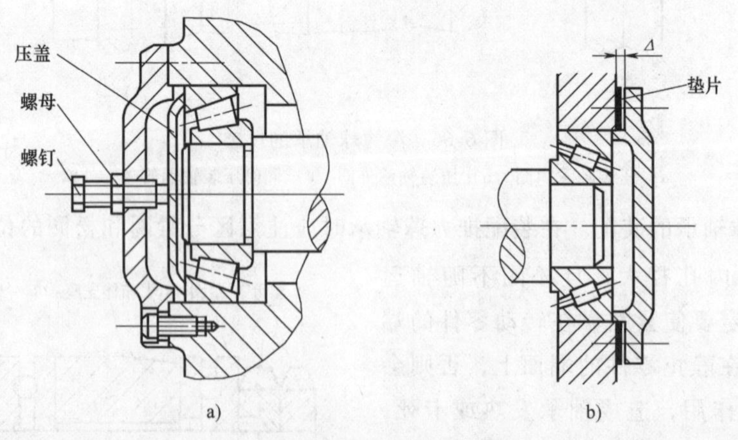

图 6-69　滚动轴承游隙的调整
a）螺钉调整法　b）调整垫片法

（5）滚动轴承的润滑与密封

1）滚动轴承的润滑。要保证滚动轴承的正常运转，就必须有良好的润滑，良好的润滑可以减少摩擦阻力和减轻磨损，也具有吸振、冷却、防锈和减少噪声的作用。

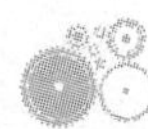

常用滚动轴承的润滑剂有润滑脂和润滑油两种。脂润滑不易流失，适用于速度不高的轴承，一般以填满轴承自由空间的1/4到1/3为宜；油润滑比脂润滑摩擦阻力小，并能散热，适用于高速旋转或工作温度较高的轴承。

2）滚动轴承的密封。滚动轴承密封的目的是防止外界灰尘、水分等杂质侵入轴承，同时阻止润滑剂从轴承中流失。密封方法分为接触式密封和非接触式密封两大类。

接触式密封是在轴承盖内放置软的密封材料，与轴直接接触而起到密封的作用，这种密封适用于低中速运转的场合。图6-70所示为常用的密封结构。图6-70a所示为径向密封圈密封结构，主要采用皮碗密封，若密封唇向外安装，可以防止外界杂质进入箱体内；若密封唇向内安装，可以防止润滑油流出；也可按需要同时使用两只皮碗，同向或异向安装，以提高密封效果。图6-70b所示为密封毡圈密封结构，用于工作环境比较清洁、轴的转速较低、工作温度在90℃以下的场合。

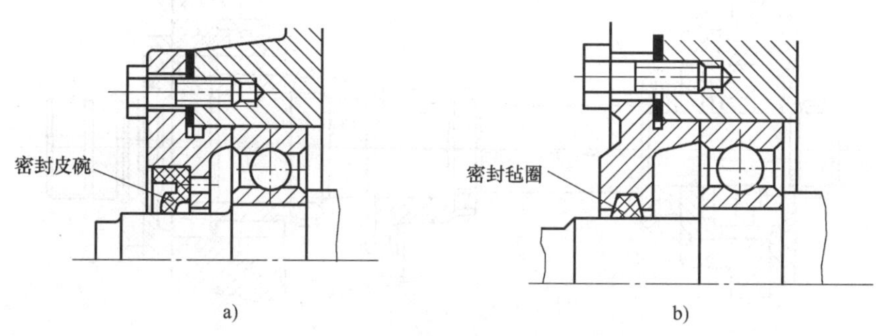

图6-70　接触式密封

a）径向密封圈密封　b）密封毡圈密封

非接触式密封是不与轴发生直接摩擦，多用于高速、高温和无压力的场合，图6-71所示为常用的密封结构。图6-71a所示为油沟式密封结构，在轴或轴承盖上加工有直槽或螺旋槽，一般用于油润滑的场合；图6-71b所示为迷宫式密封结构，可用于脂润滑或油润滑的场合，通常轴的运转速度越高，密封效果越好。

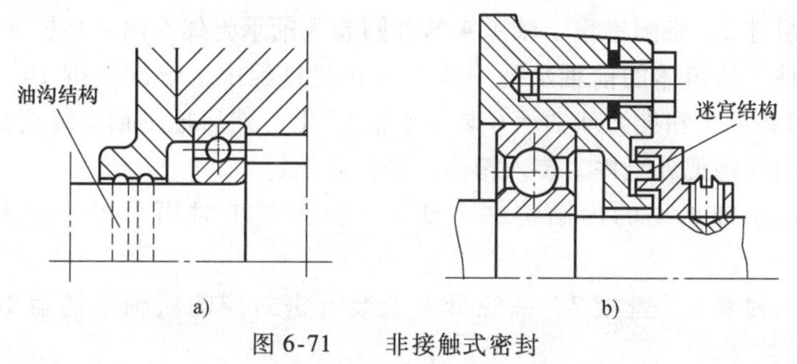

图6-71　非接触式密封

a）油沟式密封　b）迷宫式密封

二、轴组的装配

1. 知识点分析

轴是机械中的重要零件之一，齿轮、带轮、链轮、蜗轮等回转件都要装到轴上才能传递运动和转矩。通常把轴、轴上零件以及两端轴承支座的组合，称为轴组。轴组的装配指将装配好的轴组部件安装到箱体或机架中，并使其达到装配的技术要求，能按预期的要求正常运转。

轴组的装配内容主要有：将轴组装入箱体（或机架）中；进行轴承的固定，调整轴承的游隙，轴承的预紧，轴承的密封和轴承润滑装置的装配。

2. 能力掌握

图 6-72 所示为某车床主轴部件，其主要结构为：轴上有用键联接的大齿轮，靠螺母实现轴向定位，以实现运动的传递；轴的前端用一圆柱滚子轴承支承，可以承受切削时的背向力；轴的另一端采用一个推力球轴承和一个圆锥滚子轴承，可以承受主轴的进给力。该轴组的装配过程如下。

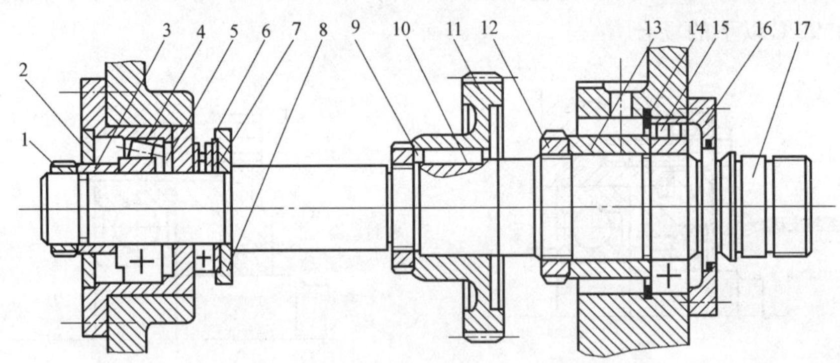

图 6-72　某车床主轴部件

1—圆螺母　2—盖板　3—衬套　4—圆锥滚子轴承　5—轴承壳体　6—推力球轴承
7—垫圈　8—开口垫圈　9—螺母　10—键　11—齿轮　12—调整螺母　13—调整套
14—弹性挡圈　15—圆柱滚子轴承　16—轴承透盖　17—轴

1）将弹性挡圈 14 和圆柱滚子轴承 15 的外圈装入箱体的前轴承孔中。

2）装配分组件 1：将圆柱滚子轴承 15 的内圈从主轴的后端套入到轴的圆锥面位置，并依次装入调整套 13 和调整螺母 12，适当预紧调整螺母，用紧定螺钉紧固，防止轴承内圈位置变动，如图 6-73a 所示。

3）装配分组件 2：将圆锥滚子轴承 4 的外圈装入轴承壳体 5 内，如图 6-73b 所示。

4）将分组件 1 从箱体的前轴承孔中穿入，在此过程中，依次将键 10、齿轮 11、螺母 9、垫圈 7、开口垫圈 8 和推力球轴承 6 装在主轴 17 上，然后把主轴安装到要求的位置。

5）从箱体的后端把分组件 2 装入箱体，并拧紧螺钉。

6）将圆锥滚子轴承 4 的内圈装在主轴上，注意敲击时用力不要过大，以免使主轴移动。

7）依次装入衬套 3、盖板 2、圆螺母 1 及装有密封圈的前轴承透盖 16，并拧紧所有螺钉。

8）对上述装配过程进行全面检查，防止漏装和错装。

3. 能力应用

（1）轴承的固定和调整　如图 6-72 所示，主轴前端采用的是带锥孔的圆柱滚子轴承 15，调整螺母 12 通过衬套 13 使轴承内圈移动，因为内圈为锥形孔，因此可以调整轴承的游隙，并用螺母 12 紧固；轴承 15 的外圈是靠弹性挡圈 14 和前端透盖 16 固定的，从而可以控

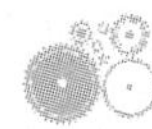

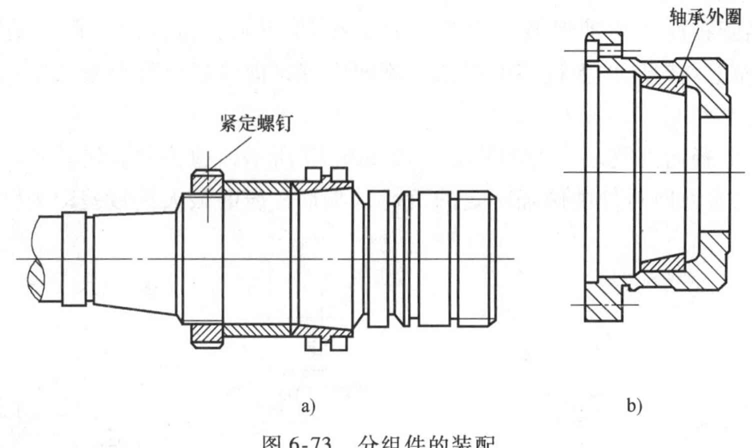

图 6-73　分组件的装配

a）分组件 1　b）分组件 2

制主轴的径向跳动。主轴后端采用的圆锥滚子轴承 4，圆螺母 1 通过衬套 3 使轴承内圈移动，调整间隙并用螺母 1 紧固，轴承 4 的外圈是靠轴承壳体 5 固定的，从而可以控制主轴的轴向窜动量。这种结构可以在主轴运转使温度升高后，允许主轴向前端伸长，而不影响前轴承所调整的间隙。

轴在工作时，既不能有径向移动也不能有较大的轴向移动，更不能受热膨胀而卡死，因此要求轴承有合理的固定方式。轴承的径向固定是靠外圈与轴承座孔的配合来实现的；轴承的轴向固定方法有一端双向固定一端游动式和两端单向固定式。

1）一端双向固定一端游动式。如图 6-74a 所示，将左端轴承内、外圈通过轴肩、螺母和轴承盖、轴承座做双向固定，右端轴承外圈两侧均不固定，可随轴做一定的轴向移动。这种固定方式既可以使轴在工作时不会产生轴向窜动，又可以在工作温度较高时补偿轴的热膨胀量而不致被卡死。这种结构适用于轴的跨距较大或工作温度较高的场合。

2）两端单向固定式。如图 6-74b 所示，两端轴承都靠轴肩和轴承盖做单向固定，两个轴承合起来限制了轴的双向移动。一般在一端的轴承外圈与轴承盖之间留有不大于 1mm 的间隙，可通过调整垫片的厚度来实现，以补偿轴的热膨胀量。这种结构适用于工作温度变化不大的短轴。

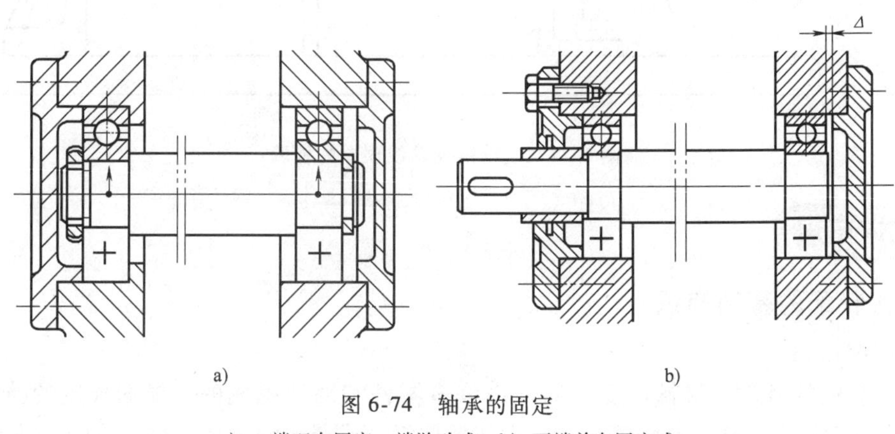

图 6-74　轴承的固定

a）一端双向固定一端游动式　b）两端单向固定式

（2）主轴部件的检验

1）轴承内圈径向圆跳动误差的检验。如图6-75所示，检测时，保持轴承外圈固定不动，在内圈端面上均匀地加上适当的载荷，旋转内圈，即可通过百分表测得轴承内圈表面的径向圆跳动量。

2）轴承外圈径向圆跳动误差的检验。如图6-76所示，检测时，转动轴承外圈，并沿百分表向上下或左右方向对外圈施加一定的负荷，则百分表的最大读数差即为轴承外圈的最大径向跳动。

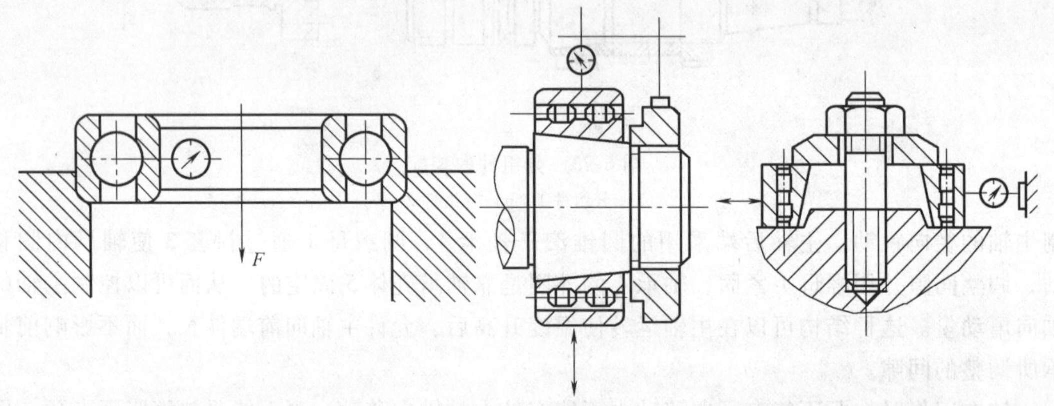

图6-75　轴承内圈径向圆跳动误差的检验　　图6-76　轴承外圈径向跳动误差的检验

3）主轴锥孔轴线误差的检验。如图6-77所示，检测时，将主轴置于V形架上，在主轴的锥孔中插入测量用检验棒，转动主轴，则可通过百分表测量出锥孔轴线的径向跳动误差大小。

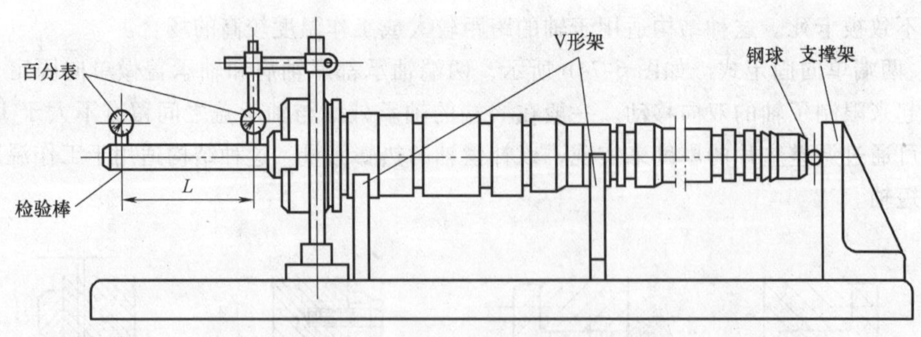

图6-77　主轴锥孔轴线误差的检验

知识拓展

一、装配的基础知识

1. 装配概述

（1）装配的概念　机械产品一般是由许多零件和部件组成的。根据规定的技术要求，将若干个零件组合成部件或将若干个零件和部件组合成产品的过程，称为装配。前者称为部

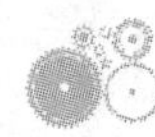

件装配，后者称为总装配。

装配是机器制造的重要阶段，各种零部件需经过正确的装配才能最终形成产品。如何将零件装配成机器，正确处理零件精度和产品精度的关系，以及如何保证产品的装配精度等，都是装配工作的重要内容。

（2）装配的工艺过程　装配的工艺过程包括准备、装配、调整、检验和装箱等。

1）准备工作。

① 研究和熟悉产品的装配图、工艺文件及技术要求，了解产品的结构、功能、各主要零件的作用以及相互的连接关系。

② 确定装配的方法和顺序，准备所需要的工具。

③对要装配的零件进行清理和清洗，去除零件上的毛刺、铁锈、切屑、油污等，使其达到装配要求。

④对某些零部件进行锉削或刮削等修配工作，有特殊要求的零件要进行必要的平衡试验、渗漏试验和气密性试验等。

2）装配：比较复杂的产品，其装配工艺常分为部件装配和总装配两个过程。

① 部件装配：将两个以上的零件组合在一起或将若干零件和部件组合在一起，成为一个单元的装配过程，称为部件装配。装配时，可将产品划分成若干个装配单元同时进行装配，并预先对各装配单元进行调整、试验，使装配单元以比较完善的状态参与总装配，有利于保证产品质量。

② 总装配：将零件和部件组合成一台完整机器的装配过程，称为总装配。产品的总装配通常是在总装配车间进行的，但对于某些大型或重型产品，可先在加工车间进行部件装配或部分装配，最后在产品的安装现场进行总装配。

3）调整、精度检验和试车。

① 调整：指调节零件或机构的相互位置、配合间隙、结合的松紧等，目的是使机构或机器工作协调，包括轴承间隙、齿轮啮合的相对位置、镶条位置的调整等。

② 精度检验：包括工作精度检验和几何精度检验等。

③ 试车：指产品装配后，根据有关技术标准和规定进行的运行试验，包括机构或机器运转的灵活性、工作温升，以及密封性、振动、噪声、转速、功率和效率等性能参数是否符合要求。

④喷装、涂油、装箱：喷装是为了防止不加工面锈蚀和使机器外表美观；涂油是为了使工作表面及零件已加工表面不生锈；装箱是为了便于运输。

（3）装配的组织形式　在装配过程中，可根据产品结构的特点和批量大小的不同，采取不同的装配组织形式。

1）固定式装配：是将零件和部件的全部装配工作安排在一固定的工作地点进行，装配过程中产品位置不变，装配所需的零部件都汇集在工作地附近。

固定式装配主要应用于单件生产和小批量生产中。对于机体刚性较差、重量和尺寸较大、装配时不便移动的重型机械等，或在装配时移动会影响装配精度的产品，均宜采用固定式装配的组织形式。

2）移动式装配：是将零件和部件置于装配线上，通过连续或间歇的移动使其顺次经过各装配工作地，以完成全部装配工作。这种移动可以是装配产品的移动，也可以是工作位置的移动。采用移动式装配时，每个工作地点重复完成固定的工序，广泛使用专用的设备及工具，生产率很高，装配质量好，可以降低生产成本，适用于大批量生产。

(4) 装配精度的概念　产品的装配精度指机器装配以后，各工作面间的相对位置和相对运动参数与规定参数的相符程度，包括工作面相互间的平行度、垂直度、同轴度、距离、间隙配合、过盈配合、运动轨迹以及速度的稳定性等。装配精度的高低决定了机器的工作性能、质量和寿命等。产品装配精度一般包括尺寸精度、相互位置精度、相对运动精度和接触精度。

1) 尺寸精度：指相关零部件间的距离尺寸精度和配合精度。它是零部件之间的相对距离尺寸要求，如卧式车床床头和尾座两顶尖对床身导轨的等高要求，即距离尺寸关系，称为距离精度。配合精度指配合面间的间隙或过盈要求。

2) 相互位置精度：包括相关零部件间的平行度、垂直度、倾斜度、同轴度、对称度、位置度及各种跳动等。如车床床鞍移动对尾座顶尖套锥孔轴线的平行度，就属于相互位置精度。

3) 相对运动精度：是产品中有相对运动的零部件在运动方向和相对速度上的精度。运动方向上的精度指零部件间相对运动的平行度、垂直度等。如卧式车床溜板箱的移动轨迹对主轴轴线的平行度要求。相对速度上的精度指传动精度，即为传动链两端执行件之间速度的协调性和均匀性，如车床车削螺纹时主轴与刀架移动的相对运动，在速比上就有严格的要求。

4) 接触精度：指相互接触的表面其接触面积的大小或接触点的分布情况。如，齿轮啮合、锥体与锥孔配合以及导轨之间均有接触精度要求。

(5) 装配精度与零件精度的关系　机器或部件都是由零件组成的，零件的精度特别是关键零件的加工精度，对装配精度有很大的影响。但是，产品的装配过程并不是简单地将有关零件连接起来，而是在装配过程中要进行必要的检测和调整，有时还需要进行修配。所以，如果单单靠提高零件精度来保证装配精度，不仅不经济，而且在技术上也是很难实现的。比较合理的办法是装配中通过检测，对某个或某些零件进行适当的修配来保证装配精度。

产品的装配精度和零件加工精度有很密切的关系。零件精度是保证装配精度的基础，但装配精度并不完全取决于零件精度。装配精度的合理保证，应从产品结构、机械加工和装配等方面进行综合考虑，而装配尺寸链是进行综合分析的有效手段。

2. 装配尺寸链

(1) 装配尺寸链的基本概念　装配尺寸链是尺寸链的一种，指在装配关系中，由相关零件或部件的尺寸或表示相互位置关系的尺寸所组成的影响某一装配精度的尺寸链。它以某项装配精度指标或装配要求作为封闭环，以所有与该项精度指标或装配要求有关的零件尺寸或位置要求作为组成环。图 6-78 所示为轴和孔配合的尺寸链，其封闭环为配合间隙或过盈 ΔA，配合尺寸 A_1 和 A_2 为组成环。

装配尺寸链与一般尺寸链相比，有下列特点。

1) 装配尺寸链的封闭环一定是机械产品或部件的某项装配精度，因此装配尺寸链的封闭环是十分明显的。

2) 装配精度只有在机械产品装配后才能测量，因此封闭环只有在装配后才能形成，不

具有独立性。

3）装配尺寸链中的各组成环不是仅在一个零件上的尺寸，而是在几个零件或部件之间与装配精度有关的尺寸。

（2）装配尺寸链的建立　在运用装配尺寸链的原理去分析和解决装配精度的问题时，首先要正确地建立起装配尺寸链，正确地确定封闭环，并根据封闭环的要求查明各组成环。

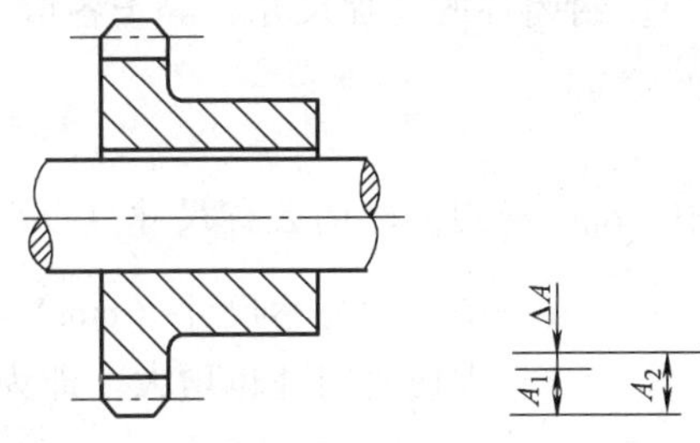

图 6-78　装配尺寸链

装配尺寸链的封闭环为产品或部件的装配精度，是在装配过程中最后自然形成（间接获得）的尺寸，一个尺寸链只有一个封闭环。正确地确定封闭环，必须深入了解产品的使用要求及各零部件的作用，明确设计者对产品及零部件提出的装配技术要求。

尺寸链中除封闭环以外的环为组成环。为了正确查找各组成环，要仔细分析产品或部件的结构，了解各零件连接的具体情况。查找组成环的一般方法是以封闭环两端的两个零件为起点，沿着装配精度要求的位置方向，以相邻件装配基准间的联系为线索，分别由近及远地去查找装配关系中影响装配精度的有关零件，直至找到同一个基准零件或同一表面为止，则各有关零件上直线连接相邻零件装配基准间的尺寸或位置关系，即为装配尺寸链中的组成环。建立装配尺寸链就是准确地找出封闭环和组成环，并画出尺寸链简图。

如图 6-79a 所示，车床主轴中心线与尾座中心线在垂直方向上的等高公差为 A_0，在机床检验标准中规定为 0 ~ 0.06 mm，且只许尾座高，这就是封闭环。分别由封闭环两端的两个零件（即主轴和尾座）中心线起，由近及远，沿着垂直方向可以找到三个尺寸 A_1、A_2 和 A_3，直接影响装配精度，为组成环。其中 A_1 是主轴中心线至主轴箱的安装基准之间的距离，A_3 是尾座中心至尾座体的装配基准之间的距离，A_2 是尾座体的安装基准至尾座垫板的安装基准之间的距离。A_1 和 A_2 都是以导轨平面为安装基准的尺寸，则由 A_0、A_1、A_2 和 A_3 组成了一个封闭的尺寸链。图 6-79b 所示为该装配尺寸链简图。

（3）装配尺寸链的计算　装配尺寸链的计算有两个方面。

1）正计算：在已有产品装配图和全部零件图的情况下，即尺寸链的封闭环、组成环的公称尺寸、公差及极限偏差都已知，由已知组成环的公称尺寸、公差及极限偏差，求封闭环的公称尺寸、公差及极限偏差；然后与已知条件相比较，看是否满足装配精度的要求，验证组成环的公称尺寸、公差及极限偏差确定得是否合理。

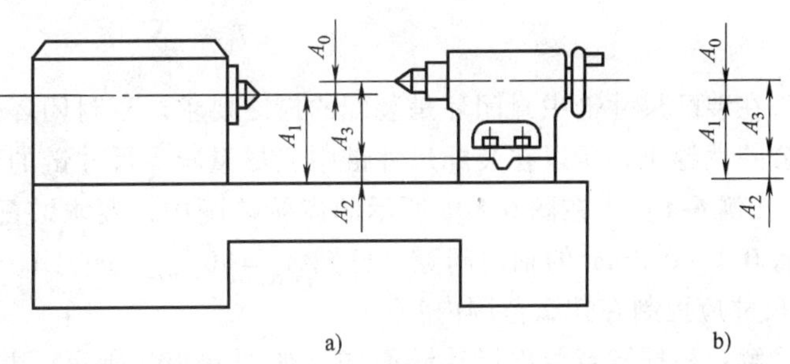

图 6-79　车床主轴中心线与尾座中心线装配尺寸链

2）反计算：在产品设计阶段，根据产品装配精度即封闭环的要求，确定各组成环的公称尺寸、公差及极限偏差，然后将这些已确定的公称尺寸、公差和极限偏差标注到图样上。

装配尺寸链常用极值法进行计算，公式如下。

① 封闭环的公称尺寸：等于各增环公称尺寸之和减去各减环公称尺寸之和，即

$$A_0 = \sum_{i=1}^{n} \overrightarrow{A_i} - \sum_{i=n+1}^{m} \overleftarrow{A_i}$$

式中　A_0——封闭环的公称尺寸（mm）；

$\overrightarrow{A_i}$——增环的公称尺寸（mm），是组成环的尺寸，当其余各组成环不时，这个环增大使封闭环也增大，即为增环；

$\overleftarrow{A_i}$——减环的公称尺寸（mm），是组成环的尺寸，当其余各组成环不变时，这个环增大却使封闭环减小，即为减环；

n——增环的环数；

m——组成环的环数。

② 封闭环的极限尺寸：封闭环的上极限尺寸等于各增环的上极限尺寸之和减去各减环的下极限尺寸之和，封闭环的下极限尺寸等于各增环下极限尺寸之和减去各减环的上极限尺寸之和，即

$$A_{0\max} = \sum_{i=1}^{n} \overrightarrow{A_{i\max}} - \sum_{i=n+1}^{m} \overleftarrow{A_{i\min}}$$

$$A_{0\min} = \sum_{i=1}^{n} \overrightarrow{A_{i\min}} - \sum_{i=n+1}^{m} \overleftarrow{A_{i\max}}$$

③封闭环的极限偏差：

封闭环的上极限偏差等于各增环上极限偏差之和减去各减环下极限偏差之和，封闭环的下极限偏差等于各增环的下极限偏差之和减去各减环的上极限偏差之和，即

$$\mathrm{ES}(A_0) = \sum_{i=1}^{n} \mathrm{ES}(\overrightarrow{A_i}) - \sum_{i=n+1}^{m} \mathrm{EI}(\overleftarrow{A_i})$$

$$\mathrm{EI}(A_0) = \sum_{i=1}^{n} \mathrm{EI}(\overrightarrow{A_i}) - \sum_{i=n+1}^{m} \mathrm{ES}(\overleftarrow{A_i})$$

④ 封闭环的公差等于各组成环公差之和，即

$$T_0 = \sum_{i=1}^{n} T_i$$

在装配尺寸链中封闭环是装配的最终要求。当封闭环公差确定后，组成环越多则每一环的公差就越小，所以在装配尺寸链中应尽量减少尺寸链的环数，即最短尺寸链原则。

【例 6-1】　在图 6-80a 所示的齿轮装配中，要求装配后齿轮端面和箱体凸台端面之间具有 0.1 ~0.3mm 的轴向间隙。已知 $A_1 = 90^{+0.01}_{0}$ mm，$A_2 = 70^{0}_{-0.06}$ mm，若要满足装配要求，A_3 尺寸应控制在什么范围内？

解：根据题意绘出尺寸链简图，如图 6-80b 所示，并确定封闭环、增环和减环分别为 A_0、$\overrightarrow{A_1}$、$\overleftarrow{A_2}$、$\overleftarrow{A_3}$，计算过程如下

$$A_3 = A_1 - A_2 - A_0 = 90\text{mm} - 70\text{mm} = 20\text{mm}$$

$$A_{3\min} = A_{1\max} - A_{2\min} - A_{0\max} = 90.01\text{mm} - 69.94\text{mm} - 0.3\text{mm} = 19.77\text{mm}$$

$$A_{3\max} = A_{1\min} - A_{2\max} - A_{0\min} = 90\text{mm} - 70\text{mm} - 0.1\text{mm} = 19.9\text{mm}$$

即　$A_3 = 20^{-0.10}_{-0.23}$ mm

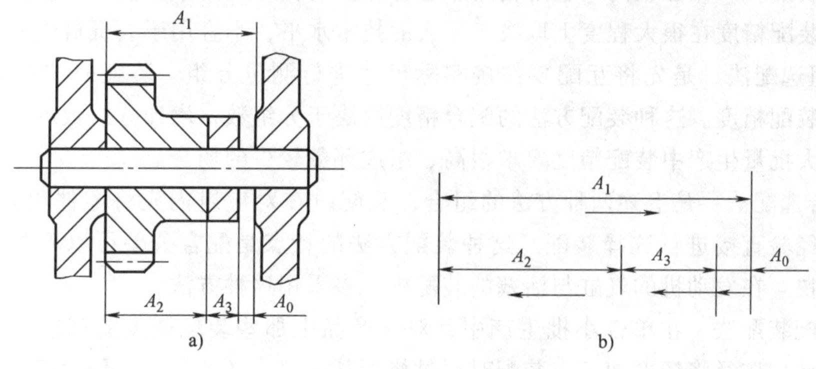

图 6-80　齿轮装配示意图

3. 保证产品装配精度的方法

装配时，虽然有时零件的制造精度较低，但若采取一定的工艺措施，如进行修配或调整工件的位置等，也能保证装配的质量。所以，零件的精度是保证装配精度的基础，但装配精度并不完全取决于零件的精度。因此，机械产品的精度要求，最终还是靠装配实现的。生产中为正确处理装配精度与零件精度的关系，妥善解决生产的经济性与使用要求之间的关系，根据不同的机器、不同的生产类型，采用了不同的装配方法。这些方法可归纳为互换装配法、选择装配法、修配装配法和调整装配法四大类。

（1）互换装配法　互换装配法根据互换的程度，分为完全互换装配法和不完全互换装配法。

1）完全互换装配法：是在机器装配过程中，零件不需挑选、修配和调整，装配后就能达到装配精度要求的一种装配方法。这种方法通过控制零件的制造精度来保证机器的装配精度。

完全互换装配法的装配过程简单，生产率高，对装配工人的技术水平要求不高，便于组织流水作业及实现自动化装配，容易实现零部件的专业协作，便于备件供应及维修工作等，适用于组成环数少、精度要求不高的场合或大批量生产中。

2）不完全互换装配法：当机器的装配精度要求较高，组成环零件的数目较多时，用极值法计算各组成环的公差较小，难于满足零件的经济加工精度的要求，甚至很难加工出这些高精度要求的零件。因此，在大批生产条件下采用概率法计算装配尺寸链，用不完全互换装配法保证机器的装配精度。

与完全互换装配法相比，采用不完全互换装配法进行装配时，零件的加工误差可以放大一些，使零件易于加工，成本低，同时也达到部分互换的目的。其缺点是往往出现一部分产品的装配精度超差，需要采取一些补救措施，或进行经济论证以决定能否采用不完全互换装配法。

（2）选择装配法　在成批或大量生产的条件下，若组成环的零件数目不多，而装配精度要求很高时，可采用选择装配法进行装配。采用这种方法时，组成环零件按经济加工精度加工，然后选择合适的零件进行装配，以保证规定的装配精度。选择装配法又分为以下三种。

1）直接选配法：是由装配工人从许多待装零件中，凭经验挑选合适的零件，通过试装的方法进行装配，以保证较高的装配精度。这种方法的优点是简单，但是工人挑选零件的时间较长，而装配精度在很大程度上取决于工人的技术水平，不宜用于大批量生产。

2）分组选配法：是先将互配零件按实际尺寸进行测量分组，装配时按对应组进行装配，以保证装配精度。这种装配方法的配合精度取决于分组数，增加分组数可以提高装配精度，适用于大批量生产中装配精度要求很高、组成环数较少的场合。

3）复合选配法：是上述两种方法的组合，装配时在对应组内先将零件预先测量分组，再凭工人的经验直接进行选择装配。这种装配方法的特点是配合公差可以不等，装配质量高，速度较快。在发动机的气缸与活塞的装配中，多采用这种方法。

（3）修配装配法　在单件小批生产中，对于产品中那些装配精度要求较高的多环尺寸链，各组成环先按经济精度加工，装配时通过修配某一组成环的尺寸，使封闭环的精度达到产品精度的要求，这种装配方法称为修配装配法。

在装配中，被修配的组成环称为修配环，其零件称为修配件。修配件上一般留有修配量，可通过一定的方法修去该零件上多余的材料，使装配精度达到要求。采用修配法来保证装配精度时，正确选择修配环很重要。一般尽量选择结构简单、质量小、加工面积小、易加工的零件，容易独立安装和拆卸的零件，或修配后不影响其他装配精度的零件。

修配装配法的优点是能利用较低的制造精度来获得很高的装配精度。其缺点是零件修配工作量较大，要求装配工人技术水平高，装配周期长，生产率低。这种方法适用于单件、小批量生产以及装配精度要求较高的场合。

（4）调整装配法　对于装配精度要求高而组成环较多的尺寸链，可以采用调整装配法进行装配。调整装配法和修配装配法相似，各组成环可按经济精度加工，由此而引起的封闭环累积误差的超出部分，通过改变某一组成环的尺寸来补偿，即装配时调整某一零件的位置或尺寸以达到装配精度的要求。一般可采用斜面、锥面、螺纹联接件、垫片、套筒等进行调整。常见的调整装配法有以下三种。

1）可动调整装配法：是通过改变调整件的位置来保证装配精度的装配方法。这种方法不必拆卸零件，调整方便，广泛应用于成批和大量生产中。常用的调整件有螺栓、楔块和挡环等。图 6-81a 所示为通过螺钉调整轴承间隙；图 6-81b 所示为通过调整套筒的位置来保证它与齿轮间轴向间隙的要求；图 6-81c 所示为用调整螺钉使楔块上下移动来调整螺杆和螺母的间隙。采用可动调整法可以调整由于磨损、热变形和弹性变形等所引起的误差。

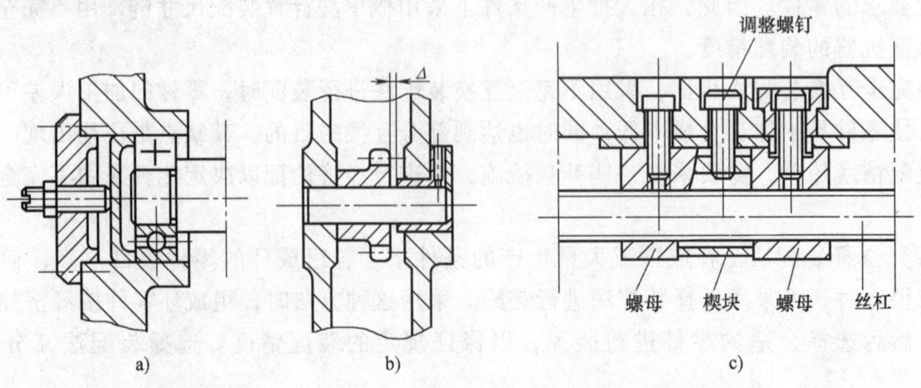

图 6-81　可动调整装配法

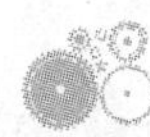

2）固定调整装配法：在装配尺寸链中，选择某一组成环作为调整环，将该环按一定的尺寸级别制造一套专用零件，装配时根据各组成环所形成的累积误差的大小，在这套零件中选择一个合适的零件进行装配，以保证装配精度的要求，这种装配方法称为固定调整法。图6-82所示为通过垫片来调整轴向配合间隙。

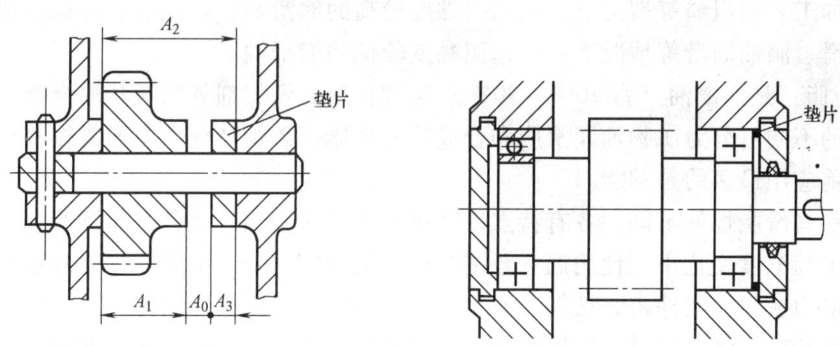

图6-82　固定调整装配法

3）误差抵消调整装配法：装配时，通过调整相关零件之间的相互位置，利用其误差的大小和方向使其相互抵消，以便扩大组成环公差，同时又保证了封闭环精度的装配方法，称为误差抵消调整法。

采用误差抵消调整法装配时，需测出相关零件误差的大小和方向，并需计算出数值。这种方法增加了辅助时间，影响生产率，对工人技术水平要求也较高，但可获得较高的装配精度，一般适用于批量不大的机床装配。

二、机械的润滑与密封

1. 机械的润滑

润滑是减少摩擦与磨损的普遍方法，润滑的直接作用是在摩擦表面形成润滑膜，以减少摩擦、减轻磨损，同时润滑膜还具有缓冲、吸振的能力，有的润滑能起到散热的作用（如循环润滑），有的润滑还可以起到密封的作用（如润滑脂润滑）。

（1）润滑剂的种类　润滑剂分为液体润滑剂、半固体润滑剂、固体润滑剂和气体润滑剂等，在一般机械中常用液体润滑剂和半固体润滑剂，且通常采用润滑油或润滑脂进行润滑。

1）润滑油：工业用润滑油有合成油和矿物油两类。合成油具有优良的润滑性能，耐高温或低温，但价格高，主要用于特殊场合。常用的是矿物油类润滑油。

矿物油类润滑油主要用作全损耗系统用油、齿轮油、压缩机油、内燃机油、主轴油、轴承油和离合器油等。根据用途不同，每大类又分为若干种，每种润滑油又按质量、使用条件和用途分为几个等级，每级有几种不同的牌号。润滑油的牌号是按照油的黏度划分的，牌号数字越大，油的黏度越高，即油越稠。

例如：全损耗系统用油一般适用于一次性润滑和某些要求较低、换油周期较短的油浴式润滑，黏度等级低的油适用于高速轻载的机械，黏度等级高的油适用于低速重载的机械；主轴油主要适用于精密机床主轴轴承的润滑及其他以油浴、压力、油雾润滑的滑动轴承和滚动轴承的润滑；齿轮油具有良好的抗氧化性和抗磨性；齿轮油，主要适用于各式闭式齿轮传动的润滑：重型机械油适用于大型轧钢机和剪断机的润滑。

润滑油的选用主要是确定油品的种类和牌号即黏度。一般根据机械设备的工作条件、载荷和速度，先确定合适的黏度范围，再选择适当的润滑油品种。如高温重载、低速，或机器在工作中有冲击、振动、运转不平稳，并经常起动、停车、反转、变载变速，或轴与轴承的间隙较大，加工表面粗糙等情况下，应选用黏度较高的润滑油；在高速、轻载、低温、采用压力循环润滑、滴油润滑等情况下，可选用黏度较低的润滑油。

2）润滑脂：是润滑油（占70%～90%）与稠化剂、添加剂等的膏状混合物。润滑脂按所用润滑油的不同可分为矿物油润滑脂和合成油润滑脂。矿物油润滑脂通常按稠化剂来分类和命名，目前应用最多的是基脂。

润滑油和润滑脂性能不同，各有特点，使用时不能完全相互代替。与润滑油相比较，润滑脂具有黏度随温度变化小，使用温度范围较广，黏附能力强，油膜强度高且耐高压和有极压性，承载能力较大，在冲击、振动、间歇运转、变速等条件下耐用，黏性大，不易流失，密封装置和使用维护都较简单，使用寿命长，消耗量少等优点。但润滑脂摩擦阻力较大，散热能力差，同时其中污物不易除去，因此不宜用于高速、高温场合。润滑脂在一般转速、温度和载荷条件下应用较多，特别是滚动轴承的润滑。

常用的润滑脂主要有钙基润滑脂、钠基润滑脂、锂基润滑脂和铝基润滑脂等。钙基润滑脂呈黄色，防水性较好，耐热性差，适用于工作温度不高或较潮湿的场合；钠基润滑脂呈暗褐色或黑色，耐热性较好，防水性较差，适用于高温重载的场合；锂基润滑脂是一种高效能的润滑脂，呈白色，具有良好的润滑性能、防水性能、耐热性、防锈性、机械安定性和良好的耐腐蚀性能，适用于高温和精密机床轴承的润滑；铝基润滑脂呈奶油状，表面光滑，具有很好的耐热性、抗水性、流动性、机械安定性和泵送性等，适用于精密仪器和高速齿轮等的润滑。

选用润滑脂的原则是：在高速重载或有严重冲击振动时，选用较稠的润滑脂，中低载荷时选用适当稀一点的润滑脂；当机器在较高温度和速度下工作时，应选用抗氧化性好、蒸发损失小、使用温度较高的润滑脂；对于潮湿和有水环境，应选用抗水性好的润滑脂。

3）固体润滑：是利用固体粉末或固体润滑膜来润滑摩擦表面的润滑方法。常用固体润滑剂有石墨、二硫化钼、二硫化钨、高分子材料（如聚四氟乙烯、尼龙、环氧树脂等）、软金属（如水银、铟、锡等）及金属的氧化物、氟化物。

固体润滑剂具有耐高温、耐高压、附着能力强、化学稳定性和耐热性好、摩擦因数小和承载能力高等特点，可在许多特殊或严酷的工作条件下有效地润滑，如高温、高负荷、超高真空、强氧化、强辐射等情况。

（2）润滑方法

油润滑方法有以下几种。

1）手工加油润滑：是指操作人员用油壶或油枪将油注入设备的油孔、油嘴或油杯中，使油流至需要润滑的部位。一般加油是凭操作人员经验来控制的，因此这种方法供油不均匀、不连续，适用于低速、轻载、间歇工作的滑动表面、开式齿轮传动、链条及其他单个摩擦副的润滑。

2）滴油润滑：是用油杯供油，利用油的自重流至摩擦表面的一种润滑方式。油杯多用铝合金制成骨架，杯壁和检查孔用透明塑料或玻璃制造，以便观察杯中油位。常用滴油油杯有油绳式油杯、针阀式油杯和旋转式油杯等。图 6-83 所示为常用的油杯结构，常用于滑动轴承的润滑。

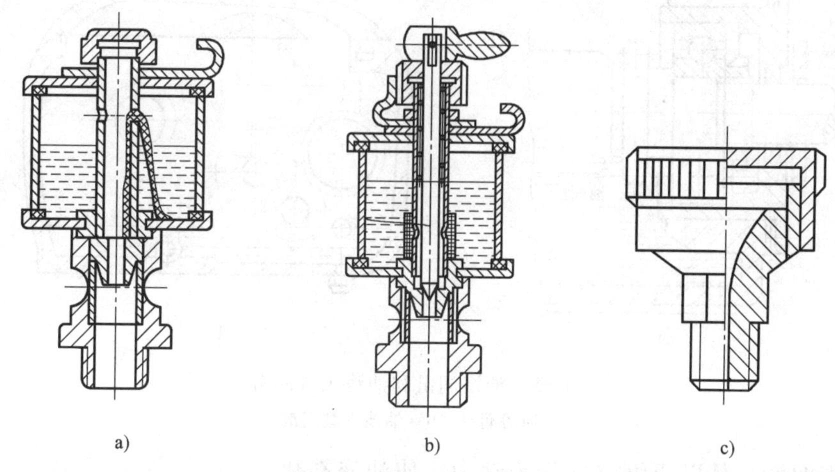

图 6-83　常用的油杯结构

a）油绳式油杯　b）针阀式油杯　c）旋盖式油杯

3）油环或油链润滑：是将油环或油链挂在水平轴上，下部浸入油中，依靠摩擦力被轴带动旋转，将油带至轴颈上，润滑轴承，如图 6-84 所示。

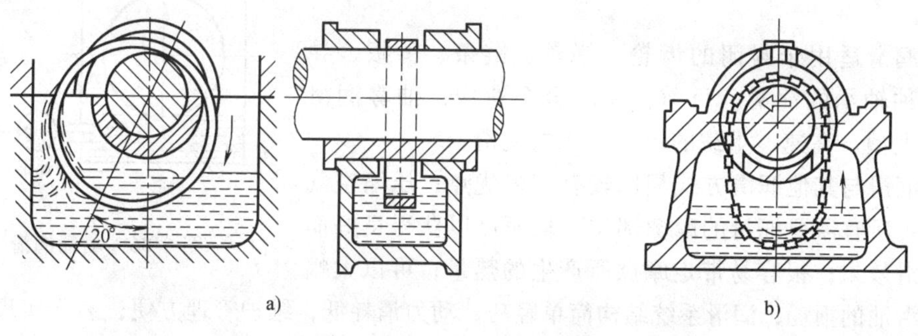

图 6-84　油环或油链润滑结构

a）油环润滑　b）油链润滑

4）油浴和飞溅润滑：油浴润滑是利用齿轮、蜗杆或蜗轮等构件的旋转运动将油箱、油池中的油带至摩擦部位进行润滑的一种方式。飞溅润滑是油浸到旋转件的一定深度，使旋转件能将油溅起并散布到其他零件上进行润滑的一种方式，如图 6-85 所示。油浴润滑和飞溅润滑简单可靠，供油连续，但有搅油损失，易使油发热和氧化变质，主要用于闭式齿轮传动、蜗杆传动、链传动和内燃机等。

5）喷油润滑：是将压力油通过喷油嘴喷至摩擦表面的一种润滑方式，可起到既润滑又冷却的作用，如图 6-86 所示蜗杆传动的润滑。通常对于 $v>10\text{m/s}$ 的齿轮传动应采用喷油润滑，将油从轮齿的啮入方向喷到啮合处的齿隙中。

6）压力强制润滑：是利用油泵、阀和管路等装置将油箱中的油以一定的压力输送到多个摩擦部位进行润滑的一种方式。其润滑油循环使用，即为压力强制循环润滑。对于润滑点多而集中、负荷较大、转速较高的重要机械设备，如内燃机和机床主轴箱等，常采用这种润滑方法。

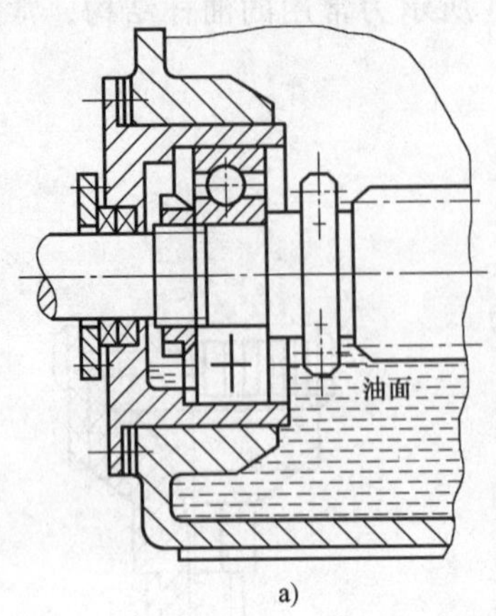

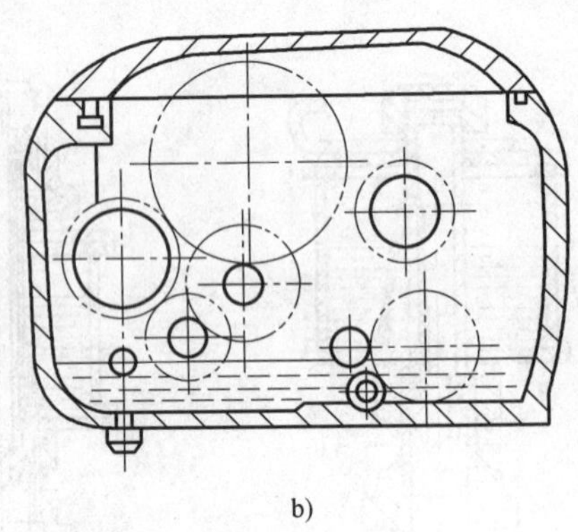

图 6-85　油浴润滑和油池飞溅润滑

a）油浴润滑　b）油池飞溅润滑

7）油雾润滑：是以压缩空气作为动力，使油液雾化，产生一种像烟雾一样的、粒度在 2μm 以下的干燥油雾，然后经管道精确地将新鲜、洁净的雾状润滑油传送到多个润滑点，均匀地覆盖被润滑部件，对部件进行润滑和冷却的一种方式。

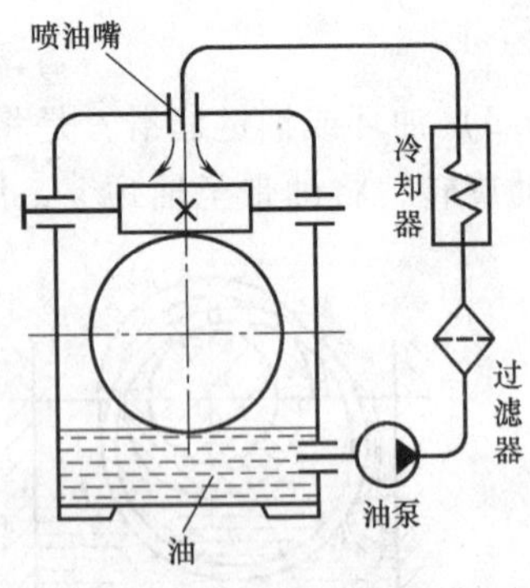

图 6-86　喷油润滑

油雾润滑适用于封闭的齿轮、蜗轮、链条、滑板、导轨以及各种轴承的润滑。目前，在冶金企业中，油雾润滑装置用于大型、高速、重载的滚动轴承的润滑。

油雾润滑与其他润滑方式相比较有许多优点：压缩空气可以弥散到所有需要润滑的摩擦部位，从而可以获得良好而均匀的润滑效果；很容易带走摩擦所产生的热量；可以大幅度降低润滑油的损耗；润滑系统结构简单轻巧，动力消耗低，维护管理方便，易于实现自动控制，成本低；由于油雾具有一定的压力，因此可以起良好的密封作用，同时避免了外界杂质、水分等的侵入。油雾润滑也存在一些缺点，如在排出的压缩空气中含有一定量的浮悬油粒，会污染环境；因油雾侵入电动机绕组将会降低绝缘性能，缩短电动机的使用寿命，因此不宜用在电动机轴承上；油雾的输送距离不宜太长，且必须具备一套压缩空气系统等。

脂润滑方法指用润滑脂润滑的方法。润滑脂的加脂方式有人工加脂、脂杯加脂和集中润滑系统供脂等。对于单机设备上的轴承、链条等部位，润滑点不多，大多采用人工加脂和脂杯加脂。对于润滑点很多的大型设备、成套设备，如矿山机械、船舶机械和生产线，常采用集中润滑系统。集中供脂装置一般由贮脂罐、给脂泵、给脂管和分配器等部分组成。

（3）常用机械装置的润滑

1）滑动轴承的润滑：滑动轴承的轴颈与轴瓦为面接触，摩擦和磨损严重。选用滑动轴承的润滑剂要考虑轴颈的速度、轴承的工作条件、工作要求和工作环境等因素，一般选用矿物润滑油和润滑脂，尤其以润滑油应用最广。

采用油润滑时，合理选择润滑油的黏度是很重要的，一般润滑油黏度的大小可由轴颈转速、轴承间隙及轴承所承受的负荷来决定，应具有在轴承工作温度下形成油膜的最低黏度。

低速重载、温度较高、加工粗糙、轴与轴承的间隙较大等情况下，宜选用黏度较大的润滑油；高速时，宜选用低黏度的润滑油。

润滑脂适用于轴颈速度小于1～2m/s的滑动轴承，在温度变化大或高速场合不宜使用。

重要或精密机床主轴的滑动轴承，一般均采用连续润滑方式，如滴油润滑、油浴润滑或压力润滑等，以保证其在工作时润滑充分；小型、低速或间歇运转的滑动轴承，可用油壶或油杯进行人工定期供油润滑。

2）滚动轴承的润滑：滚动轴承可采用油润滑或脂润滑。选用润滑油或润滑脂时要考虑摩擦副的运动性质及速度、工作条件、环境温度、摩擦表面的状态、润滑方法及机床的特殊要求等因素。高温条件下工作的润滑剂，要有较好的热稳定性和化学稳定性；液压系统用油要有较好的抗氧化性、抗磨损性、抗泡沫性和防锈蚀性等。常用润滑油有全损耗系统用油和主轴油等。在高速、轻载时，应选用低黏度润滑油或润滑脂；低速、重载、冲击、振动或间歇性工作条件下应选用高黏度的润滑油或润滑脂。轴承润滑脂一般在装配时加入，润滑脂的充填量约占轴承内部空间的1/4～1/3，高速时不超过1/3，如图6-87所示。

滚动轴承的润滑方式要根据轴承具体的工作情况来确定，如间歇运动机构的轴承可采用间歇式润滑，低速轴承可采用油浴润滑。

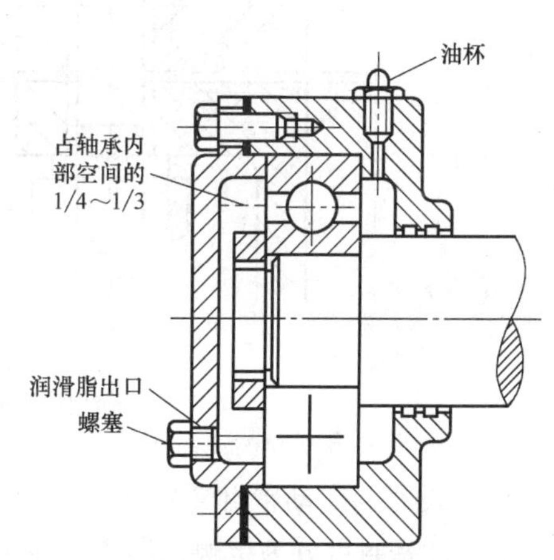

图6-87　滚动轴承的脂润滑

3）变速箱的润滑：变速箱是机械设备中最重要的部件，其结构复杂，通常由箱体、传动轴、轴承、齿轮副、联轴器、离合器、凸轮、螺旋副及操纵机构等组成，各种不同的摩擦副集中在同一箱体中，因此一般均采用集中润滑的方式。对于变速箱中的齿轮副，其润滑方式要根据齿轮工作的线速度来确定，如齿轮旋转的最大线速度小于0.8m/s时，可采用手工涂润滑脂的方法；如线速度在0.8～12m/s时，可采用浸油润滑；当齿轮的线速度大于12m/s时，可采用压力喷油润滑；其他情况可用润滑脂润滑。润滑油的黏度可根据变速箱的变速级数、齿轮中心距和环境温度等进行选择。

4）导轨的润滑：导轨分为滑动导轨、静压导轨和滚动导轨。以滑动导轨为例，对于精密机床导轨，其滑行速度很慢，如果润滑剂供给不足、质量不好或选择不当时，容易产生爬行现象，需选用具有良好的抗爬行性能并具有合适黏度的导轨油，而不能选用一般的全损耗系统用油。当机床导轨面负荷较大时，应选用黏度较高的导轨油；负荷较小时，可选用黏度稍低一些的导轨油。当导轨面负荷较小、摩擦频率较低时，宜采用间歇无压润滑；当导轨面负荷较大且连续摩擦时，宜采用连续压力循环润滑。

5）链传动机构的润滑：链传动的润滑方式是根据其结构和工作情况来确定的，根据链节距和链速的不同可采用不同的链传动润滑方式，常用的润滑方式有人工定期润滑、滴油润滑、油浴式飞溅润滑和压力喷油润滑，常用的润滑剂为全损耗系统用油，且高温环境工作时应选用黏度较大的润滑油。

2. 机械的密封

机械装置中的密封，指采用适当的措施以阻止润滑剂和工作介质的泄漏，防止灰尘、杂质和水分等的侵入，使封闭腔保持密封，从而避免资源、能源的浪费和环境的污染，保证设备的可靠运行。

密封主要有静密封和动密封两类。两零件结合面间没有相对运动的密封称为静密封；在工作状态下两零件结合面之间有相对运动的密封，称为动密封。

（1）静密封　静密封时，两结合面平整、光洁，在螺栓或螺钉的紧固压力作用下贴紧而密封，一般结合面的间隙小于5μm。如减速器上、下箱体凸缘处的密封、轴承端盖与轴承座端面的密封等。

实现静密封的方法是靠有一定宽度并加工平整的面、加金属或非金属垫圈、加密封胶等实现密封，如图6-88所示。

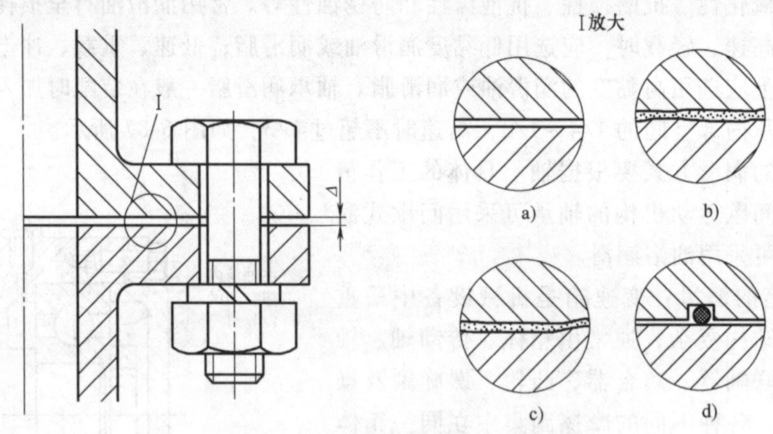

图6-88　静密封

a）间隙小于5μm的研磨面密封　b）垫片密封

c）间隙小于0.1μm的密封胶密封　d）密封圈密封

（2）动密封　动密封又分为往复动密封、旋转动密封和螺旋动密封，现仅讨论旋转动密封。旋转动密封可分为接触式和非接触式两类。所有的静密封和大部分的动密封都是靠密封面互相靠近或嵌入以减少或消除间隙，达到密封的目的的，这类密封方式称为接触式密封。密封面间有间隙，依靠各种方法减少密封间隙两侧的压力差而阻漏的密封称为非接触式密封。

1）接触式密封。

①毡圈密封：是以尺寸已标准化的毡圈为密封元件，毡圈内径略小于轴的直径。将毡圈装在轴承盖的梯形槽中，一起套在轴上，利用其弹性变形后对轴表面的压力封住轴与轴承盖间的间隙，如图6-89所示。

毡圈密封结构简单，易于更换，成本较低，但摩擦和磨损较大，易吸潮而腐蚀轴颈，适用于工作环境比较清洁的脂润滑的密封，密封处的圆周速度不应超过10m/s，工作温度应低于125℃，轴颈表面的粗糙度值 $Ra \leqslant 0.8\mu m$。装配前，毡圈应先放在黏度稍高的油中浸渍饱和，使其达到最佳的密封效果。

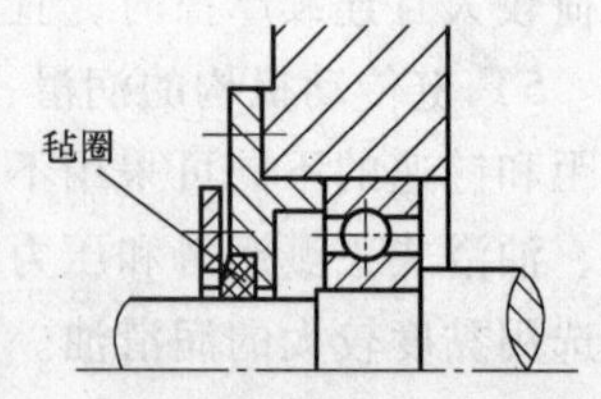

图6-89　毡圈密封

②唇形密封圈密封：由耐油橡胶体、金属骨架和弹簧圈等部分组成，如图6-90a所示，依靠唇部自身的弹性和弹簧的压力压紧在轴上实现密封。唇形密封圈密封效果好，易装拆，主要用于轴的线速度小于20m/s、工作温度小于100℃的油润滑的密封。

安装时应注意密封唇的方向：当唇口对着轴承安装时，主

要用于防止漏油，如图 6-90b 所示；当唇口背着轴承安装时，主要用于防止外界污物侵入；反向安装两只密封圈时，既可以防止漏油又可以防尘，提高了密封效果，如图 6-90c 所示。

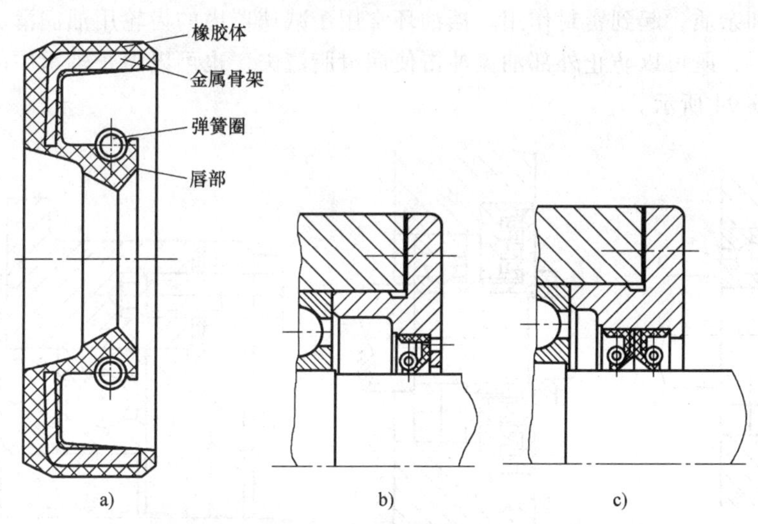

图 6-90　唇型密封圈密封

③ 机械密封：又称端面密封，将动环固定在轴上随轴转动，静环固定在轴承盖内，在液体压力和弹簧压力的作用下，动环与静环的端面紧密贴合，起到良好的密封作用，如图 6-91 所示。

机械密封已标准化，具有密封性好、摩擦损耗小、工作寿命长和使用范围广等优点，用于高温、高压、高速、低温或工作环境恶劣的转动轴的密封。

2）非接触式密封

① 间隙密封：是靠轴与轴承盖的孔之间充满润滑脂的微小间隙实现密封的，一般间隙为 0.1 ~0.3mm。为提高密封效果，常在轴承盖孔内加几个环形槽，并充满润滑脂，如图 6-92 所示。这种装置常用于环境比较清洁、干燥的脂润滑轴承的外密封。

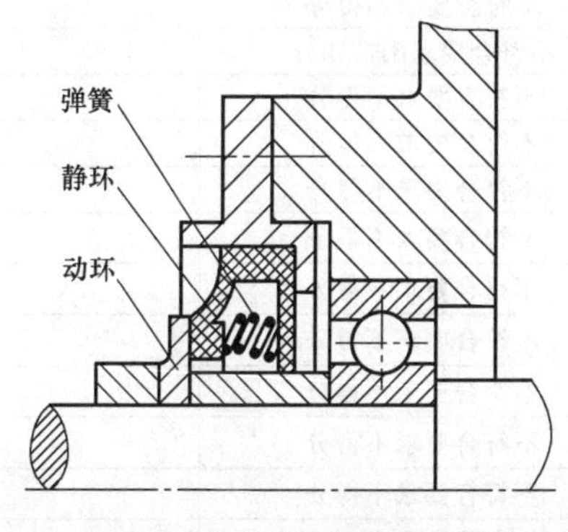

图 6-91　机械密封

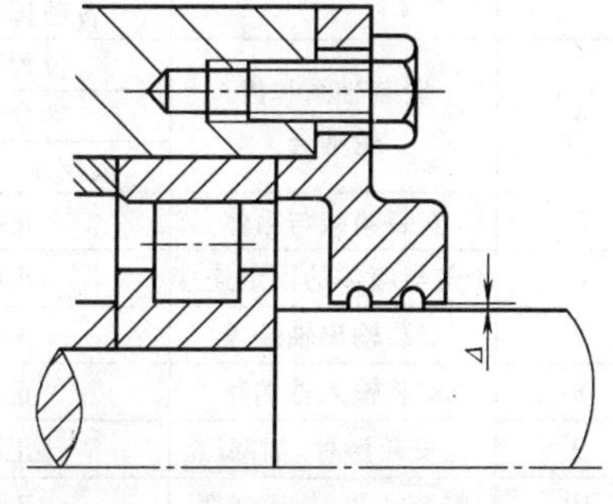

图 6-92　间隙密封

②曲路密封：曲路密封是在转动件与固定件间形成曲折的窄缝，并在缝隙中充填润滑脂形成的密封，如图 6-93 所示，有轴向曲路和径向曲路两种形式。这种密封无论是对油润滑还是对脂润滑都十分可靠，且工作时轴的转速越高，密封效果越好，多用于多尘、潮湿和轴

表面圆周速度小于30m/s的场合。

③ 挡油环密封：是将挡油环固定在轴上，工作时随轴一起转动，利用离心力甩去落在挡油环上的油和杂质，起到密封作用。挡油环常用于减速器内的齿轮用油润滑、轴承用脂润滑时轴承的密封，既可以防止外部油流冲击使润滑脂流失，也可以阻止轴承中的润滑脂泄漏到油中，如图6-94所示。

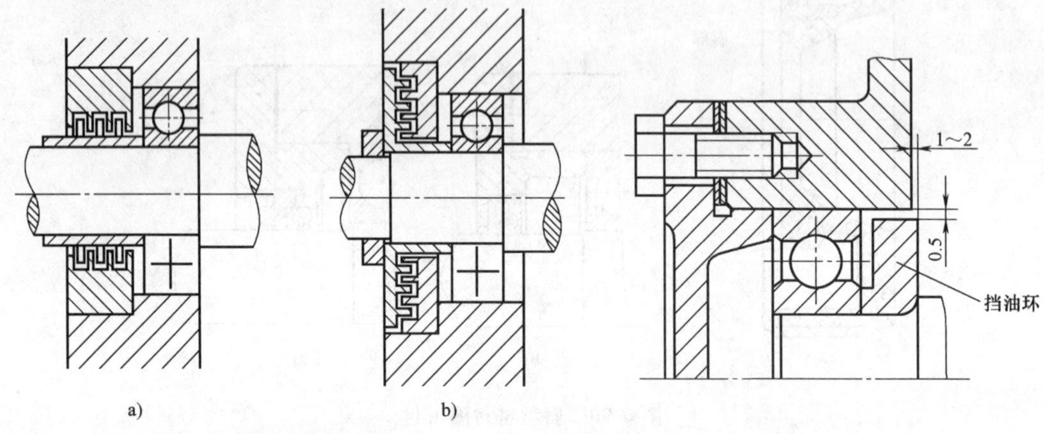

图6-93　曲路密封

图6-94　挡油环密封

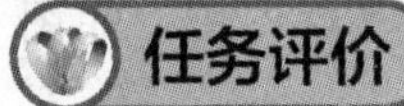

任务评价

见表6-2。

表6-2　减速器装配的检测与评价

序号	检测内容	考核要求	配分	评分标准	教师评分
1	装配前的清理	符合要求	4	未清理不得分	
2	装配输出轴系	预装	5	未预装不得分	
		各零件位置及方向	8	不符合要求不得分	
		各项调整工作	8	不符合要求酌情扣分	
3	装配输入轴系	预装	5	未预装不得分	
		各零件位置及方向	8	不符合要求不得分	
		各项调整工作	8	不符合要求酌情扣分	
4	安装轴系和齿轮啮合	位置正确	5	不符合要求不得分	
		啮合良好	5	不符合要求不得分	
		按技术要求调整	5	不符合要求不得分	
5	安装箱盖与箱体	正确	5	不符合要求不得分	
6	箱盖与箱体的固定连接	正确	5	不符合要求不得分	
7	安装输出轴端盖	正确	5	不符合要求不得分	
8	安装输入轴端盖	正确	5	不符合要求不得分	
9	安装游标、油塞	正确	5	不符合要求不得分	
10	安装视孔盖、通气塞	正确	4	不符合要求不得分	
11	运行	运转平稳，润滑良好，无漏油	10	运转不灵活，振动严重不得分	
12	文明生产			违纪一项扣20分，违纪两项不得分	
合计			100		

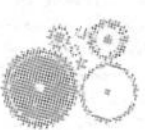

复习与思考

1. 螺纹联接的技术要求有哪些？
2. 常用螺纹联接的种类有哪些？分析它们适用的场合。
3. 螺纹联接常用的工具有哪些？如何使用？
4. 简述螺钉、螺母的装配过程。
5. 简述双头螺柱的装配过程。
6. 螺纹联接为什么要进行预紧和防松？常用的防松方法有哪些？
7. 键联接的技术要求有哪些？
8. 简述松键联接的装配过程。
9. 说明销联接的特点、种类和应用。
10. 分析圆柱销联接和圆锥销联接的装配要点。
11. 什么是过盈连接？它有什么特点？
12. 过盈连接有哪些装配方法？
13. 什么是带传动？它有什么特点？
14. 带传动机构装配的技术要求有哪些？
15. 带传动机构装配后要检查哪些项目？为什么？
16. 带传动是如何张紧的？为什么要张紧？
17. 链传动机构装配的技术要求有哪些？
18. 链传动的张紧装置如何放置？
19. 齿轮传动有哪些特点？能传递哪些运动？
20. 齿轮传动机构装配的技术要求有哪些？
21. 齿轮与轴的连接形式有哪些？装配时应注意哪些问题？
22. 如何进行圆柱齿轮传动机构装配精度的检验？
23. 蜗杆传动机构的特点有哪些？
24. 蜗杆传动机构装配的技术要求有哪些？
25. 螺旋传动机构的技术要求有哪些？
26. 滑动轴承的特点是什么？如何分类？
27. 简述滑动轴承的装配要点。
28. 滚动轴承的特点是什么？
29. 滚动轴承装配的技术要求有哪些？
30. 简述深沟球轴承、推力球轴承和圆锥滚子轴承的装配要点。
31. 什么是轴组装配？轴组装配包括哪些内容？

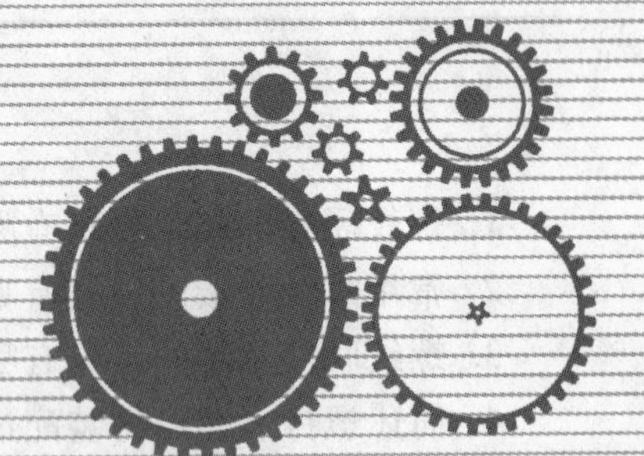

综合训练

一、板件的加工

1. 任务内容

按图 7-1 所示要求加工板件，毛坯尺寸为 84mm × 64mm × 12mm，材料为 45 钢。

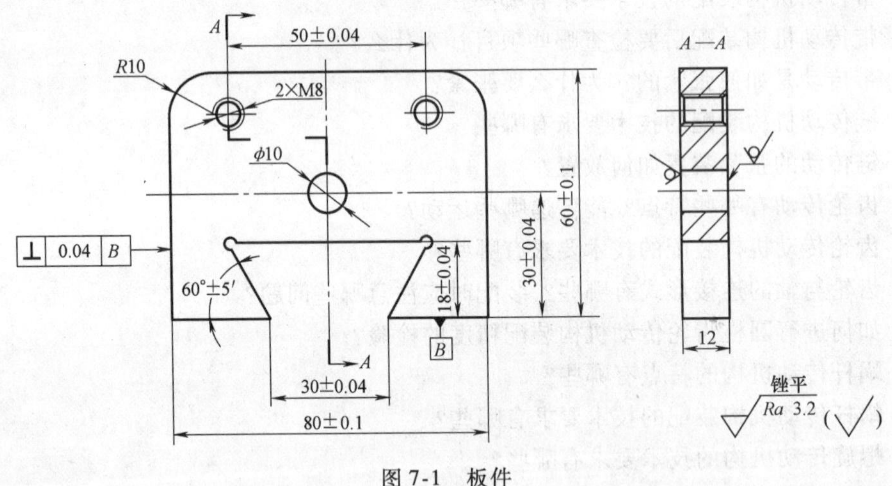

图 7-1　板件

2. 任务实施

（1）操作要求

1）在毛坯件上按图样要求划线。

2）按所划的线进行锯削、錾削、锉削、孔加工及螺纹加工。

（2）工具、量具及刃具　划线平台、台虎钳、平口钳、台钻；游标高度尺、游标卡尺、千分尺、刀口形直角尺、游标万能角度尺、R 规；样冲、锤子、350mm 粗齿平锉、200mm 细齿平锉、錾子、锯弓、锯条、钻头（φ3mm、φ4mm、φ6mm、φ7. 8mm、φ10mm）、M8 丝锥、铰杠、检验棒、粗糙度样块、蓝油。

（3）实施步骤

1）加工基准面：按图样要求锉削基准面 *B* 及与之垂直的侧面，达到垂直度 0. 04mm 的要求。

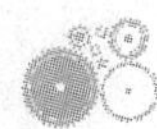

2）划线：根据图样要求进行划线、打样冲眼。

3）加工轮廓：按图样及划好的线锉削外部轮廓，达到尺寸（80 ±0.1）mm、（60 ±0.1）mm，保证垂直度0.04mm及表面粗糙度值 *Ra*3.2μm 的要求。

4）加工燕尾槽：燕尾槽钻控刀孔、排孔；錾削燕尾槽；锯削、锉削燕尾槽，达到尺寸（30 ±0.04）mm、（18 ±0.04）mm 及角度 60° ±5′的要求，保证燕尾槽对称及表面粗糙度值 *Ra*3.2μm 的要求。

5）加工圆弧角锉削圆弧角，达到尺寸 *R*10mm 的要求。

6）加工 ϕ10mm 孔：先钻底孔 ϕ4mm，再扩孔成 ϕ10mm，保证达到定形尺寸和定位尺寸（30 ±0.04）mm 的要求。

7）加工螺纹：钻 ϕ7.8mm 螺纹底孔，倒角，攻 M8 螺纹。

8）修整检查：修整检查工件，去掉尖点、毛刺。

3. 任务评价

见表 7-1。

表 7-1 板件的加工检测与评价

序号	检测内容	配分	评分标准	教师评分
1	划线准确性	12	一处不准确扣 3 分；两处不准确扣 6 分；三处不准确不得分	
2	外形尺寸：(80 ±0.1)mm；(60 ±0.1)mm	8 ×2	超差不得分	
3	垂直度 0.04mm(2 处)	5 ×2	超差不得分	
4	*Ra*6.3μm	15	酌情扣分	
5	燕尾槽尺寸：(30 ±0.04)mm；(18 ±0.04)mm；60° ±5′	5 ×3	超差不得分	
6	*R*10mm	5 ×2	超差不得分	
7	ϕ10mm	8	超差不得分	
8	M8	10	不垂直、乱牙、崩裂不得分	
9	去毛刺	4	有毛刺不得分	
10	文明生产		违纪一项扣 20 分，违纪两项不得分	
合计		100		

二、锤头的加工

1. 任务内容

按图 7-2 所示要求加工锤头，毛坯尺寸为 ϕ30mm ×118mm，材料为 45 钢。

2. 任务实施

（1）操作要求

1）在毛坯件上按图样要求划线。

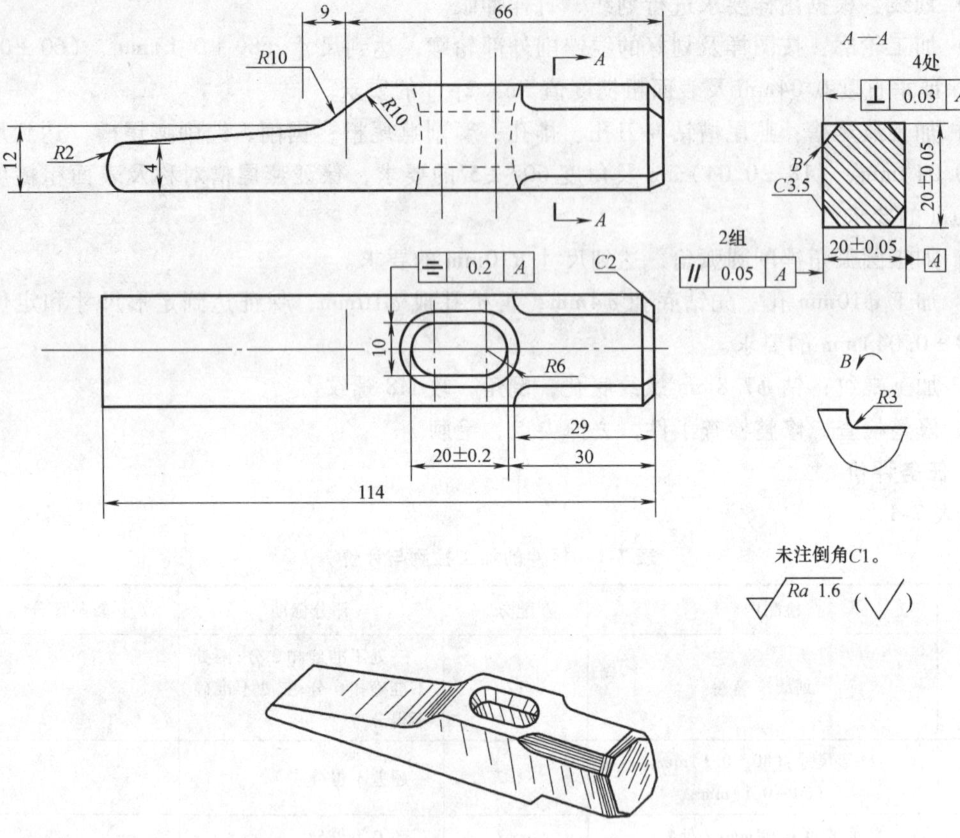

未注倒角C1。

$\sqrt{Ra\ 1.6}$ ($\sqrt{}$)

图 7-2　锤头

2）按所划的线进行锯削、锉削和孔加工。

（2）工具、量具及刃具　划线平台、方箱、台虎钳、平口钳、台式钻床；游标高度尺、游标卡尺、千分尺、刀口形直角尺、90°角尺、钢直尺；划规、划针、样冲、锤子、250mm 粗齿平锉、200mm 细齿平锉、圆锉、方锉、三角锉、錾子、锯弓、锯条、钻头（ϕ5mm、ϕ9.8mm）、砂布、粗糙度样块、蓝油。

（3）实施步骤

1）按图样要求将毛坯料锉削成截面为 20mm × 20mm 的长方体。

2）以一长面为基准锉削一端面，使两面垂直，达到表面粗糙度值为 Ra1.6μm 的要求。

3）以一长面及端面为基准，用錾口榔头样板划出形体加工线（两面同时划出），并按图样尺寸划出倒角 $C2$ 的加工线。

4）锉削 4 个 $C3.5$ 倒角。先用圆锉粗锉出 $R3$mm 圆弧，然后分别用粗、细平锉锉倒角，再用圆锉细加工 $R3$mm 圆弧，最后用推锉法修整，用砂布抛光。

5）按图样划出腰孔加工线，用 ϕ9.8mm 钻头钻两个孔，保证孔的位置正确，留有足够的加工余量；用圆锉锉通两孔，先锉削两侧平面，再锉削两端圆弧面，完成腰孔的加工，达到对称度 0.2mm、尺寸 10mm、(20 ± 0.2) mm、R6mm 及表面粗糙度值为 Ra1.6μm 的要求，保证定位尺寸 30mm。

6）按图样划线，在 R10mm 至 R2mm 处钻 ϕ5mm 孔（工艺孔），然后用手锯按加工线锯

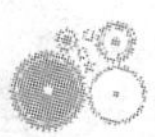

削多余部分，留有锉削余量。用半圆锉按线粗锉 R10mm 内圆弧面，用粗齿平锉粗锉斜面与 R10mm 外圆弧面至划线位置，然后用细齿平锉精锉斜面，用半圆锉精锉内圆弧面，再用细齿平锉精锉外圆弧面；最后用细齿平锉及半圆锉做推锉修整，使各形面连接圆滑、光洁，纹理整齐，达到尺寸及表面质量要求。

7）锉 R2mm 圆头，并保证工件总长 114mm。

8）锉削八边形端部棱边倒角 C2。

9）将腰孔两端面各倒出 1mm 的弧形喇叭口；把八边形端面锉削成略呈凸弧形面。

10）修整检验工件，保证工件各处达到尺寸及表面质量的要求，去尖角、毛刺；然后对工件两端进行热处理，使之淬硬。

11）修整检查工件，用砂布对各加工表面进行抛光，完成加工。

3. 任务评价

见表 7-2。

表 7-2 锤头加工的检测与评价

序号	检测内容	配分	评分标准	教师评分
1	划线准确性	12	一处不准确扣 3 分；两处不准确扣 6 分；三处不准确不得分	
2	20mm × 20mm	5	超差不得分	
3	C3.5 倒角（4 处）	2 × 4	超差不得分	
4	R3mm 圆弧	2 × 4	超差不得分	
5	Ra1.6μm	15	酌情扣分	
6	腰孔尺寸 10mm、(20 ± 0.2) mm、R6mm	3 × 3	超差不得分	
7	R10mm（两处）；R2mm 圆头；114mm	5 × 3	超差不得分	
8	ϕ10mm	5	超差不得分	
9	棱边倒角 C2	10	超差不得分	
10	其余倒角 C1	6	未倒角不得分	
11	热处理	3	未进行热处理不得分	
12	去毛刺，抛光	4	有毛刺或未抛光不得分	
13	文明生产		违纪一项扣 20 分，违纪两项不得分	
合计		100		

三、划规的加工

1. 任务内容

按图 7-3 所示的要求加工划规的左、右脚，并与备件（垫片、半圆头铆钉、活动连板、紧固螺钉）装配成一体。划规左、右脚毛坯尺寸为 170mm × 20mm × 10mm，材料为 45 钢。

2. 任务实施

（1）操作要求

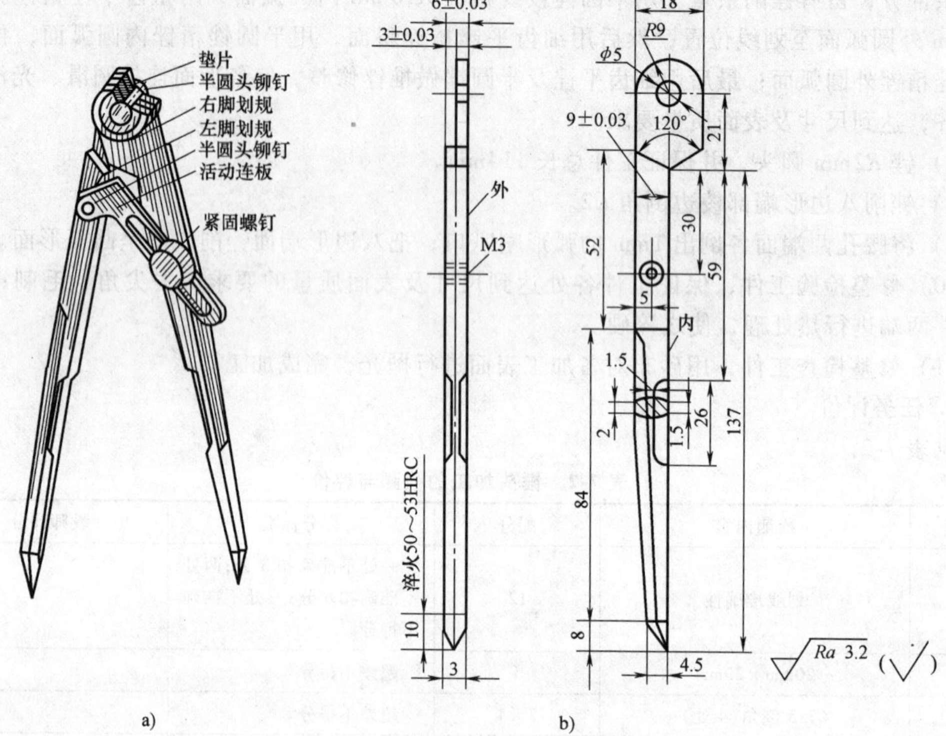

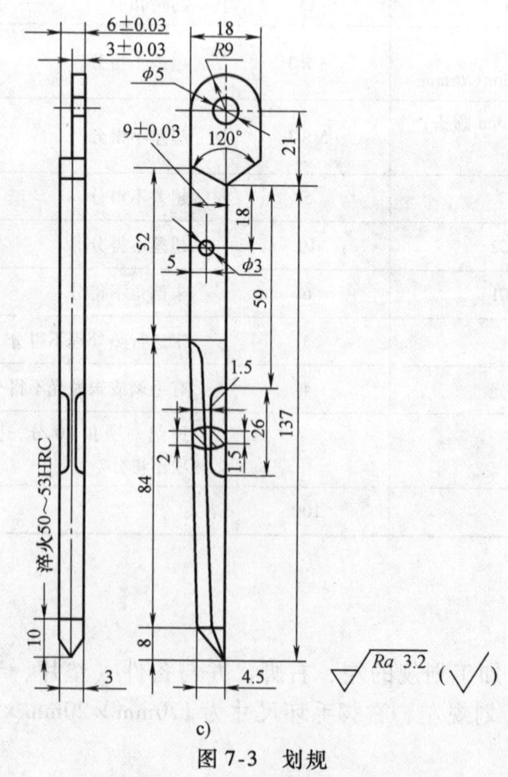

图 7-3　划规

a）划规结构　b）右脚划规　c）左脚划规

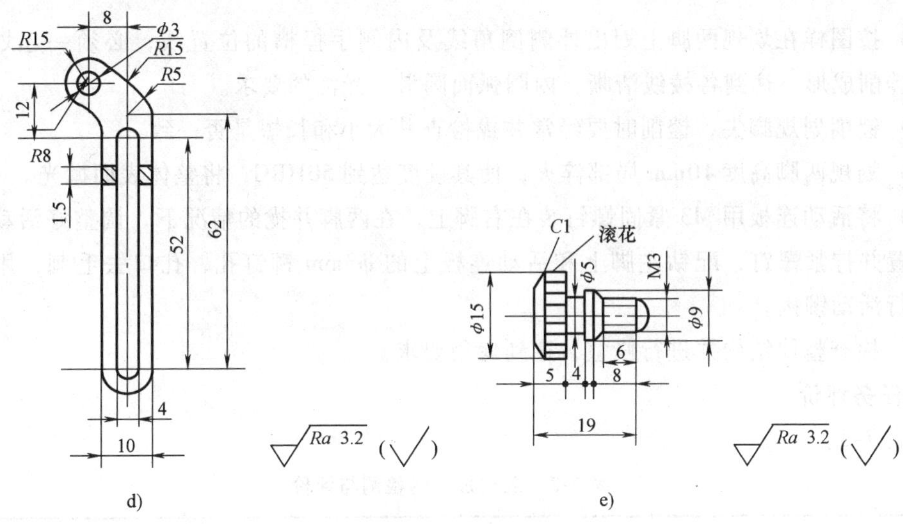

图 7-3　划规（续）

d）备件——活动连板　e）备件——紧固螺钉

1）对毛坯件进行矫正。

2）在毛坯件上按图样要求划线。

3）按所划的加工线进行锉削、孔加工、螺纹加工、铆接等，使其达到使用要求。

（2）工具、量具及刃具　划线平台、台虎钳、平口钳、台式钻床；游标高度尺、游标卡尺、90°角尺、钢直尺；划规、划针、120°样板、样冲、锤子、平锉、整形锉、刮刀、钻头、铰刀、丝锥、铰杠、罩模、顶模、压紧冲头、砂布、粗糙度样块、蓝油。

（3）实施步骤

1）对两划规坯料进行形状及尺寸检查，并对坯料进行矫正。

2）锉削两脚 6mm 厚的外平面，使其达到平直。

3）锉削两脚 9mm 宽的内侧平面，使其与外平面垂直，并对称于全宽结构，保证宽度尺寸 18mm 的加工余量。

4）分别以外平面和内侧面为基准划 3mm 及内、外 120°角加工线。

5）锉削 120°内、外角，使内、外 120°角的交线必须留在 9mm 内侧面以内，并留有 0.2～0.3mm 的配锉修整余量；加工 3mm 两侧平面，使两平面平行，可采用刮削修整。

6）修锉两划规脚 120°角并进行配合，保证配合间隙小于 0.05mm。

7）以内侧面和 120°角交线为基准，划 ϕ5mm 孔位置线并打样冲眼。

8）两脚合并夹紧，配钻、铰 ϕ5mm 孔，孔口倒角、去毛刺。

9）以内侧面和外平面为基准，分别划 9mm、18mm、6mm 的加工线，用 M5 螺钉、螺母将垫片和两脚合并夹紧，按线进行外形的锉削加工。

10）确定一只脚为划规的右脚，划 ϕ2.5mm 孔线，钻孔，攻 M3 螺纹。

11）用半圆头铆钉铆接划规的左右脚，保证达到活动铆接的要求。

12）精加工外形，达到各处尺寸精度和表面质量的要求；根据垫圈外径锉削 R9mm

圆头。

13）按图样在划规两脚上划出外侧倒角线及内侧手捏槽的位置线，必须一起划线，并按要求锉削成形，达到各棱线清晰，内圆弧面圆滑、光洁的要求。

14）锉削划规脚尖，锉削时要经常并拢检查其大小和长短是否一致。

15）划规两脚高度 10mm 局部淬火，使其硬度达到 50HRC，将整体表面抛光。

16）将活动连板用 M3 紧固螺钉装在右脚上，在两脚并拢的情况下，调整好活动连板的正确位置并拧紧螺钉，配钻左脚上和活动连板上的 ϕ3mm 铆钉孔，孔口去毛刺，用半圆头铆钉进行活动铆接。

17）检查整体结构并进行修整，达到使用要求。

3. 任务评价

见表 7-3。

表 7-3　划规加工的检测与评价

序号	检测内容	配分	评分标准	教师评分
1	划线准确性	12	一处不准确扣 3 分；两处不准确扣 6 分；三处不准确不得分	
2	尺寸(6 ±0.03)mm	2 ×2	超差不得分	
3	尺寸(9 ±0.03)mm	2 ×2	超差不得分	
4	18mm	2 ×2	超差不得分	
5	120°角	4 ×2	超差不得分	
6	ϕ3mm 孔	4	超差不得分	
7	M3 螺纹孔	4	超差不得分	
8	ϕ5mm 孔	4 ×2	超差不得分	
9	外形尺寸	16	一处超差扣 2 分	
10	$Ra3.2\mu m$	15	酌情扣分	
11	淬火，保证 10mm 高度	5	超差不得分	
12	铆接、安装活动连板	10	超差不得分	
13	去毛刺，抛光及修整	6	有毛刺或未抛光不得分	
14	文明生产		违纪一项扣 20 分，违纪两项不得分	
合计		100		

四、配合件的加工

1. 任务内容

按图 7-4 所示的要求加工配合件，要求配合间隙≤0.05mm，内角处不能开槽，毛坯件尺寸为 47mm ×47mm ×12mm 两块，材料为 45 钢。

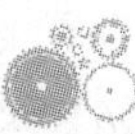

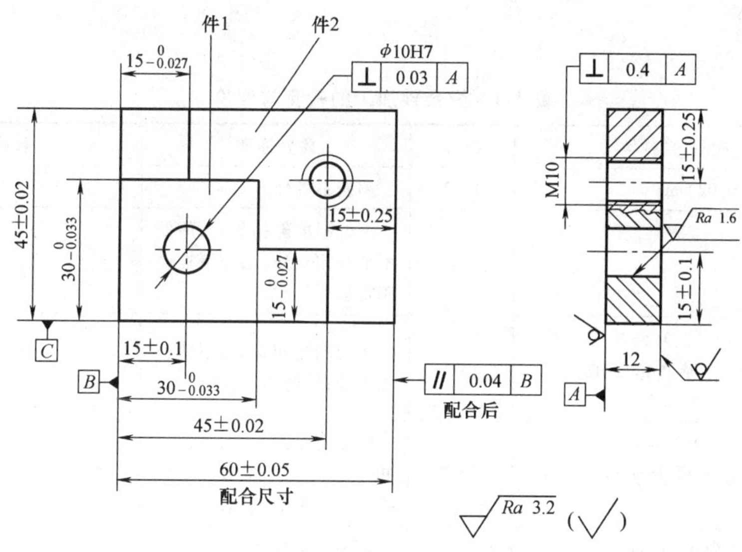

图 7-4　配合件

2. 任务实施

（1）操作要求

1）在毛坯件上按图样要求划线。

2）按所划的线进行锯削、錾削、锉削、孔加工及螺纹加工。

3）锉配完成任务要求，错位量≤0.05mm。

（2）工具、量具及刃具　划线平台、台虎钳、平口钳、台钻；游标高度尺、游标卡尺、千分尺、刀口形直角尺、90°角尺；划规、划针、样冲、锤子、粗齿平锉、细齿平锉、整形锉、錾子、锯弓、锯条、ϕ4mm 直柄麻花钻、ϕ9.8mm 直柄麻花钻、M10 丝锥、铰杠、ϕ10H7 铰刀、粗糙度样块、蓝油。

（3）实施步骤

1）锉削基准面：按图样要求锉削好外轮廓基准面 *B* 和 *C*（件 1 和件 2 情况相同），达到尺寸（45 ±0.02）mm 的要求。

2）划线：按图样要求划线，划出件 1 和件 2 的加工线，打样冲眼。

3）加工件 1：按划线排孔、锯削、錾削件 1 的台阶直角结构，保证不歪斜，并留有 0.8 ~ 1.2mm 的锉削余量；粗、精锉各台阶面，保证两处 $15_{-0.027}^{0}$mm 和 $30_{-0.033}^{0}$mm 的尺寸精度，直角处清根，钻、铰孔 ϕ10H7，保证垂直度 0.03mm 的要求，各个加工表面达到表面粗糙度值 *Ra*3.2μm 的要求。

4）加工件 2：按划线排孔、锯削、錾削件 2 的台阶直角结构，保证不歪斜，并留有 0.8 ~ 1.2mm 的锉削余量；粗、精锉各台阶面，保证 $15_{-0.027}^{0}$mm 和 $30_{-0.033}^{0}$mm 的尺寸精度，直角处清根，钻 M10 底孔，攻螺纹，保证垂直度 0.4mm 的要求，各个加工表面达到表面粗糙度值 *Ra*3.2μm 的要求。

5）锉配：以件 1 为基准，件 2 配作，精锉达到各处尺寸要求，保证外形尺寸（60 ± 0.05）mm 和（45 ±0.02）mm 的实际尺寸要求，保证配合间隙≤0.05mm。

6）修整检查：做必要的修正，保证加工精度，锐边倒角及去毛刺。

3. 任务评价

见表 7-4。

表 7-4 配合件加工的检测与评价

序号	检测内容	配分	评分标准	教师评分
1	尺寸(45±0.02)mm	4×2	超差不得分	
2	划线准确性	10	一处不准确扣 3 分;两处不准确扣 6 分;三处不准确不得分	
3	件 1 尺寸:$15_{-0.027}^{\ 0}$ mm;$30_{-0.033}^{\ 0}$ mm;ϕ10H7;ϕ10H7 孔垂直度为 0.03mm;清根	5×5	每处超差扣 5 分;不清根扣 5 分;结构不垂直扣 5 分	
4	件 2 尺寸:$15_{-0.027}^{\ 0}$ mm;$30_{-0.033}^{\ 0}$ mm;M10;M10 孔垂直度为 0.4mm;清根	5×5	每处超差扣 5 分;不清根扣 5 分;结构不垂直扣 5 分 螺纹不光滑、崩裂酌情扣分	
5	锉配平行度为 0.04mm	5	超差不得分	
6	外形尺寸:(60±0.05)mm;(45±0.02)mm;配合间隙≤0.05mm	5×3	每处超差不得分	
7	$Ra3.2\mu m$	8	不符合要求酌情扣分	
8	倒角、去毛刺	4	有毛刺不得分	
9	文明生产		违纪一项扣 20 分,违纪两项不得分	
合计		100		

参 考 文 献

[1] 王德洪. 钳工技能实训 [M]. 2 版. 北京：人民邮电出版社，2009.

[2] 何建民. 钳工操作技术与窍门 [M]. 北京：机械工业出版社，2006.

[3] 陈宏钧. 实用钳工手册 [M]. 北京：机械工业出版社，2009.

[4] 孙德英，金海新. 钳工技能实训指导教程 [M]. 北京：机械工业出版社，2014.

[5] 董永华，冯忠伟. 钳工技能实训 [M]. 2 版. 北京：北京理工大学出版社，2009.

[6] 杜传坤，方琛玮. 钳工工艺学 [M]. 北京：电子工业出版社，2007.

[7] 汪哲能. 钳工工艺与技能训练 [M]. 北京：机械工业出版社，2008.

[8] 姜波. 钳工工艺学 [M]. 4 版. 北京：中国劳动社会保障出版社，2005.

[9] 王建新，陈宇. 钳工 [M]. 北京：中国劳动社会保障出版社，2005.

[10] 蒋增福. 装配钳工工艺与技能训练 [M]. 北京：高等教育出版社，2008.

[11] 苏伟，朱红梅. 模具钳工技能实训 [M]. 2 版. 北京：人民邮电出版社，2010.

[12] 崔国立. 机械加工技术与实训 [M]. 北京；机械工业出版社，2009.